信息通信技术普及丛书

走近SDN/NFV

中国通信企业协会　组编

张娇　黄韬　杨帆　刘韵洁　编著

人民邮电出版社

北京

图书在版编目（CIP）数据

走近SDN/NFV / 张娇等编著. — 北京 ： 人民邮电出版社，2020.6（2024.7重印）
（信息通信技术普及丛书）
ISBN 978-7-115-54037-9

Ⅰ. ①走… Ⅱ. ①张… Ⅲ. ①计算机网络－网络结构 Ⅳ. ①TP393.02

中国版本图书馆CIP数据核字(2020)第080809号

内容提要

本书以当前网络发展过程中存在的问题和面临的挑战为引出点，对 SDN 和 NFV 的发展历程、基本架构及核心技术原理进行了阐述，探讨了两者之间的相互关系，并通过 NFV 为主、SDN 为辅的方式，对 SDN/NFV 涉及的关键技术、相关项目、应用场景和实际部署情况进行了详细的介绍。本书内容翔实，叙述逻辑严谨，避免了过多抽象的内容，力求通过解构各大权威架构、剖析各项技术标准、展望多种应用前景，将 SDN/NFV 对现有网络架构的深刻变革生动准确地呈现给读者。

本书对从事 SDN/NFV 技术研发的专业人士及项目落地的开发人员、网络运营管理者、相关专业高校的学生以及对 SDN/NFV 技术感兴趣的读者，都具有一定的参考价值。

◆ 编　　著　张　娇　黄　韬　杨　帆　刘韵洁
责任编辑　李　静
责任印制　彭志环

◆ 人民邮电出版社出版发行　　北京市丰台区成寿寺路 11 号
邮编　100164　　电子邮件　315@ptpress.com.cn
网址　https://www.ptpress.com.cn
固安县铭成印刷有限公司印刷

◆ 开本：700×1000　1/16
印张：16.25　　2020 年 6 月第 1 版
字数：250 千字　　2024 年 7 月河北第 4 次印刷

定价：89.00 元

读者服务热线：(010)53913866　印装质量热线：(010)81055316
反盗版热线：(010)81055315
广告经营许可证：京东市监广登字 20170147 号

前 言

网络功能虚拟化（Network Functions Virtualization, NFV）和软件定义网络（Software Defined Network，SDN）技术从提出至今，走过了近十年的发展历程。随着学术界和产业界的积极推动，以 SDN/NFV 为核心的网络技术正在成为网络变革的主旋律。但是，什么是 NFV？它和 SDN 又有什么联系？它们是如何变革现有的网络架构的？这些问题或许困扰着在变革浪潮中的从业人员。

互联网经过多年的发展，已经从一个提供简单文本传输的科研型网络演变成为一个涵盖语音、视频、数据处理等多种业务的商业网络，其所提供的业务已经成为现代社会发展中不可缺少的部分。但是，随着互联网上层业务的不断发展和丰富，互联网所面临的问题和挑战在不断凸显。

一方面，互联网业务对于网络功能的需求日趋丰富，但是基于硬件的专用网络设备由于厂商的技术锁定，面临着迭代周期漫长、部署管理烦琐等一系列问题。另一方面，网络规模日益增长，网络结构日益复杂，业界对于网络的管控难度日渐增加。这些问题促使人们不断探索新的技术以变革现有的网络体系架构，此时，SDN/NFV 技术应运而生，为网络的发展提供了一个可行的方向。

NFV 将网络功能从专用硬件中解耦出来，并将其运行在通用的服务器上以取代网络中的专用硬件设备，以此帮助运营商避免厂商的技术锁定，加速了网络功能的开发迭代并缩短了业务的上线周期，帮助运营商实现敏捷高效的运维管理。SDN 将网络的控制平面和数据平面分离，开放了网络的编程能力，从而提高了网络的灵活性和可管控性。

本书通过以介绍 NFV 技术为主、SDN 技术为辅的方式，全面介绍了当前

NFV 和 SDN 的发展历程、二者间的相互关系、核心原理、关键技术和部署应用等方面，希望读者通过此书不仅能理解 NFV 的核心技术原理，还能将 NFV 和 SDN 相联系，对它们有一个更加全面、深入的认识。

本书第 1 章总结了目前网络在发展过程中的问题和挑战，以此为背景引出 SDN/NFV 技术，然后分别介绍了 SDN 和 NFV 的发展历程，以及目前的行业现状。第 2 章介绍了 SDN 与 NFV 的关系，分别介绍了这两种技术在单独运用时所能带来的价值以及二者融合之后产生的“火花”。其中，本书介绍的不同组织对于 SDN/NFV 的不同视角能有效地帮助读者解答困惑。

第 3 章和第 4 章分别介绍了 SDN 和 NFV 的架构以及核心技术原理。其中，本文介绍 SDN 架构时，以开放网络基金会（Open Networking Foundation，ONF）所提出的架构为例；介绍 NFV 架构时，以欧洲电信标准化协会（European Telecommunications Standards Institute，ETSI）所提出的架构为例，详细分析了这两种经典架构中的各个组成部分和接口协议。这两章最后还分别介绍了 SDN 和 NFV 的应用场景，以帮助读者更好地理解所提出的架构。

第 5 章介绍了 SDN/NFV 技术中的一个重要概念——网络编排。本章以网络编排器为背景，介绍了网络编排器的定义、分类、功能与核心技术，详细介绍网络编排中的资源分配、自动化运维、业务验证等关键概念。

第 6 章介绍了 SDN/NFV 联合的应用场景，主要介绍了 SDN/NFV 在 5G 网络中的应用，包括 5G 网络切片的概念。此外，该章还简单介绍了 SDN/NFV 在企业网和云数据中心的应用。

参与本书撰写和审校的人员还有来自北京邮电大学的博士生与硕士生，包括王泽南、练才华、柴华、文殊博、李倩等，同时，感谢张晨在本书撰写过程中给出的宝贵意见。

本书内容是作者在科研过程中对 SDN/NFV 技术的研究总结，希望能对读者有所帮助。

由于作者水平有限，书中难免存在疏漏，真诚企盼诸位读者批评指正。

作　者

2020 年 5 月

目 录

第 1 章

基础架构新时代：软件定义一切

“互联网+”、移动互联网、虚拟现实、大数据、物联网、云计算等新兴技术，相信你一定有所耳闻。或许你无法就其中的技术原理侃侃而谈，但你一定感受过这些技术给生活带来的变革。“互联网+”旨在利用通信技术和互联网平台，让互联网与传统行业深度融合并创造新的发展生态。例如，“互联网+餐饮”带动了外卖行业的迅猛发展，“足不出户，送餐上门”的模式是人们的福音；“互联网+出行”造就了“滴滴”“Uber”等打车平台和“摩拜”“青桔”等共享单车平台，这些改变了人们的出行方式；“互联网+购物”造就了一批像“京东”“淘宝”等觅得先机的电商，顺带促进了快递行业的快速发展，使网购和收快递成了人们日常生活的一部分。移动互联网的发展使人们可以随时随地通过手机刷微博、看视频、微信聊天、浏览网页、地图导航、网上购物、外卖订餐等，移动网络应用满足了人们日常生活中的绝大部分需求。物联网可被应用于智能家居、智能交通、食品溯源、环境监测等领域，并使得周围的一切事物尽在人们的掌握之中。

除此，这些技术在生活中被应用的例子你一定还能举出更多，但你可能未曾想到，这些技术都构建在互联网这一信息服务基础设施之上，它们在给人们的日常工作、生活带来便利的同时，也给网络带来了巨大挑战。例如，面对“双11”的购物狂潮，阿里巴巴的网络是否可以灵活便捷地增加带宽，以支撑峰值为 25.6 万笔 / 秒的交易业务；再比如，随着智能手机的普及，人们对上网的需求不再局限于计算机终端，面对网络规模的日益扩大和上层业务的快速变更，运营商如何实现新业务的快速部署和对大规模网络的有效管理等，这些挑战驱动着网络架构的创新和变革。SDN 和 NFV 正是众多网络变革技术中的佼佼者。

本章将以网络的发展历程为切入点，分析当前网络面临的挑战，以帮助读者更深刻地理解 SDN/NFV 出现的原因，然后分别概述 SDN/NFV 的发展历程和核心思想，最后简要介绍 SDN/NFV 的发展现状、面临的挑战及未来网络的发展趋势。相信读者在阅读完本章之后，能对 SDN/NFV 有一个初步的认识。

1.1　网络发展历程及当前的挑战

随着历史车轮的滚滚向前，符合社会发展方向的事物的发展蒸蒸日上，不符合的则日渐消亡。科学技术亦是如此：一方面，新技术的出现意味着原有技术已无法满足当前以及未来的社会需求，所以迫切需要新技术来解决各种问题；另一方面，新技术的发展通常建立在已有技术的基础上，所以需要相关条件的支撑。想理解代表网络演进方向的SDN和NFV技术为什么会出现，我们就需要从网络发展历程的角度来剖析现有网络为何无法满足当前社会发展的需求、现有网络面临的问题以及推动这两项技术发展的相关技术等。

1.1.1　网络发展历程

20世纪50年代，计算机和通信技术发展迅速，但那时，各个计算机还是一个个分散的个体。科学家意识到，可以通过组建连通性的网络来实现不同计算机之间的远程通信。由此，学术界展开了对数据分组交换、分布式网络、排队论等一系列技术的探索和研究。

1962年，麻省理工学院的Leonard Kleinrock首次提出了分组交换的概念。在分组交换网中，用户发送的信息被拆分成一个一个的数据包（即分组），数据包是分组交换数据网传送的基本单元。与传统的电路交换的通信方式不同，分组交换的工作模式不是面向连接的，这使得数据包在通信信道上传送时才会占用网络资源，不传送时则不占用网络资源。只要网络的通信资源能满足业务的资源需求，业务的服务质量就能得到保证，因此网络资源的利用率也得到了提高。分组交换技术后来成为互联网的标准通信方式。

1969年，美国国防部启动了计算机网络开发计划——高级研究计划署网络（Advanced Research Projects Agency Network，ARPANET）。该网络连接了加利福尼亚大学洛杉矶分校、加州大学圣巴巴拉分校、斯坦福大学、犹他大学 4 所大学的 4 台大型计算机。ARPANET 虽然规模很小，但已具备网络的基本形态和功能，其成功运行标志着互联网的诞生。

1974 年，国际标准化组织（International Organization for Standardization，ISO）发布了著名的 ISO/IEC 7498 标准，首次提出和定义了网络分层模型，即我们通常所说的开放式系统互联（Open System Interconnect，OSI）七层参考模型。1974 年 12 月，斯坦福大学的研究小组提出了著名的传输控制协议/网际协议（Transmission Control Protocol/Internet Protocol，TCP/IP），真正实现了不同网络间的互联，奠定了构建大规模数据网络的基础。1983 年，ARPANET 将网络控制协议（Network Control Protocol，NCP）向 TCP/IP 过渡。TCP/IP 从此成为互联网体系架构的核心。

1980 年，欧洲粒子物理研究中心（CERN）的 Tim Berners−Lee 博士为解决由于 CERN 主机不兼容而无法共享文件的问题，提出了一个构想：创建一个以超文本系统为基础的项目，以方便研究人员分享及更新信息。同时，他还开发了一个叫作“ENQUIRE”的原型系统。同一年，Tim Berners−Lee 离开了 CERN，转而就职于约翰·普尔图形计算机系统有限公司，并参与了远程过程调用计划，从而获得了计算机网络的相关经验。4 年后，他又以研究员的身份重返 CERN。1989 年，CERN 成为全欧洲最大的互联网节点，Tim Berners-Lee 看到了将超文本系统与互联网结合的契机。于是，他使用与 ENQUIRE 系统相似的概念来创建万维网（World Wide Web，WWW），为此，他设计并构建了第一个网页浏览器，还设计了世界上第一个网页服务器。1991 年，世界上第一个网站在 CERN 诞生。之后，Web 应用发展迅猛，经过不断演进，最终形成了享誉盛名的万维网。Tim Berners−Lee 因此被视作“万维网的发明者”，荣登《时代》杂志的“时代 100 人”。

1996 年，随着万维网的广泛应用，互联网（Internet）一词开始流行。在之后的 10 年里，互联网以海纳百川、包容万象之势，成功容纳了各种不同的底层网络技术和极为丰富的上层应用，给整个世界带来了巨变。

由此我们看到，互联网在设计之初的目标很简单，即连接分散的计算机，以实现单纯的端到端的数据传送，满足用户对资源共享的需求。互联网后来的大规模应用是当初的网络设计者始料未及的。

互联网发展初期，一家企业、一所大学或者一个研究机构都可以通过网络组织自己的计算机资源，为内部人员提供小规模的实验环境和辅助性的服务。例如，一些中小型企业通常会构建一个专有机房，以支持自身业务的开展。这些设备主要为企业员工所用，为员工提供电子邮件、数据库及其他功能型服务，服务规模较小，设备数量不多，因此维护成本较少，运营和管理成本尚可接受。但随着企业规模的扩大及对外服务的增多，企业需要扩容机房，这直接导致运维难度的增大和成本的增加，传统数据中心由此诞生。企业将部分业务托管到数据中心，可有效降低自身的 IT 运维成本。

后来，随着业务的增加、数据中心的扩大及硬件性能的提升，服务器的计算资源得不到充分利用，于是虚拟化技术出现了。虚拟化技术的核心思想是：一台主机上虚拟出多个逻辑主机，这些逻辑主机共享底层物理资源。各个逻辑主机之间相互独立、互不干扰，且能运行不同的操作系统。虚拟化技术的另一特点是灵活性：管理人员可通过文件复制把应用从一台物理机上迁移到另一台机器上，还可以复制一套虚拟机的文件来快速创建一台新的虚拟机。这使得管理人员可根据用户的访问需求、流量的负载情况以及电力制冷甚至经济杠杆等因素合理分配和管理资源。

虚拟机的这种灵活性促进了云计算的诞生。云计算是一种新的商业模式。一些大型企业为支持峰值业务需求，保障用户的服务体验，会购置足够多的设备来支撑峰值时的业务量。但在闲暇时刻，这些设备却处于闲置状态，造成资源的严重浪费；此外，这些设备还需要电力和物理空间，这也是一笔不小的开支。亚马逊针对此情况提出了虚拟化技术，在闲暇时刻将资源出租，在业务繁忙时则减少出租。基于此，云计算随之诞生。

随着物联网、确定性时延网络、工业互联网等技术的发展，上层业务变得愈加丰富，用户对网络提出的要求在不断增加，这给当前网络带来了诸多新的挑战。

1.1.2 当前网络面临的挑战

从网络的发展历程中我们可以看到，当前人们对网络的需求是随着互联网的广泛应用产生的。这些新需求的产生为当前网络的运营带来了诸多挑战。概括来说，主要有以下几个方面。

1．网络规模快速扩大

网络规模的扩大是指网络连接数的增加和网络流量的激增，这主要是物联网、虚拟现实、4K/8K 视频等技术的应用带来的。未来十年，将有海量的设备接入网络，届时，万物互联可能就不是一句口号了。大家在憧憬这些技术可能带来的种种美好愿景时，却也满怀担忧；现有的互联网体系架构是构建在 TCP/IP 之上的，每台接入设备都必须有一个 IP 地址才能实现和其他设备的通信；连接数的增加意味着 IP 地址数量的增加，但 IP 地址数量有限，地址空间可能面临枯竭，流量的剧增增加了网络带宽的压力；一些新业务，如 4K/8K 视频、虚拟现实游戏等，更是对网络吞吐量、丢包率、时延等性能指标有更严格的要求。

2．用户需求动态变化

互联网发展至今，早已不仅仅是为了实现资源的共享，而是逐渐演变成社会和经济发展高度依赖的全球信息基础设施，承载着各种商业化的业务和应用。网络要满足用户需求，需要变得更加智能、弹性，能够及时洞察和响应用户需求。这就要求网络在灵活性、可扩展性等方面有新的突破；同时，企业还要能合理高效地利用网络资源，降低运营成本。

3．专用设备日趋庞杂

网络架构中还有一类专用设备——网络中间件。网络中间件的作用是处理数据包以实现特定的网络功能，如防火墙、深度包检测、负载均衡器等。这类设备有一个显著的特点是和业务的紧耦合。该特点带来的好处是性能高，符合运营商业务对电信级的要求；但缺点也很多，如功能单一、封闭、不灵活、价格高昂等。这会带来什么问题呢？假设，运营商要引入一项新业务，就需要新建一张承载网，购置和开发一批新的专用设备。用户需求一旦发生变化，重新配置和更改这类设备会比较困难。传统的电信网络业务单一，以语音为主，用户需求变更不频繁，网络规模较小，因而这种业务部署方式的弊端不明显。如今，这种软硬件一体化的封闭式架构出现了通信设备日益臃肿、扩展受限、功耗大、功能提升空间小、业务上线时间长、资源利用率低、运维难度大、成本高、厂商的技术锁定等一系列问题。

4．流量模型难预测

通信技术和信息技术的深度融合，使得人们可以随时随地上网。打电话、发短信等传统电话业务正逐渐被数据业务取代。用户对宽带的要求从基于覆盖的连接转向基于内容和社交体验的连接。传统的业务流量主要是指端到端的模式，较为稳定，符合泊松分布；而互联网流量受热点内容牵引，流量流向和流量规模很难预测。随着数据中心和云计算技术的发展，企业的部分业务被托管在数据中心，这使得数据中心成为主要的流量生产基地和分发中心。

为解决互联网在不断发展中出现的新问题，人们采用的传统做法是不断向现有网络添加各种协议。例如，为解决 IPv4 地址短缺问题提出的网络地址转换（Network Address Translation，NAT），为解决不同租户网络间的隔离性问题提出的虚拟局域网（Virtual LAN，VLAN）、虚拟可扩展局域网（Virtual eXtensible LAN，VXLAN）等。这些方法在解决问题的同时，进一步加剧了互联网体系结构的复杂度和网络的管理难度；同时，受限于厂商设备的封闭性，新协议的设计实现和推动落成非常漫长。此外，封闭的网络体系架构不利于产业链的开放和技术业务的创新。总体来说，这样的解决方案只治标，但不治本。后来，部分研究者意识到，这些问题产生的根源在于当前互联网自身的体系结构，特别是 IP 层作为一种网络体系结构的“窄腰”，其所承载的重任导致对其进行重大修改是十分困难的。所以，支持网络进行革新的研究者摒弃了上述“打补丁”式的解决思路，转而寻求新型的网络体系结构来解决当前网络存在的问题。

1.2 SDN 的发展历程

我们知道，当前网络对流量的控制和转发都依赖网络设备，这些设备集控制和转发于一体，并且都由厂商预先设定。用户想要添加新的功能，需要设备厂商重新研发，这些都要经历一个较长的周期后才能实现。用户如果根据自己的需求更改配置，必须使用厂商提供的接口登录每一台设备再进行操作，且能实现的更改有限。于是，研究者提出了将网络设备的控制和转发分离的设想，以实现网络的可编程，由此推动了转发和控制单元分离（Forwarding and Control Element Separation，ForCES）及路由控制平台（Routing Control Platform，RCP）两项技术的发展。但这两项技术由于缺乏相应厂商的支持和配合等各方面的因素，最终仅是“昙花一现”，但数控分离的思想却被 SDN 继承了。

SDN 最初起源于斯坦福大学的“Clean-Slate Design for the Internet（Clean-Slate）”项目。2006 年，斯坦福大学联合美国国家科学基金会以及多个工业界厂商共同启动了这一项目。该项目的目标为摒弃传统渐进叠加和向前兼容的原则，实现互联网的重塑。同年，斯坦福大学的研究生 Martin Casado 参与了该项目，并负责其中的一个子项目——Ethane。Ethane 旨在提出一个新兴的企业网络架构，实现网络的集中式管理，提高网络的安全性和管理的灵活性。为此，Martin Casado 部署了由 1 台控制器和 19 台交换机组成的小型网络，用于管理 300 个有线用户和一些无线用户的流量。网络管理员可定义一个全网的安全策略，并将这些策略应用于交换机，再由交换机执行，以控制用户流量的走向。

Martin Casado 的导师——斯坦福大学的 Nick McKeown 教授对 Martin Casado 的这个项目非常重视，并给 Martin Casado 提出了很多建设性意见。在研究过程中，师徒俩想进一步提高 Ethane 的设计，即解耦传统网络设备的控制平面和转发平面，转发平面仅仅负责数据的高速转发，转发策略则由控制平面通过可编程的标准接口下发给转发设备，这样，网络的管理和配置就会变得简单。于是，两人开始着手研究一款名为 NOX 的控制器，想把它用作单独的控制平面。控制器和交换机已具备，但控制器和交换机之间如何通信呢？Martin Casado 和 Nick McKeown 设想每一台交换机若能向控制器提供一个标准的接口，那么控制器通过这些接口对交换机进行集中控制和策略下发的操作会变得灵活便捷。于是他们开始研究控制器和交换机通信的协议，即传说中的 OpenFlow 协议。

随后，在 2007 年的 ACM SIGCOMM 会议上，Martin Casado 将 Ethane 项目的研究成果整理成一篇名为“Ethane:Taking Control of the Enterprise”的论文，该论文获得了学术界的广泛关注。实际上，Ethane 包含了 SDN 的早期思想，即基于流表的转发和中央控制器，因而被视为 SDN 架构的雏形。同一年，为进一步完善 SDN 的概念，Martin Casado 和 Nick McKeown 邀请加州大学伯克利分校的 Scott Shenker 等共同创建了一个致力于创新网络虚化技术的公司——Nicira（2012 年被 VMware 收购）。Nicira 的诞生标志着 SDN 迈出了走向工业界的第一步。

2008 年，Nick McKeown 在 ACM SIGCOMM 会议上发表了名为“OpenFlow:Enabling Innovation in Campus Networks”的论文，首次提出了将 OpenFlow 协议用于校园网络试验的创新项目中。OpenFlow 是一个用于控制平面的控制器和数据平面的交换机进行交互的协议。OpenFlow 协议实现了网络设备的数控分离，从而使控制器得以专注于决策控制工作，而交换机仅需专注于转发工作，极大地简化了网络的结构，提升了网络管理和配置的灵活性，同时，使得网络具有强大的可编程能力。OpenFlow 协议的发布在 SDN 的发展历史上具有划时代的意义，引发了人们对 SDN 技术的广泛关注。同年，Nick McKeown 和 Martin Casado 研发的第一个开源控制器 NOX 面世，这有力地推动了 SDN 系统实验的部署。

2009 年，由 OpenFlow 协议引出的 SDN 概念入围麻省理工科技评论评选出的十大前沿技术，SDN 自此获得了学术界和工业界的广泛认可和大力支持。同年，OpenFlow 协议规范 1.0 正式发布，OpenFlow 开始走进公众视野。

2011 年，Nick Mckeown 团队联合 Google、Facebook、NTT、Verizon、德国

电信、微软、雅虎 7 家企业共同成立了 ONF。ONF 致力于推动 SDN 架构、技术的规范和发展工作。2012 年，ONF 便发布了 SDN 白皮书“Software-Defined Networking: The New Norm for Networks”，提出了 SDN 的正式定义：“SDN 是一种支持动态、弹性管理的新型网络体系架构，是实现高带宽、动态网络的理想架构。SDN 将网络的控制平面和数据平面分离，并对数据平面的资源进行了抽象，支持控制平面通过统一的接口对数据平面进行编程控制”。ONF 在该白皮书中提出的 SDN 三层架构模型（应用层、控制层和基础设施层）获得了业界的广泛认可。

2012 年被世界视为 SDN 商用元年。在这一年中，SDN 的商业化部署取得了许多重大进展。Google 宣布其主干网络已经全面运行在 OpenFlow 协议上，并且通过 10Gbit/s 的网络连接分布在全球各地的 12 个数据中心，使广域线路的利用率从 30%提升到接近饱和，从而证明了 OpenFlow 协议不再是停留在学术界的一个研究模型，而是完全具备商业可行性的技术。同年，德国电信等运营商开始研发和部署 SDN；Big Switch 两轮融资超过 3800 万美元；VMware 以 12.6 亿美元收购了 Nicira。这些成功的商业案例标志着 SDN 完成了从实验技术向实际网络部署的重大跨越。同年，AT&T、BT、Deutsche Telecom、Orange、Telecom Italia、Telefonica 和 Verizon 联合发起成立了 NFV 产业联盟，旨在将 SDN 的理念引入电信业。

2013 年 4 月，Cisco、IBM、Juniper、VMware 等企业联合发起了开源项目——OpenDaylight。该项目致力于开发 SDN 控制器、南向/北向应用程序接口（AppCication Programming Interface，API）等软件，打破大厂商对网络硬件的技术封锁，驱动网络技术创新，使网络管理更容易。OpenDaylight 项目的创建代表了传统网络厂商对 SDN 的认可。

2014 年 12 月，由斯坦福大学和加州大学伯克利分校的 SDN 知名研究者共同创立的 ON.Lab 推出了新的 SDN 开源控制器——开放网络操作系统（Open Networking Operating System，ONOS）。至此，SDN 开源控制器领域形成了 OpenDaylight 和 ONOS 两大阵营。ONOS 是首款面向网络运营商和企业骨干网的开源 SDN 操作系统，主要致力于推动 SDN 在大规模组网场景下的应用，支持设备的白盒化，满足电信级网络在高可用性、高性能及可扩展性方面的需求。同年，可编程、协议无关的数据包处理器（Programming Protocol-Independent Packet Processors，P4）的发布，开启了 SDN 数据平面可编程的先河。

2015 年，ONF 发布了一个开源 SDN 项目社区，该项目提出的软件定义广域网成为第二个成熟的 SDN 应用市场。

随着 SDN 的不断发展，SDN 与其他技术，如云计算、NFV 的联系愈加紧密，各种各样的产品相继出现。SDN 迈着稳健的步伐逐渐走向商业化。对于 SDN 的未来发展，业界看法不一，有人认为 SDN 只能停留在少数大型企业的专用骨干网络或数据中心网络中，或许会成为运营商网络的一个附属功能；也有人认为 SDN 技术必将掀起一场网络技术的革命。不管 SDN 最终会走向何方，其当前的发展趋势表明，SDN 将在运营商网络转型、产业互联网应用等方面发挥重要作用。

1.3 NFV 的发展历程

虚拟化起初是 IT 行业的一个概念，借鉴 IT 架构领域的发展经验，运营商考虑将此概念引入传统的电信网络以实现网络功能的虚拟化。

与 SDN 解决的问题不同，NFV 旨在将虚拟化技术扩展到网络中，以提供一种新的设计、部署和管理网络业务的方法，达到缩短业务部署上线时间、提升运维灵活性、提高资源利用率、促进新业务创新、降低运营成本（Operating Expense，OPEX）和资本性支出（Capital Expenditure, CAPEX）等目的。其核心思想是将专用的物理网络设备与其上运行的网络功能解耦，即网络功能以软件的形式实现，并运行在工业标准硬件（如标准服务器）上，以取代当前网络中私有、专用和封闭的设备，企业可以根据需求在网络中的各个位置进行实例化或迁移，而无须安装新设备，具体如图 1-1 所示。

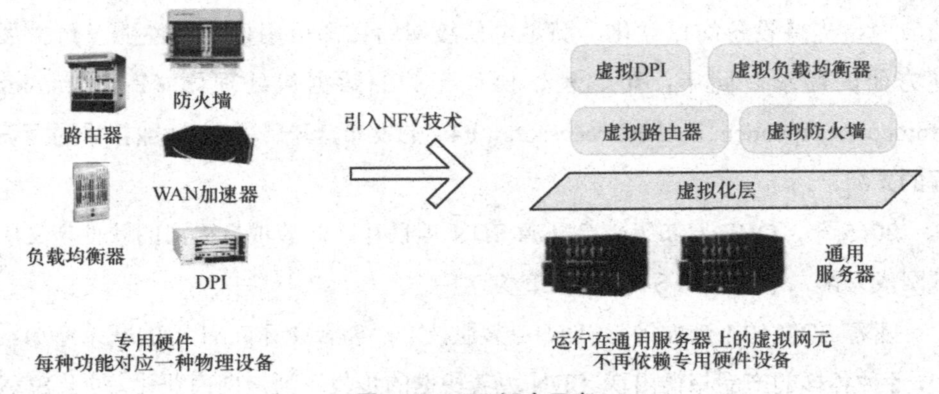

图 1-1 NFV 概念示意

NFV 的概念是在 2012 年被提出的。同年 10 月 22—24 日，全球 13 家网络运营商在 SDN 和 OpenFlow 世界大会上发布了 NFV 的第一份白皮书，提出了运营商对网络功能虚拟化的需求，同时引导和规范了 NFV 产业链的发展，并介绍了 NFV 的概念、愿景、推动因素和挑战等，呼吁业界和研究机构对 NFV 给予关注。同年 11 月，AT&T、BT、Deutsche Telecom、Orange、Telecom Italia、Telefonica 和 Verizon 7 家运营商牵头成立了一个新的拥有开放成员的网络功能虚拟化行业规范组织（Industry Specification Group for NFV，NFV ISG），该组织由欧洲电信标准化协会管理。NFV ISG 的主要目标是在 NFV 业务和技术上达成行业共识，加快 NFV 的产业化进程。截至 2018 年 2 月 12 日，NFV ISG 的成员已经发展至 125 个，参与者达 187 个，包括我国三大电信运营商（中国电信、中国移动、中国联通）以及通信设备商（华为、中兴）等。之后，NFV 的工作主要从标准化和开源两方面开展，以期通过不同组织的多方协作，促进 NFV 的成熟和落地。

标准化方面的工作由 ETSI NFV ISG、互联网工程任务组（The Internet Engineering Task Force，IETF）、国际电信联盟电信标准化部门（ITU Telecommunication Standardization Sector, ITU-T）、第三代合作伙伴计划（3rd Generation Partnership Project，3GPP）、电信管理论坛（TeleManagement Forum，TMF）、分布式管理任务组（Distributed Management Task Force，DMTF）等多个标准组织负责，中国通信标准化协会（China Communications Standards

Association，CCSA）也位列其中。

不同标准组织专注于 NFV 的不同领域，ETSI NFV ISG 以及 ITU-T 等组织负责 NFV 的需求和框架，并为流程和接口提供管理功能，其他主要的标准组织如 3GPP、TMF 等负责 NFV 流程与接口的设计。其中，ETSI NFV ISG 对 NFV 的推动作用最为显著。NFV ISG 以两年为一个工作阶段，2013—2014 年为第一阶段，2015—2016 年为第二阶段，2017—2018 年为第三阶段。第一阶段的工作聚焦于推动运营商对 NFV 的需求趋于一致，将已有的适用标准纳入行业服务和产品，同时提出新的技术要求，以促进技术创新，NFV ISG 在第一阶段发布了 NFV 的要求、架构、使用场景、术语等多项标准。2015 年 1 月，第一阶段的工作正式完成，随后，NFV ISG 进入了第二阶段。第二阶段的工作重点是 NFV 的架构演进和接口标准化，并且推进 NFV 落地，规定了适用于 NFV 架构中各个功能模块如虚拟化基础设施管理器（Virtual Infrastructure Manager，VIM）、虚拟化网络功能管理器（Virtualized Network Function Manager，VNFM）和 NFV 编排器（NFV Orchestrator，NFVO）等的要求以及适用于参考点的要求等。2017 年 12 月 4—8 日，NFV ISG 的成员在法国索菲亚科技园的 ETSI 总部召开了第二十次全体会议，这一会议标志着第二阶段工作的落实和第三阶段工作的开始，会议取得的一项重大进展即批准了第三阶段的相关规范性工作项目。至此，NFV ISG 共发布了 3 份白皮书 120 多项标准，另外有 67 项草案正在进行。

NFV 开源项目主要由全球各大运营商主导。2013 年，AT&T 首先推出了 Domain 2.0 网络重构计划，旨在通过引入 NFV 和 SDN 技术，开发“增强控制、编排、管理与策略”的网络编排系统，推动网络基础设施从以硬件为中心向以软件为中心的转变，促进运营商定义业务向用户定义业务转变，以提升业务上线速度，实现网络的高效灵活管理。

2014 年，Telefonica 推出了 UNICA Infrastructure 项目，该项目旨在提升 Telefonica IT 基础设施的工作效率并实现电信业务云化，从而加速业务创新并降低总拥有成本（Total Cost of Ownership，TCO），进而提升 Telefonica 的市场竞争力。同年 10 月，在 NFV 第一阶段即将结束时，由 AT&T、日本电报电话公司（NTT）、中国移动、RedHat、爱立信等发起的 NFV 开放平台（Open Platform for NFV，OPNFV）开源社区正式成立。社区的前期工作范畴是 NFV 基础设施，即为 NFV 提供一个统一的开源基础平台，此平台集成了 OpenStack、OpenDaylight、开源虚拟交换机（Open Virtual Switch，OVS）等上游社区的成果，并且推动上游社区加速接纳 NFV 的相关需求。2015 年，中国移动宣布携手合作厂商成立中国移动 OPNFV 实验室。

2016 年，中国移动、Linux 基金会等联合发起业内首个 NFV/SDN 融合协同器（OPEN-Orchestrator，OPEN-O）项目倡议，该项目得到了业界的广泛响应。OPEN-O 是业界首个以实现 SDN/NFV 端到端业务自动编排为目标的开源参考平台。

2017 年 2 月，由 AT&T 主导的 ECOMP 和由中国移动主导的 OPEN-O 合并为开放网络自动化平台（Open Network Automation Platform，ONAP）。该项目是一个能够为虚拟化网络功能（Virtualized Network Function，VNF），包含 VNF 的 SDN 以及结合了前两者的网络服务提供设计、创建、编排、监控和生命周期管理能力的开源软件平台。它通过物理和虚拟网络功能的实时策略驱动业务的编排和自动化，使得软件、网络、IT 和云提供商及开发人员能够快速自动化部署新服务。由于 ONAP 囊括了全球主要的运营商和众多厂商，涵盖了全球超过 50%的用户，其发展前景自该项目诞生以来就一直被业界所看好。

除了运营商外，各大电信设备商和 IT 公司都对 NFV 表现出了极大的兴趣，并参与 NFV 的项目中。典型的设备供应商，如爱立信、诺基亚、阿尔卡特朗讯以及华为都在向 NFV 转型。部分 IT 公司加入了 NFV 的阵营，致力于开发符合电信级要求的软件。

1.4 SDN/NFV 行业发展现状

2018 年 1 月，市场情报与咨询公司 SNS Research 发布了一项关于 SDN、

NFV 和网络虚拟化生态系统的深入评估报告。报告显示：服务提供商已经开始投资 NFV 和 SDN，包括通用客户端设备（universal Customer Premise Equipment, uCPE）/ 虚拟客户端设备（virtual Customer Premise Equipment, vCPE）、软件定义广域网（Software Defined Wide Area Network，SD-WAN）、虚拟化演进分组核心（virtual Evolved Packet Core, vEPC）、虚拟化 IP 多媒体子系统（virtual IP Multimedia Subsystem，vIMS）、Cloud RAN 和虚拟化内容分发网络（virtual Content Delivery Network，vCDN）等；2017—2020 年，服务提供商在 SDN 和 NFV 上的投资以约 45%的年复合增长率增长；到 2020 年年底实现近 220 亿美元的收入。在互联网企业和数据中心运营商等的带动下，企业和数据中心领域采用以软件为中心的网络的比例正在逐渐提升。该报告指出：仅在 2017 年，这些领域在 SDN 和 NFV 上的投资就达 120 亿美元。而最新的 IHS Markit 调查显示：未来几年内，运营商在 NFV 方面的投入将会显著增长，预计到 2021 年，运营商在 NFV 方面的支出将达 370 亿美元，2016—2021 年的 NFV 投入年复合增长率将达 30%；并且预计服务提供商还将大量投资 vCPE。IHS Markit 研究报告预测：运营商将在 2021 年为企业 vCPE 的硬件和软件花费 20 亿美元，为消费者的 vCPE 投入 2.93 亿美元。此外，IHS Markit 近期对部署 SDN 和 NFV 的运营商调查发现：82%的受访者表示他们正在部署或计划在 uCPE 上部署 VNF，其中 97%的受访者将会在端局部署，85%的受访者将会在数据中心部署。虽然市场调研公司对 SDN/NFV 市场规模的预测各不相同，但这些预测都不谋而合地表现了运营商网络的转型正处于加速阶段。

尽管 SDN/NFV 被业界视作电信网络的一次革新，具备巨大的发展潜力，但目前仍然处于发展的初级阶段。2017 年，市场调研公司 Cartesian 与宽带论坛合作，以 40 多次采访报告和 100 多份在线调查问卷为基础，调查多行业的决策者后，发布了一份标题为《网络的未来：应对虚拟领域中的变革》的报告。报告发现：由 SDN 和 NFV 引领的网络虚拟化，由于缺乏成熟的技术支持并受到多厂商集成问题等因素的影响，技术优势并没有得到最大限度地发挥。因此，SDN/NFV 要真正实现最初勾勒的美好愿景，还面临诸多挑战。

参考文献

[1] 黄韬, 刘江, 魏亮, 等. 软件定义网络核心原理与应用实践[M]. 北京: 人民邮电出版社, 2018: 1-7.

[2] 毕军. SDN 体系结构与未来网络体系结构创新环境[J]. 电信科学, 2013, 29(8): 7-15.

[3] 鞠卫国, 张云帆, 乔爱锋, 等. SDN/NFV 重构网络架构建设未来网络[M]. 北京: 人民邮电出版社, 2017: 4.

[4] 刘韵洁, 黄韬, 张娇. SDN 发展趋势[J]. 中兴通讯技术, 2016, (6) 012.

[5] Foundation O N. Software-defined Networking: The New Norm for Networks[R/OL]. ONF White Paper, 2012, 2: 2-6.

[6] 李素游, 寿国础. 网络功能虚拟化: NFV 架构、开发、测试及应用[M]. 北京: 人民邮电出版社, 2017: 4-8.

第 2 章

NFV与SDN：一枝独秀不是春

我们谈到 NFV 技术时，通常都无法避免地谈及 SDN 技术。很显然，它们之间有千丝万缕的关联，但也有很大的区别。作为该领域的从业人员，大家或多或少能说出这两者的区别和联系。2015 年，某份报告研究了该领域从业人员对 SDN 和 NFV 关系的理解，结果显示：大多数（65%）从业人员认为 SDN 和 NFV 是相互补足的关系，有 25%的从业人员认为 NFV 需要 SDN，还有 10%的从业人员认为 SDN 需要 NFV。的确，正如绝大多数从业人员理解的那样，虽然 SDN 与 NFV 技术自成体系，互不依赖，但是它们确实是互补的技术，这一点我们可以从 ETSI 和 ONF 组织的合作上看出。2013 年，ETSI NFV ISG 发布第一版 NFV 白皮书，紧接着于 2014 年宣布与 SDN 的官方组织——ONF 进行学术合作，共同推动 NFV 和 SDN 的发展。他们在联合发表的声明中写道：两个组织的联合将推动 SDN 应用和协议的发展，进而增强 SDN 对 NFV 网络的支持，相应地，NFV 技术也将促进 SDN 的发展。

本章中，我们将探讨 NFV 和 SDN 的区别和联系。NFV 和 SDN 的关系用一句话概述为“互不依赖且相互补充”。以下我们将从不同的视角解读 NFV 和 SDN。

2.1 NFV 与 SDN 互不依赖且相互补充

SDN 技术主要分离网络中交换设备的数据平面和控制平面，数据平面变得灵活可编程，控制平面的功能为控制可编程的数据平面。NFV 技术主要将网络功能设备的功能从专用硬件中解耦出来，并利用软件在通用平台上实现这些功能。通俗地讲，如果将网络功能想象为一个一个的点，将网络中的交换设备想象为连接这些点的线，那么 NFV 就是改造这些点的，使得这些点变得灵活可控；而 SDN 是改造这些线的，使得这些线也变得灵活可控。NFV 负责的是网络中 OSI 七层网络模型中的 L4~L7，而 SDN 负责网络中的 OSI 七层网络模型中的 L1~L3。

2.1.1　SDN 的价值

SDN 技术的起步时间早于 NFV 的起步时间。SDN 最初起源于校园网，在数据中心逐渐成熟，到目前已经有非常多的实际落地项目。SDN 技术所能带来的价值大家有目共睹。图 2-1 中罗列了 SDN 技术的价值。通过介绍 SDN 技术的价值，我们可以看到，SDN 在发挥这些价值时并不依赖 NFV 技术。

（1）全局视图

SDN 的特性之一是集中式控制，这使得网络运营商在集中式控制网络中的设备时，可以通过控制器的南向接口与底层网络设备交互，此外，控制器能向底层网络设备下发指令，底层网络设备会向控制器上报自身的运行状态。因此，网络管理者通过控制器能掌握网络中各个节点和链路状态信息，即拥有了网络的全局视图。企业拥有全局视图意味着可以在全局范围内优化网络，这一点意义重大。

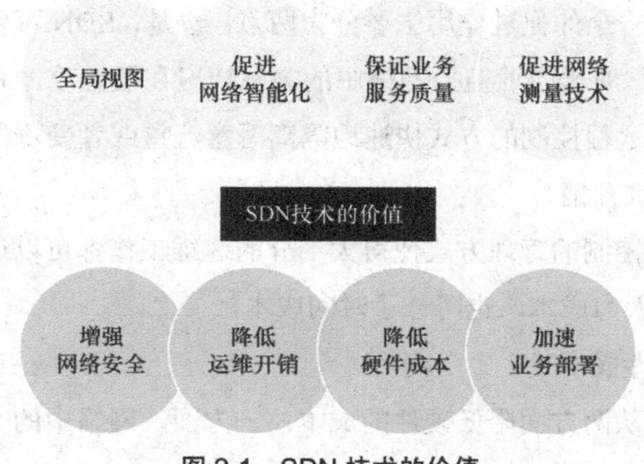

图 2-1　SDN 技术的价值

（2）促进网络智能化

在人工智能盛行的今天，机器学习技术正在向各个领域渗透，其中就包括网络领域。ETSI 在 2017 年 2 月正式成立网络人工智能工作组，以推动人工智能在网络领域的应用。SDN 技术契合人工智能的应用，首先，人工智能的驱动之一是数据，SDN 能获取全局的状态信息，这样我们可以将全局的状态信息作为数据输入；其次，人工智能的输出结果可以通过 SDN 集中式远程控制的方式进行下发。

（3）保证业务服务质量

SDN 的一大优势是能实现对流量的控制和整流，这有助于提高业务流量的服务质量（Quality of Service，QoS）。例如，我们可以通过控制业务流路径来保障时延敏感流选择轻载路径。

（4）促进网络测量技术

SDN 在网络测量方面有诸多优势：首先，SDN 数据平面的可编程特点使得网络测量任务可以通过软件灵活实现，例如新兴的基于 P4 的带内网络遥测（In-band Network Telemetry，INT）技术等，通过可编程的数据平面测量网络；其次，OpenFlow 协议本身支持细粒度的网络测量，SDN 集中式控制的方式可以实时测量网络的细粒度。

（5）增强网络安全

SDN 对网络安全的促进作用主要分为两点：一是，SDN 可以为网络提供集中的可视化特性，对于企业监控网络中的突发情况和恶意攻击有很大帮助；二是，SDN 能通过远程控制的方式快速地隔离恶意流量或者受攻击的主机。

（6）降低运维开销

SDN 集中式控制的管理方式使得大部分的运维工作都可以通过自动化的方式完成，减少了人力成本，也降低了时间成本。

（7）降低硬件成本

SDN 技术能从两方面降低硬件的成本：一方面，网络中的交换设备可以部署成“白盒”设备，从 SDN 控制器获取指示以控制流量；另一方面，SDN 控制器可以对接虚拟的交换机，例如这两点都能帮助运营商降低部署网络的硬件成本。

（8）加速业务部署

SDN 集中式控制的方式使得未来业务的下发可能是预置的脚本通过一键式

的上线部署实现的，而不再需要复杂的人工配置调试过程，这能极大地缩短业务的部署时间。

以上所述的 SDN 的价值完全不依赖 NFV 技术，甚至与 NFV 技术无关，因此，我们可以得出结论，SDN 技术不依赖 NFV 技术。从另一个角度也能解释这个结论，即 SDN 是网络中 L1~L3 的技术，不涉及网络的 L4~L7，而 NFV 是 L4~L7 的技术，SDN 更为底层，因此不依赖 NFV。通过下文，我们将看到，NFV 的部分价值在 SDN 的帮助下可以发挥得更好，这是因为 NFV 是 L4~L7 的技术，需要 L1~L3 的配合，但是这并不意味着 NFV 一定需要 SDN 才能工作。

2.1.2 NFV 的价值

NFV 作为运营商积极推动的技术，可为运营商带来诸多的好处。如图 2-2 所示，我们总结了 10 点 NFV 的价值，也可以说是 NFV 技术的优势。针对每一项技术优势，下文分别进行了叙述，我们可以看到，NFV 技术的大多数价值都是其内在的优势，是取决于技术本身的；少数的几个价值在实现过程中可能面临一些挑战，但是这些挑战的解决并不一定依赖 SDN 技术。

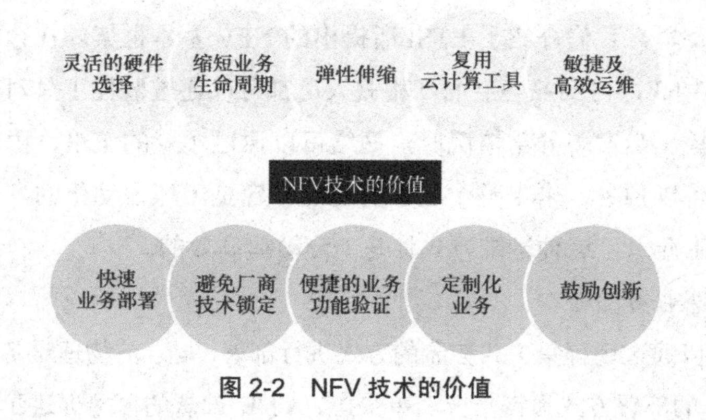

图 2-2　NFV 技术的价值

（1）灵活的硬件选择

由于 NFV 技术使用通用的服务器并将其作为硬件平台，因此运营商在选择硬件时，可以根据自身的需求，更加灵活地选择硬件的配置；同时，运营商也可以灵活地更新硬件的配置。

（2）缩短业务生命周期

和硬件设备的部署相比，VNF 的创建和删除在非常短的时间内就能完成，而且只需要修改 VNF 的软件代码即可。因此，新业务的开发和老业务的升级换代的研发周期将大幅缩短，从原来的几个月缩短到现在的几天。

（3）弹性伸缩

电信网络中的流量通常具有峰谷性。比如，绝大多数的业务在白天的流量远大于在夜间的流量。运营商在面对日益增长的流量时，为了保证服务质量，只能不断地更换设备，以满足白天业务流量在最高峰时的需求，而到了夜间，所更换的设备在性能上都是冗余的，因此造成了极大的资源浪费。这个问题在 NFV 中将不复存在，NFV 中的 VNF 创建和删除的敏捷性使得运营商能按照业务的实时需求启停 VNF，调整网络中部署的 VNF 的处理能力以恰好满足业务流量的需求，从而有效降低电力能源的开销，提高资源的利用率。

（4）复用云计算工具

NFV 技术依托于云计算技术，云计算经过了长时间的发展，目前已经相当成熟。云计算相关的很多技术以及工具可以在 NFV 领域中得到应用，发挥重大作用。

（5）敏捷及高效运维

在第 1 章里，我们介绍了 ETSI 所提出的 NFV 基本框架。在该框架下，从基础设施到 VNF，再到业务层面，相关人员都可以通过监控工具对其运行状态进行实时监控。当发现异常情况时，网络可以通过预置的策略，由自动化脚本进行处理。可以预见，未来整个运维的过程都应是闭环自动化的，无须或者只需少量的人工介入，这种运维方式将是十分敏捷高效的。

（6）快速业务部署

VNF 可以通过远程集中式控制的方式进行部署，与之前物理设备部署的烦琐相比，VNF 的部署方式显得十分简单快捷。VNF 部署的便捷促进了业务的快速部署，在未来的理想场景中，业务的部署将通过预先定义的脚本实现一键式部署。

（7）避免厂商技术锁定

这一特性是运营商推荐 NFV 的关键原因之一。传统的硬件是封闭的，其中的技术细节只有厂商了解，同时，硬件的设计制造门槛比较高，运营商的设备供应商列表中只有几家厂商。NFV将软件和硬件解耦，未来，VNF软件虽然也是由第三方厂商提供，但是运营商可以借此机会扩展生态，避免落入少数厂商的技术锁定中。

（8）便捷的业务功能验证

这一优点得益于云计算技术的发展。云计算业务在交付前，技术人员会测试业务，该测试是通过自动化方式完成的，例如DevOps可以作为自动化集成和测试的基本工具。而NFV依托云计算技术，这种自动测试并上线业务的功能在NFV业务中同样适用。这样就节省了人力的测试过程，降低了人力的开销；同时，自动化测试的时间更短，可以加速业务上线的步伐。

（9）定制化业务

NFV提供的网络功能具有可灵活定制的特性，其中包括网络功能的部署位置、分配的资源，甚至其功能本身。在业务部署前，用户可以定制业务；在业务运行时，同样可以修改业务的属性。

（10）鼓励创新

NFV技术的灵活性和开放性丰富了业务的种类，运营商和厂商可以开发新的业务种类，以寻求新的业务增长点。

纵观上述NFV技术的价值，我们可以发现，这些价值并不依赖SDN技术。可能会有人质疑：我们业务在快速部署时，需要借助SDN技术集中式地配置网络；在进行弹性伸缩时，我们需要借助SDN技术重新引导流量。的确，SDN能很好地做到这一点，但是NFV也可通过别的方式实现这一功能。业务在快速部署时，当NFV中的VNF部署被配置完后，相关人员可以设计一种分布式的协议，感知VNF的部署位置信息等；然后网络交换设备之间进行协商，从而完成网络的配置。在进行弹性伸缩时，相关人员同样可以设计一种分布式的协议，正确引导流量。因此，NFV离开了SDN，配合使用分布式协议，也能实现其价值，只是这个分布式协议需要重新设计。可见，SDN作为一种较为成熟的网络解决方案，能更好地帮助NFV实现价值。

2.1.3 SDN：灵活的 NFV 网络解决方案

通过分析 SDN 和 NFV 的技术优势和内在价值，我们可以得到 SDN 和 NFV 互不依赖的结论。在本小节中，我们将说明 SDN 作为一种网络解决方案，如何为 NFV 网络提供很好的支持。为此，我们首先分析 NFV 网络中的需求和挑战，然后说明为什么 SDN 能很好地满足这些需求。

NFV 技术能为运营商带来诸多的好处，但是要充分发挥其价值，网络需要给予 NFV 一定的支持，运营商需要改造现有的网络架构，以适应新的需求。在实际落地部署中，运营商在网络层面还需要解决以下问题。

（1）对虚拟网络功能移动性的支持

在传统网络中，一台网络功能设备在部署完成后，它的位置和 IP 地址可能几年都不会发生变动；然而在 NFV 中，VNF 的位置可能几天甚至几小时就会发生一次迁移。因此，网络解决方案需要满足 NFV 的高频次的移动性要求。

（2）对剧增的网络功能终端的支持

运营商应用 NFV 技术在网络中部署 VNF 后，网络功能设备的数量将急剧增加。在现网中，网络功能设备的数量已经接近交换机的数量，当应用了 NFV 技术后，网络中的 VNF 的数量将以百万计。

（3）对网络功能弹性伸缩的支持

NFV 技术的一大优势是支持网络功能的弹性伸缩，使得运行的 VNF 的数量能随业务流量的需求自适应地调整。这对网络提出了新的要求，意味着需要将流量动态均衡地引入运行着的 VNF 上。网络新增 VNF 时，需要从现有的 VNF 上将一部分流量迁移到新增的 VNF 上；缩减 VNF 时，需要将流量从即将停止运行的 VNF 上迁移回来。

（4）对业务快速上线过程中网络的支持

虽然 NFV 技术能实现网络功能节点的快速上线，但是一个业务的上线，除了需要快速开通的网络功能节点，还需要配置网络，使业务流量能按需求经过网络功能节点。因此，如果不能快速地对网络实现端到端的配置开通，网络功能节点的快速开通将是毫无意义的。

（5）对多租户的支持

NFV 提供的网络业务就像云计算业务，不同的业务有不同的租户。因此我们需要划分网络，使不同租户之间的网络相互隔离。

针对上述问题，我们提供了两种解决方案：第一种是基于现有的网络架构，在分布式网络的基础上，设计新的协议和机制；第二种是采用全新的网络架构。第一种方法虽然能解决上述问题，但在网络演进过程中，面临着可扩展性差的问题。此时，SDN 技术恰好能解决 NFV 网络中的诸多挑战，非常适合作为 NFV 网络的解决方案。ONF 组织看到了这个机会，开始与 ETSI 组织合作，提出了 SDN 能为 NFV 提供灵活的网络解决方案的理念。

图 2-3 是基于 SDN 的 NFV 网络解决方案示意。其中，通用服务器与物理的 SDN 交换机相连，VNF 运行在通用服务器上，并与虚拟的交换机 OVS 相连，我们可以理解为所有的 VNF 都是相连的。SDN 控制器与物理的交换机和虚拟的交换机相连，并开放北向接口供业务编排器调用，接受来自业务编排器的指令。然后，SDN 控制器通过集中式控制的方法引导交换机上的流量，使流量按顺序经过不同类型的 VNF，并形成“服务链”。以上是 ONF 的基本设计思路，该架构都可以解决上述 NFV 网络中的诸多痛点，具体解决方法如下。

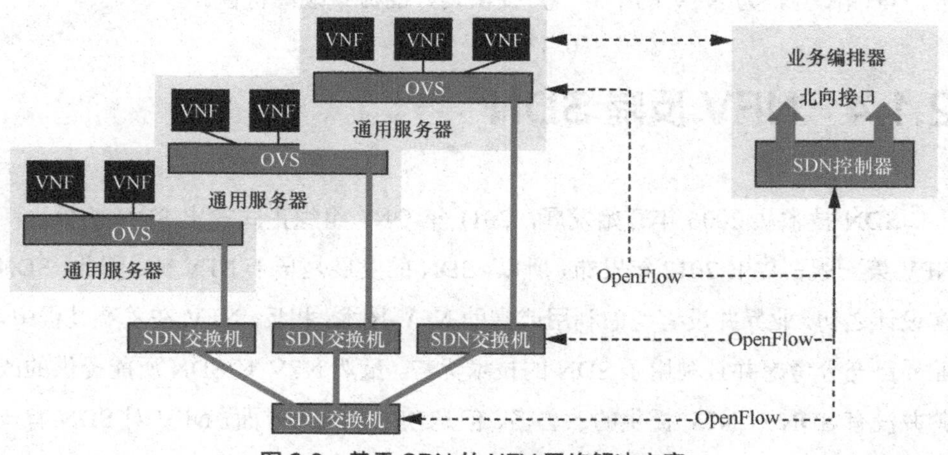

图 2-3 基于 SDN 的 NFV 网络解决方案

（1）解决 VNF 移动性

当 VNF 发生迁移、位置发生改变时，如果网络仍然按照原有的流量路径发送业务流量将造成业务中断。此时，VNF 可以通过业务编排器告知 SDN 控制器，自己的位置发生了变化；然后，SDN 控制器调整网络中的流量引导路径，使流量仍能按原来的顺序经过 VNF。

（2）解决网络功能弹性伸缩

网络存在多个功能相同的 VNF，相同功能的 VNF 的数量能随业务流量的大小而变化，我们将这种特性称为 VNF 的弹性伸缩。因为网络存在多个功能相同的 VNF，所以需要在多个 VNF 之间完成流量的负载均衡。一种可能的方案是在 OVS 上实现负载均衡的功能，此时，SDN 控制器能通过业务编排器感知 VNF 的数量变化，并控制 OVS 动态地配合伸缩扩容的策略，对 VNF 的弹性伸缩提供支持。

（3）解决业务快速上线

在 SDN 和 NFV 的价值中，这两者都能加速业务的上线过程，若 SDN 配合 NFV 技术，能实现业务中网络部分和网络功能单元的同步快速上线。

（4）解决多租户问题

对于多租户的问题，传统网络中利用 VLAN 和 VXLAN 等技术；为不同的租户划分虚网，VLAN 和 VXLAN 在 SDN 中仍然适用，而且 SDN 能提供更好的流量隔离性，为 NFV 的不同租户提供良好的流量隔离特性。

2.1.4 NFV 反哺 SDN

SDN 技术从 2006 年开始发展，2011 年 ONF 组织正式提出 SDN 的概念；NFV 第一版白皮书 2012 年发布，所以，SDN 的发展是早于 NFV 的。因此，SDN 在设计之初，业界并没有考虑利用或借助 NFV 技术；相反，NFV 在发展过程中，业界已充分考虑并且利用了 SDN 的技术优势。虽然 NFV 对 SDN 所能提供的改善并没有 SDN 对 NFV 提供的改善多，但是在以下两个方面，NFV 对 SDN 有一定的促进作用。

（1）SDN 控制器作为 VNF 部署

通常 SDN 控制器的部署需要一台独立的物理服务器，为了提高可用性，我们通常还会在多台物理服务器上进行集群部署，达到主备的目的。利用物理服务器进行部署具有稳定性高、性能良好的优点，但是在边缘一些规模较小的域中，可能并不需要一台独立的物理服务器以部署 SDN 控制器。此时，我们可以将 SDN 控制器作为 VNF 进行部署，这样在节约物理资源的同时，还能带来其他的好处。例如，SDN 控制器作为一个 VNF 可被纳入 NFV 的管理框架，此时，SDN 控制器可随时进行迁移、备份等操作。

（2）NFV 促进 SDN 数据平面标准化

NFV 的核心思想之一是硬件和软件的解耦。这种思想逐渐渗透了 SDN 数据平面的设计，SDN 数据平面提倡使用的“白盒”技术就是一个软硬件解耦的例子。网络交换设备将采用相同类型的硬件，而功能上的差异将由软件来实现，这种思想将促进 SDN 数据平面的硬件实现标准化。

2.2 从不同视角看 NFV 和 SDN

通过对 SDN 和 NFV 价值的阐述，我们了解了 SDN 和 NFV 的关系是“互不依赖且相互补充”。但因为不同的标准文件或者白皮书所站的视角不同，所以不同的组织介绍的这两种技术会有所不同。例如，ETSI 作为 NFV 白皮书的发布者和推动者，会站在以 NFV 为主的视角介绍这两种技术；而 ONF 作为 SDN 概念的提出者，会站在以 SDN 为主的视角介绍这两种技术。

在本小节中，我们希望通过解读不同组织的不同视角，让读者能从不同的角度看待 SDN 和 NFV。我们选取了 3 个具有代表性的组织的不同视角，这 3 种视角基本涵盖了常见的视角，它们分别是以 SDN 为中心的视角（ONF）、以 NFV 为中心的视角（ETSI）以及较为中立的视角（IETF）。其实 3 种组织的观点并不矛盾，只是看待问题的角度不同，目前，大多数商用和开源项目架构的设计一般都符合 ETSI 或者 IETF 的理念。我们认为 ETSI 所提的架构更符合实际中的落地部署形式，而 IETF 的架构更符合逻辑形式，运营商落地项目的设计人员和开发人员需要非常熟悉 ETSI 的整套架构，而非技术人员如果希望对概念有所了解，那么 IETF 架构是不错的选择。正如之前所说，这两者并不矛盾，因此任选其一都没有错误，而且各大运营商在各自系统的设计中，一定会结合自身的实际情况进行调整，并非一定与某一种架构保持完全一致。

2.2.1 ONF：以 SDN 为中心的视角

ONF 是 SDN 概念的提出者，其在 2014 年宣布与 ETSI 合作之后，在 2015 年发布了关于 SDN 和 NFV 融合的白皮书“Relation Ship of SDN and NFV”。白皮书中叙述了在 SDN 的视角下，如何看待 SDN 和 NFV 两种技术的融合。

图 2-4 是 ONF 站在以 SDN 为主的视角下看待 SDN 和 NFV 的示意，这种视角下的 SDN 有一个专业的名称叫 “广义 SDN”。在“广义 SDN”的概念下，SDN 控制器的概念与我们所理解的 SDN 控制器的概念不太相同。广义 SDN 中的控制器是一个更为广泛的概念，从功能划分上来看，该控制器控制的设备不止包含网络中的交换设备，还包含网络中的其他资源，例如计算资源、存储资源。VNF 作为一种资源，被纳入广义 SDN 控制器管理的范畴中，VNF 生命周期的管理将由广义 SDN 控制器来实现。在 SDN 域-2 中，我们可以看到有一个 VNF 域，其中的设备可能是由通用服务器组成的，配合虚拟化技术，通用服务器上可运行 VNF；VNF 的管理被交给了 SDN 控制器-2 来完成；同时，SDN 控制器-2 还控制该域内的其他资源。另外两个域可以包含 VNF 资源，也可以不包含，每个域中的资源形式和总量都是不同的，因此每个域发挥的作用也不相同。

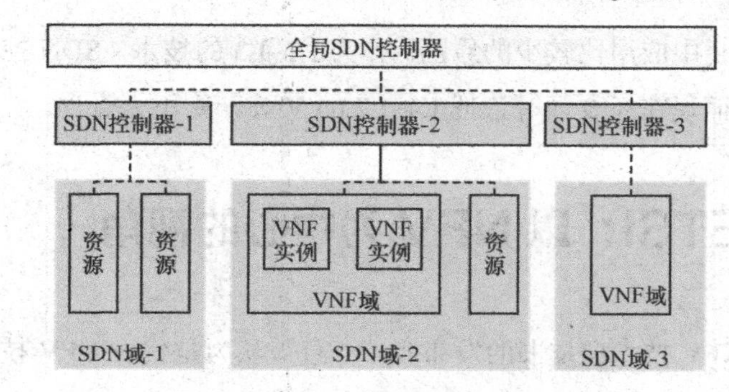

图 2-4　ONF 视角下的 SDN 和 NFV

我们以一个业务部署的过程为例，描述在该架构下各个 SDN 控制器之间的协同。首先，全局 SDN 控制器从管理员处接受业务请求，并解读业务的请求。全局 SDN 控制器拥有全局的网络视图，即知道每个域中拥有什么类型的资源，总量是多少。全局 SDN 控制器根据业务的请求，在全局范围内编排业务，即决定业务的部署形式。例如，SDN 域-2 中部署的 4 个 VNF 实例并引导业务流量从 SDN 域-1 中进入，流经 SDN 域-2 中的 4 个实例，最后从 SDN 域-3 中流出。全局 SDN 控制器将该编排结果告诉底下的 3 个 SDN 控制器。SDN 控制器-1 收到命令后，在流量入口和与 SDN 域-2 的连接出口间计算合适的路径，并下发流表来引导流量。SDN 控制器-2 收到命令后，在 VNF 域内启动 VNF 实例，根据 VNF 实例位置和出入口位置计算路径，配置路径引导流量按顺序经过 VNF 实例。SDN 控制器-3 收到命令后，与 SDN 控制器-1 相同，计算路径并下发流表。至此，每个域内都完成了业务的创建和配置，然后每个域内的 SDN 控制器向全局 SDN 控制器汇报，全局 SDN 控制器完成流量在域间路径的计算和配置，实现业务的端到端开通。

ONF 所提的架构是站在 SDN 的角度，考虑的情况比较理想，SDN 控制器管控网络中的全部资源，包括网络交换设备和 VNF 实例。在实际的部署中，除了网络交换设备和 VNF 实例这两种比较基本的网络元素，还有基础设备资源，包括计算资源和存储资源。ONF 框架中没有说明这两类基础设施资源的具体管理方式，SDN 控制器是有能力管理网络交换设备和 VNF 实例的，但是管理计算和存储资源是比较乏力的，在实际部署中需要引入其他的工具。这也是 ONF 的架构在实际项目中应用比较少的原因。作为 L1~L3 的技术，SDN 控制器管理好 L1~L3 即可，而现在还要同时管理 L4~L7 的 VNF，则不太合理。

2.2.2 ETSI：以 NFV 为中心的视角

ETSI 是 NFV 技术白皮书的发布者，一直被认为是代表 NFV 技术的官方组织。在 2014 年宣布和 ONF 组织合作后，于 2015 年年底 ETSI 发布了白皮书"Report on SDN Usage in NFV Architectural Framework"，并在其中阐述了在 NFV 框架下，如何使用 SDN 技术。该白皮书以 NFV 技术为中心，阐述了这两种技术如何协同发挥作用。

图 2-5 是 ETSI 发布的 NFV 参考框架。在该框架下，SDN 资源作为 NFV 编排与管理（Management and Orchestration，MANO）框架下的一种资源被统一管理。SDN 资源部署的位置可以有 4 处，如图 2-5 中的字母方块标注所示。SDN 资源是指物理形式或者虚拟形式的交换机或者路由器。我们接下来将具体介绍不同位置的 SDN 资源的部署情况。

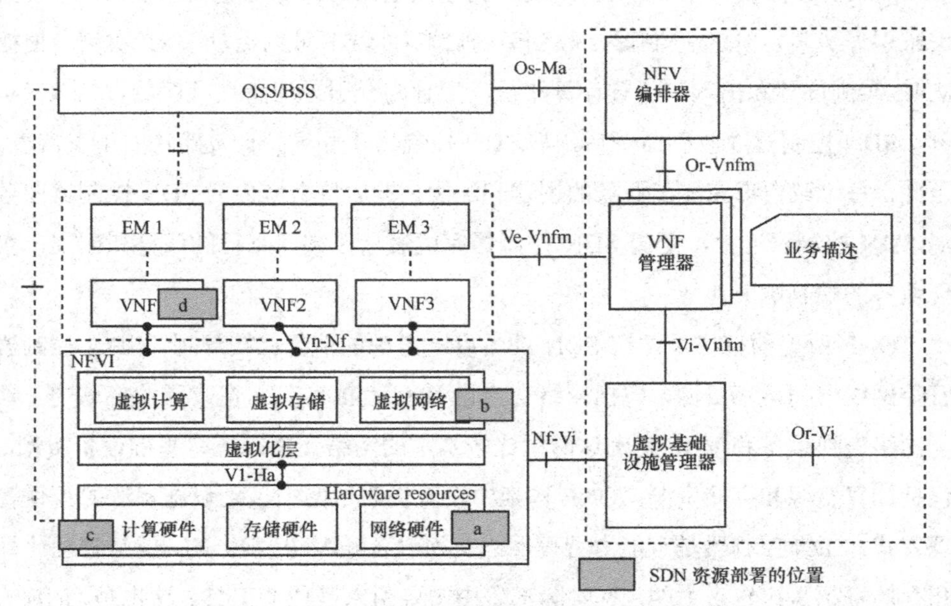

图 2-5　ETSI NFV 参考框架下 SDN 资源部署的位置

位置 a：该处提供物理的网络资源，作为底层的网络，在该处部署的 SDN 资源是物理的交换机或者路由器，用来作为 Underlay 网络的基础设施。

位置 b：该处提供虚拟的网络资源，是从底层 Underlay 网络中划分的一部分。因此，该处部署的 SDN 资源可以被认为是虚拟的交换机或者路由器，并作为 Overlay 网络的基础设施。

位置 c：该处为物理的计算资源设施，由通用服务器组成。通用服务器的网卡上，为了支持 I/O 虚拟化，例如 SR-IOV 技术，必须部署物理的网桥，使流量可以在物理网口和虚拟网口之间传递。该网桥可以 SDN 化，接受 SDN 控制器的集中式管理。

位置 d：该处为 VNF 实例，虚拟的交换机或者路由器可以作为一个 VNF，为网络业务提供功能，比如 vCPE 业务需要虚拟路由器和虚拟交换机作为网元。

NFV 的参考框架中加入 SDN 资源时，需要 SDN 控制器控制这些 SDN 资源，在上述的白皮书中，同样定义了 SDN 控制器可以部署的位置，如图 2-6 所示，一共有 5 处。

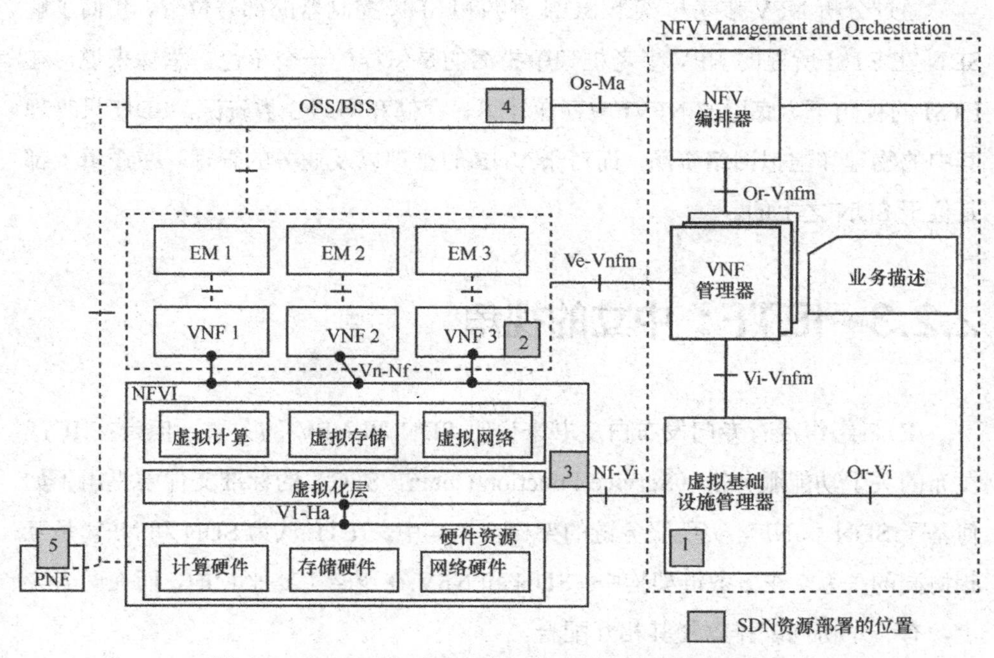

图 2-6　ETSI NFV 参考框架下 SDN 控制器部署的位置

位置 1：该处标注的是 VIM，VIM 主要管理 3 类虚拟的基础设施，即计算、网络和存储。在图 2-5 中虚拟网络资源（位置 b）中存在 SDN 资源，因此位置 1 中的 SDN 控制器主要控制位置 b 中的 SDN 资源。在该处，SDN 控制器的功能被整合到 VIM 中。

位置 2：SDN 控制器作为一个 VNF 来部署。

位置 3：SDN 控制器被部署在 NFV 基础设施（Network Functions Virtualization Infrastructure，NFVI）中，但与位置 2 中的形式不同，并不是作为一个 VNF 来部署，是直接以独占一台物理服务器的形式被部署。

位置 4：运营支撑系统（Operation Support System，OSS）/业务支撑系统（Business Support System，BSS）中可以部署 SDN 控制器；该处部署的 SDN 控制器作为租户业务的 SDN 控制器，与位置 1 和位置 3 中的 SDN 控制器一起管理用户业务中的网络。

位置 5：SDN 控制器作为一种专用的硬件来部署，这种场景可能是存在的，但是白皮书对该场景没有过多的讨论。

通过分析 NFV 参考框架下 SDN 资源和 SDN 控制器的部署位置，我们了解 SDN 在 ETSI 所提的 NFV 参考框架中扮演的是怎样的一个角色。总体来说，在 ETSI 的视角下，底层的 NFVI 中存在计算、存储和网络 3 类资源，SDN 只管理其中的物理和虚拟网络资源，而对于 VNF 的管理以及业务的管理，在逻辑上都是位于 SDN 之上的。

2.2.3 IETF：中立的视角

IETF 组织没有专门发布白皮书来说明 SDN 和 NFV 的关系，但是在 IETF 发布的关于功能服务链（Service Function Chain，SFC）的标准文件中提出了如何基于 SDN 和 NFV 实现服务链的架构。在其中，IETF 认为 SDN 和 NFV 是互相协同的关系。在服务链架构中，SDN 和 NFV 在逻辑上是平行的，而在两者之上，有一个协同编排器使其相互配合。

图2-7展示了IETF所提出的服务链参考架构。该参考架构从底层的网络元素层到最顶层的应用层，一共分为4层，其中，SDN控制器和NFV控制器在逻辑上位于同一层上的平行位置，在它们之上，专门划分了一层来放置SDN/NFV协同编排器，应用层可以与协同编排器进行交互，也可以越过协同编排器，直接与SDN控制器和NFV控制器交互。各层和模块的详细功能如下。

① 服务链应用：租户通过服务链应用来配置业务服务链，服务链应用记录租户的业务需求并将这些需求翻译成协同编排器、SDN控制器和NFV控制器能理解的形式，然后将其下发。

② SDN/NFV协同编排器：接收应用层的指令，并编排业务，包括业务资源的分配、不同业务之间的冲突检测等。编排完成后将具体的指令下发至SDN控制器和NFV控制器执行。

③ SDN控制器：拥有底层网络元素的全局视图，接收来自协同编排器和服务链应用的指令，并按照指令通过集中式的方法管理和控制网络元素中的SDN元素。

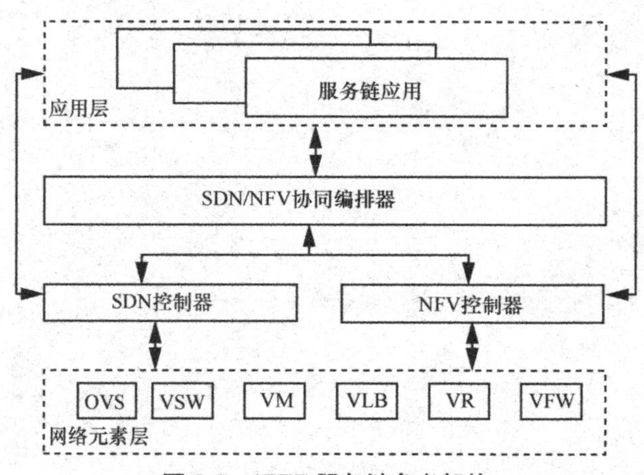

图2-7 IETF服务链参考架构

④ NFV控制器：接收来自协同编排器和服务链应用的指令，并按照指令对网络元素中的NFV元素进行生命周期管理。

⑤ 网络元素：按形式分为物理的和虚拟的两种，按种类分为SDN元素和

NFV 元素。

IETF 的架构在逻辑上比较明晰，对于编排平面，SDN 控制器和 NFV 控制器的功能划分比较明晰，便于理解，非常适合用于架构图的叙述。因此，大多数开源项目的架构图在叙述上都类似 IETF 架构图中的逻辑形式。

参考文献

[1] BOSSHART Y P, DALY D, GIBBY G, et al. P4: Programming Protocol-Independent Packet Processors[J]. ACM SIGCOMM Computer Communication Review, 2014, 44(3): 87-95.

[2] ONF. Relation of SDN and NFV[R/OL]. (2017-03)[2018-10].

[3] ETSI, ETSI GS NFV-EVE 005. Network Functions Virtualisation (NFV); Ecosystem; Report on SDN Usage in NFV Architectural Framework[R/OL]. (2016-07)[2018-10].

[4] IETF. Service Function Chaining (sfc) extension architecture[R/OL]. (2016-04)[2018-10].

第 3 章

SDN技术：开放、灵活、自由

什么是 SDN 呢？顾名思义，SDN 是指使用软件的方式定义网络。传统网络如同一个上锁的“黑盒子”，使用者无法看到里面的运行情况，也无法控制运行情况，所有的网络路由转发都在“黑盒子”出厂时就被固化了，无法更改。SDN 期望打破这样的“黑盒子”，使原有固化的网络变得开放、灵活和自由，使用软件可以轻松控制网络的转发，网络的运行会变得开放、透明。

本节介绍了 SDN 的定义及其架构，当前 SDN 控制层与数据层的软硬件设备及其发展情况，当前 SDN 南向、北向以及东西向主流协议，SDN 在骨干网、核心网、数据中心等场景下的应用情况。

3.1 SDN 整体架构：网络可以如此变化

3.1.1 SDN 定义：当网络走向开源

随着互联网用户的日益增多以及用户需求的不断变化，现有的以 IP 为网络层的体系架构已经越来越难以持续发展，SDN 应运而生。SDN 是一种数据平面与控制平面的分离，并可直接对控制平面编程的新型网络架构。数控分离将有助于底层网络设施资源的抽象和管理视图的集中，从而可以以虚拟资源的形式支持上层应用与服务，实现更好的灵活性与可控性。SDN 与传统网络的根本区别体现在以下几个方面。

（1）数控分离

SDN 解耦了传统网络中耦合的控制平面与数据平面。数据平面依旧由分布式的网络设备组成，而控制平面被抽象了，通过控制——转发通信接口集中式地控制与管理转发平面的网络设备。同时，控制平面向上提供灵活的可编程接口，用户可以根据提供的接口实现相应的需求。数控分离为控制与转发的处理实体提供了独立部署的能力。

（2）逻辑上的集中式控制

逻辑上的集中式控制是指整个控制平面是一个完整的、单一的实体，但实际可能由多个控制器协同管控。数控分离是实现集中式控制的先决条件。集中式控制可以为用户提供网络资源的全局式控制与管理的形式，同时可以编排跨越多个实体的资源，从而为用户提供更好的抽象方式。尽管集中式控制需要更大的开销，但它更强大的灵活性以及可编程性的特性为用户提供了便利，用户可以根据自身的业务需求使用网络。

（3）网络可编程

传统网络需要通过命令行或者直接基于硬件的编译写入从而实现对网络的编程管理，而 SDN 可以实现更高级的编程能力，通过软件灵活地管理网络并与网络设备双向交互。这种可编程性是基于整个网络的，而不是某一台设备，它是对网络整体功能的抽象，使程序能通过这种抽象为网络添加新的功能。SDN 的可编程性大大弥补了传统网络不易升级的缺陷，同时，网络中的用户不需要太大的开销即可实现需要的网络功能。

SDN 的基本架构如图 3-1 所示。在 SDN 架构中，控制层（具体由控制器实现）通过控制——转发通信接口管控网络设备。控制信令的流量在控制器与网络设备之间传输，与网络终端之间传输的数据平面流量彼此独立。网络设备之间不再运行复杂的分布式网络协议以决策数据流量的转发，而是通过控制器下发的控制信令生成转发表，由控制器管控整个网络数据流量的转发策略。控制层与转发层之间的控制——转发通信接口在 SDN 中普遍被称为南向接口，控制层与业务层之间的接口一般被称为北向接口。

由以上内容我们可以看出，SDN 并不是一种全新的网络协议，而是一种演进式的网络体系框架，可以包含多种网络协议。例如，用于控制——转发通信接口的 OpenFlow 协议、网络配置协议（Network Configurutier Protocol，NETCONF）等，使用北向 API 实现基本的业务应用与控制器的交互。

上述对于 SDN 技术的定义是业界的普遍共识，然而不同的标准化组织对于 SDN 参考架构的定义有不同的侧重点。其中，ONF 的观点在 SDN 的标准化进程中有着举足轻重的作用。ONF 在 SDN 技术中的侧重点是网络用户，强调未来网络应该灵活地定义与操作底层网络设备，从而适应不同用户的业务需求。ONF 对 SDN 的核心架构进行了明确的定义，同时还定义了完全开放的 SDN 南向接口协议——OpenFlow，并致力于推进其标准化。

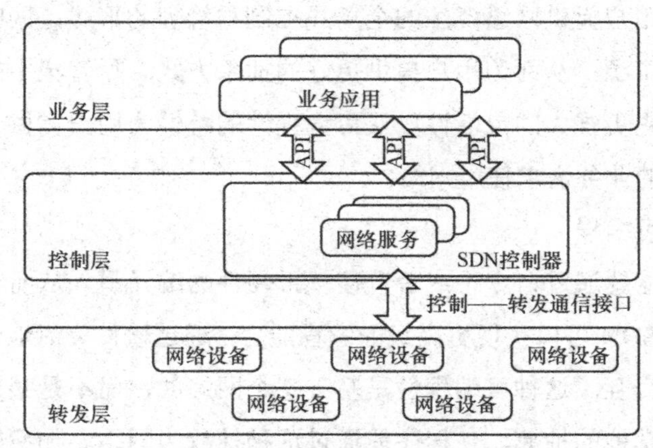

图 3-1 SDN 的基本架构

3.1.2 SDN 架构：解放网络真正的“实力”

本节将以ONF提出的SDN架构为例，详细分析SDN架构中的各个部分，力求读者能够对SDN整体架构以及其中各部分有一个宏观的认识与理解。

图 3-2 展示的是 ONF 提出的 SDN 架构。我们可以看到，ONF 定义的架构由 4 个平面组成，分别为数据平面、控制平面、应用平面以及管理平面。各平面之间采用不同的接口进行交互，下面将分别介绍这几个平面。

1．数据平面

数据平面由若干网元构成，每个网元包含一个或多个SDN数据路径。SDN数据路径是一种被管理的资源在逻辑上的抽象集合。每个SDN数据路径是一个逻辑上的网络设备，它没有控制能力，只是单纯转发和处理数据，在逻辑上代表全部或部分的物理资源，也包括与转发相关的各类计算、存储、网络功能等虚拟化资源。同时，一个网元应该支持多种物理连接类型（例如分组交换和电路交换），支持多种物理和软件平台，支持多种转发协议。如图 3-2 所示，一个

SDN数据路径包含控制数据平面接口（Control Data Plane Interface，CDPI）代理、转发引擎表和处理功能 3 个部分。

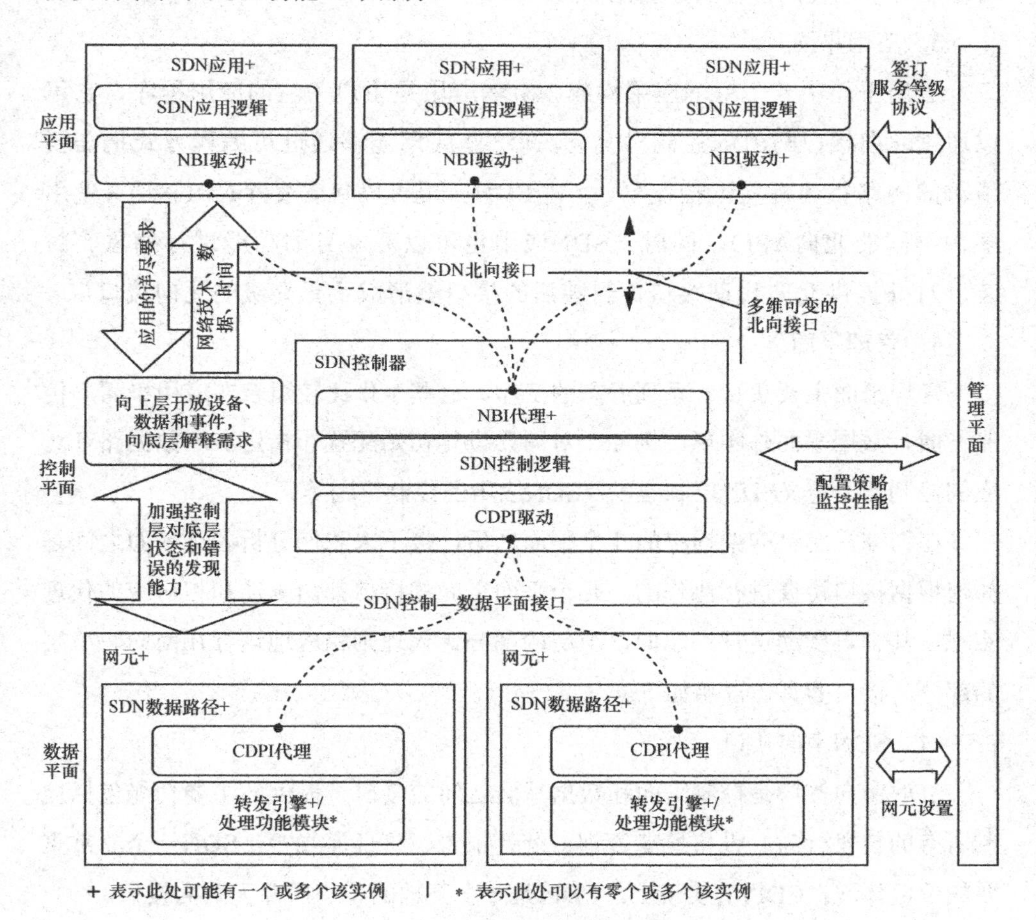

图 3-2　ONF 提出的 SDN 架构

2. 控制平面

控制平面主要由SDN控制器组成。SDN控制器是一个逻辑上集中的实体。它主要承担两个任务：一是将SDN应用层的请求转发到SDN数据路径，二是为SDN应用提供底层网络的抽象模型（可以是状态，也可以是事件）。一个SDN控制器包含北向接口（Northbound Interface，NBI）代理、SDN控制逻辑以及CDPI驱动 3 个部分。SDN控制器只要求逻辑上完整，因此它可以由多个控制器实例协同组成，也可以是层级式的控制器集群。从地理位置上讲，所有控制器实例可以在同一位置，也可以分散在不同位置。

3. 应用平面

应用平面由若干SDN应用构成。SDN应用是用户关注的应用程序，它可以通过北向接口与SDN控制器交互，即这些应用能够通过可编程方式把需要请求的网络行为提交给控制器。一个SDN应用可以包含多个NBI驱动（使用多种不同的北向API），同时，SDN应用也可以对本身的功能进行抽象、封装以对外提供北向代理接口，封装后的接口就形成了更高级的北向接口。

4. 管理平面

管理平面主要负责一系列静态的工作。这些工作比较适合在应用平面、控制平面、数据平面外实现，例如，对网元进行初始配置、指定SDN数据路径对应的控制器、定义SDN控制器以及SDN应用的控制范围等。

在详细说明SDN架构中的几个平面之后，接下来我们分析各个平面之间是如何根据接口协议进行协作的。几个平面之间的接口都由驱动和相对应的代理实现，其中，驱动运行在北向、上层的部分，代理则相应地运行在南向、下层的部分。接口的具体说明如下。

（1）SDN南向接口

SDN南向接口是控制平面和数据平面之间的接口，提供的主要功能包括控制所有的转发行为、设备性能查询、统计报告、事件通知等。SDN一个非常重要的价值体现在CDPI的实现上，CDPI是一个开放的、与厂商无关的接口。

（2）SDN北向接口

SDN北向接口是应用平面和控制平面之间的一系列接口，主要负责提供抽象的网络视图，并使应用能直接控制网络的行为，其中包含从不同层次对网络及功能进行的抽象。NBI也是一个开放的、与厂商无关的接口。

从 ONF 对 SDN 架构的定义我们可以看出，控制平面拥有对底层网络设备进行集中式控制的能力，同时控制平面与数据平面完全分离，用户可以通过丰富的北向 API 对网络进行编程，满足其自身的需求。另外，SDN 控制器负责收集网络的实时状态，并将这些状态反馈给上层应用，同时把上层应用程序翻译成更底层、低级的规则或者设备硬件指令下发给底层网络设备。在SDN架构中，控制策略是建立在整个网络视图之上的，而不再是传统的分布式策略控制，控制平面演变成一个单一且逻辑集中的网络操作系统。这个操作系统可以实现对底层网络资源的抽象隔离，并可在全局网络视图的基础上有效解决资源冲突与高效分配的问题。ONF组织定义的SDN体系架构最突出的特点是标准化的南向接口协议，希望所有的底层网络设备都能实现标准化的接口协议，这样控制平面和应用平面就不再依赖底层具体厂商的交换设备。控制平面可以使用标准的南向接口协议控制底层数据平面的设备，从而使得任何实现这套标准化南向接口协议的设备都可以进入市场并投入使用。交换设备生产厂商可以专注研发底层的硬件设备，甚至交换设备能逐步向白盒化的方向发展。

3.2　SDN数据平面：数据包搬运工

3.2.1　数据平面架构：交换设备的革新

根据OSI七层模型，交换设备主要分为：工作在链路层（二层）的交换机，工作在网络层（三层）的路由器以及综合二三层各自优势的三层交换机。不同层的交换设备根据不同的转发依据转发数据分组，二层使用物理地址——端口（Media Access Control-PORT，MAC-PORT）映射关系转发数据，三层使用IP路由转发数据。

如图3-3所示，传统网络交换设备的架构主要由控制平面和数据平面组成。控制平面负责生成和维护交换设备内部的转发表，并实现对网络的配置管理。数据平面根据转发表高速转发数据分组，基本功能包括转发决策、背板转发以及输出链路调度等方面。

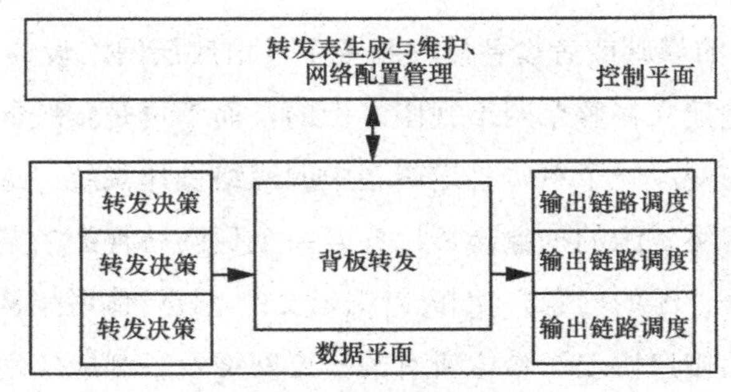

图 3-3 传统交换设备架构

传统网络的数据平面和控制平面在物理上是紧密耦合的，存在于同一交换设备中。各厂商设备的内部协议一旦制订无法更改，外部接口均封闭，用户无法自行管理和调用网络设备，在使用厂商的设备时不得不同时依赖其软件和服务，网络相对僵化，缺乏足够的灵活性。

不同于传统交换设备，SDN 将交换设备的数据平面与控制平面在物理上完全解耦，交换设备只保留数据平面，专注于数据分组的高速转发，而所有交换设备中的控制平面被集中抽象为远端的控制器。远端控制器通过南向接口协议管理所有的交换设备，包括配置交换设备以及调度交换设备的分组转发，变分布式为集中式，大大提高了网络管控的效率。SDN 架构中交换设备不再有二层交换机、路由器、三层交换机之分，不同层的转发只是控制器下发的转发策略不同，采用的交换设备完全相同。如图 3-4 所示，SDN 交换设备的基本功能仍包括转发决策、背板转发、输出链路调度，但在功能的具体实现上与传统网络的交换设备有所不同。

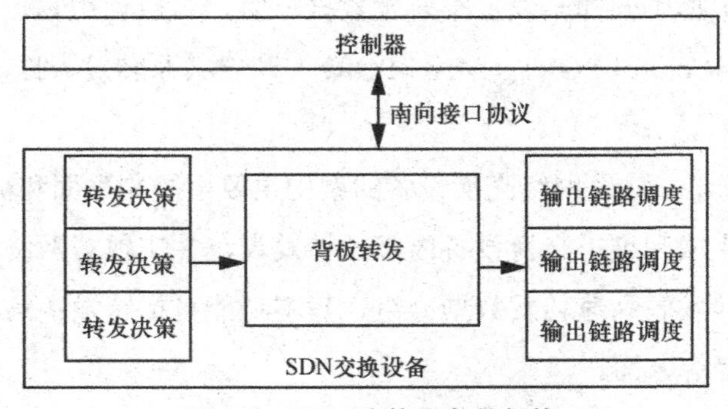

图 3-4 SDN 交换设备的架构

支持 OpenFlow 南向协议的 SDN 交换设备用流表代替了传统网络设备二三层转发表，流表中的每个表项都代表了一种流解析以及相应处理动作。数据分组进入 SDN 交换机后，先与流表进行匹配查找，若与其中一个表项匹配成功则执行相应的处理动作；若无匹配项则被上交控制器，由其决定处理策略。

SDN 通过将交换设备中的控制平面和设备平面解耦，打破传统网络中交换设备的封闭性，提供统一的南向接口，使得网络设备的管理和配置更加开放、灵活。

3.2.2 SDN 芯片：高速转发的保障

交换设备核心竞争力的高低很大程度上取决于交换芯片的性能。SDN 交换设备中的流表有别于传统网络交换设备中的转发表，它的匹配粒度更细，可以包含更多层次的网络特征。交换芯片通过查找流表对数据分组进行转发决策，这对交换芯片的设计和实现提出了新的要求。

在传统网络设备市场中，常用的交换芯片技术有通用中央处理器（Central Processing Unit，CPU）、应用专用集成电路（Application Specific Integrated Circuit，ASIC）芯片、现场可编程逻辑门阵列（Field Programmable Gate Array，FPGA）和网络处理器（Network Processor，NP）等。其中，通用 CPU 的功能易扩展，但是数据的处理性能不高，一般仅用于对网络设备的控制和管理。ASIC 芯片可高效地实现某些网络功能，单个芯片每秒钟就可以实现处理数百兆以上数据包的能力，但 ASIC 芯片一旦开发完毕就很难继续扩展，添加新功能需要花费较长时间，因此适合应用于各种成熟的协议中。FPGA 是一种门阵列芯片，支持反复擦写，可以通过编程改变电路的结构，以实现不同的网络功能，但其处理能力有限，难以实现大规模的网络转发功能。NP 是一种可编程的处理器，利用众多并行运转的微码处理器扩展复杂的多业务，适用于实现各种创新或未成熟的业务，多用于路由器、防火墙等协议更为复杂、灵活的网络设备，但其不足之处在于，网络厂商使用 NP 设计产品时需要投入大量的开发人员，同时

NP 性能和 ASIC 相比依然存在一些差距。

SDN 交换设备所要实现的功能相对简单而且固定，对稳定性的要求较高，因此，ASIC 芯片无疑是 SDN 最佳的选择。传统 ASIC 芯片与 SDN 芯片对转发芯片的要求存在如下差异。

① OpenFlow 协议最终要实现的匹配规则是可编程的，而传统 ASIC 芯片的设计都是与协议相关的，特定的协议有自己的处理模块和过程，芯片上设定的协议匹配规则一旦开发完毕便不可更改，不具有可编程性。

② OpenFlow 协议规定流表可以使用表项匹配域中的任意字段组合来查找，传统芯片中仅访问控制列表（Access Control List，ACL）表项具备类似功能，但相较于 ACL 表项，OpenFlow 协议对各种报文的解析和字段匹配的要求更高，对流表支持的动作种类更多，流表表项数量更大，传统 ACL 很难满足此要求。而 ACL 表项查找需要用三态内容寻址存储器（Ternary Content Addressable Memory，TCAM）来实现，TCAM 的成本和功耗都很高，无法大规模部署，这必然会成为芯片设计的瓶颈。

③ OpenFlow v1.1 协议提出了多级流表的概念，传统交换芯片是没有这一概念的，如何通过 ASIC 实现灵活的架构是对芯片厂商的挑战。因此，研发完全支持 OpenFlow 等协议的 ASIC 芯片是 SDN 设备发展过程中面临的挑战之一。

为了提供支持 SDN 可编程的芯片，ONF 在现有交换芯片架构基础上提出了支持 OpenFlow 协议接口的表型模式（Table Typing Pattern, TTP）折中方案，并于 2013 年将其更名为可协商的数据平面模型（Negotiable Data-plane Model，NDM）。NetLogic 公司的技术专家与美国高校的研究人员联合发表了一篇题为“PLUG：Flexible Lookup Modules for Rapid Deployment of New Protocols in High-speed Routers”的论文，试图使用静态随机存取存储器（Static Random Access Memory，SRAM）解决灵活的多级流表问题。2017 年 6 月，Nick McKeown 作为创始人之一创办的 SDN 芯片公司——Barefoot 推出了第一款芯片 Tofino。该芯片利用 SRAM，支持用户完全可编程。

以下简要介绍了目前芯片市场中主要支持 SDN 的产品及解决方案。

1．博通 StrataXGS Trident III 系列芯片

2017年6月，博通宣布推出 Trident III 系列可编程交换芯片，用来帮助数据中心、企业和运营商网络向高密度 10Gbit/s、25 Gbit/s、100Gbit/s 以太网转型。新的 Trident III 系列芯片提供全编程、高速率的线速转发交换解决方案，并具有大型可配置的数据库、一流的负载均衡以及丰富的嵌入机制，使得网络实现可视化，满足云网络环境以及大型数据中心对网络带宽、速率、网络容量、可扩展性和效率等多方面的需求，同时保持基于现有 StrataXGS Trident 和 Trident II 网络的后向兼容。

2．Intel FM6764 芯片

Intel 下一代通信平台 Crystal Forest，通过统一的开放架构标准化平台，实现多种负载的融合，网络用户可借助软件框架将 Crystal Forest 的组件组合使用，实现所需的功能和性能，以达到通过 SDN 设备的目的。该架构包括 SeaCliff Trail 网络系统以及配套的 WindRiver SDN 软件框架。其中，SeaCliff Trail 网络系统包含专为 SDN 优化的以太网 FM6764 交换机芯片，该芯片支持 OpenFlow v1.0、VXLAN 和使用通用路由封装的网络虚拟化（Network Virtualization using Generic Routing Encapsulation，NVGRE）等扩展功能。

3．盛科 GreatBelt 系列芯片

盛科推出了两款支持 SDN 的经典芯片：CTC5162/CTC5163 和 CTC6048。CTC5162/CTC5163 增加了基于散列的流表条目，以支持 32 k 流表、OpenFlow v1.3 以及二级流表。CTC6048 可支持 2.5 k 的 12 元组流表条目，支持外部 TCAM 扩展模块以满足大流表需求，同时支持 NVGRE、多协议标签交换（Multi-Protocol Label Switching，MPLS）隧道。

除上述两款芯片外，盛科网络于 2015 年推出了 CTC8096 第四代芯片，该产品是专为高密度 10GE/40GE 应用打造的高性能以太网交换芯片，包含从基本的 L2、L3 应用到高级数据中心和城域以太网的各种功能。CTC8096 通过独创的 N-FlowTM 技术全面支持 OpenFlow 应用，尤其在灵活的多级流表及单芯片大流表上表现卓越。

4．华为以太网络处理器

2013 年，华为专门针对以太网转发技术研发了业界首款可编程芯片——以太网络处理器（Ethernet Network Processor，ENP）。该处理器通过内置硬件加速组件，片内集成 Smart Memory 和高速查找算法，在保留了传统交换机 ASIC 成本、功耗、性能优势的同时，还具备灵活的可编程能力。值得一提的是，ENP 芯片采用可编程架构，通过微码编程实现新业务，客户无须更换新的硬件。该处理器芯片克服了传统 ASIC 芯片采用固定的转发架构和转发流程，以及新业务无法快速部署的缺点。华为自主研发的 S12700 系列敏捷交换机正是使用了该处理器，为新的敏捷网络架构打下了基础。

5．Barefoot 可编程芯片 Tofino

2016 年 6 月，Barefoot 推出了第一款芯片——Tofino，该芯片不仅支持 6.5Tbit/s 的高速率运转，还支持用户可完全编程的操作。该芯片的功耗与固定功能芯片的功耗相同，并不会比固定功能芯片耗费更多的能源。

Tofino 芯片具备开源可编程芯片技术，允许用户快速编程以实现功能创新。用户可以通过开源编程语言（P4）更新转发功能或数据面板。Tofino 芯片不强制转发器使用现有的 TCP/IP 等，而是采用 P4 编程语言，方便企业直接对交换机进行编程；开发者可以随时编写程序，改变芯片的功能。

3.2.3 SDN 硬件交换机：可靠的硬件转发

在传统网络中，硬件、网络操作系统以及网络应用由设备厂商定义和控制。如果系统需要增加某种网络功能，就必须得到设备厂商的支持，这不仅会带来网络升级周期长、成本高等问题，还会导致用户对厂商产生过度依赖。

SDN 的设计初衷是以实现网络的灵活控制角度出发，将网络设备控制平面与数据平面分离实现网络的可编程，由封闭的网络环境变成一个开放的环境，为网络创新提供良好的平台。

OpenFlow 是 SDN 主流的南向接口协议，随着 OpenFlow v1.0 及 OpenFlow

v1.3 等稳定版本的推出，各大网络设备厂商陆续推出支持 OpenFlow 的 SDN 硬件交换机。考虑多数 SDN 用户的需求是要实现 SDN 和传统网络的并存，且现阶段单纯 SDN 的应用场景并不广泛，因此多数厂商推出的 SDN 硬件交换机都是支持混合模式的，而不是单纯 SDN 交换机。混合模式 SDN 交换机是指设备厂商利用本身已有的操作系统优势，在系统里增加对 OpenFlow 协议的支持。

下面，我们对网络设备市场中比较有代表性的几款SDN硬件交换机进行介绍。

1．基于 ASIC 芯片的 SDN 品牌交换机

（1）Cisco Nexus 9000 系列交换机

2013 年 11 月，Cisco 推出了 Nexus 9000 系列交换机。Nexus9000 系列交换机包括 Nexus 9508、Nexus 9396PX 和 Nexus 93128TX 等。

Nexus 9000 系列交换机可以同时支持商用芯片与定制的 Insieme ASIC 芯片。Nexus 9000 系列交换机上的商用芯片支持 OpenFlow 协议、支持 CiscoOnePK 可编程性，能够连接 OpenDaylight 控制器，可以帮助其他行业更好地了解和使用 SDN 的功能，例如解耦控制平面和数据平面等。

（2）Juniper EX9200 系列交换机

目前，Juniper 的很多产品已经支持 SDN 技术，包括网络管理平台 Junos Space、Contrail 控制器、MX 系列 3D 通用边缘路由器、EX 系列及 QFX 系列交换机。2013 年 4 月，Juniper 针对 SDN 推出可编程核心交换机——EX9200。它基于 MX 系列路由器，使用的是 Juniper 设计的可编程 One/Trio ASIC 芯片。目前，EX9200 交换机共有 EX9204、EX9208、EX9214 3 个型号。

（3）H3C S12500 系列交换机

目前，在 H3C 的交换机产品线中，S12500、S9800、S5120-HI、S5820V2、S5830V2 系列交换机均支持 OpenFlow v1.3 协议，并支持多控制器（EQUAL 模式、主备模式）、多表流水线、Group Table、Meter 等功能特性。

除此之外，市场上还有NEC PFS系列交换机、IBM RackSwitch G8264 交换机、Arista 7150S系列和 7500E交换机、HP SDN系列交换机、博科ICX7450 交换机、DCN CS16800 系列交换机等。

2. 基于 ASIC 芯片的 SDN 白盒交换机

各个设备厂商或原始设备厂商（Original Equipment Manufacturer, OEM）根据硬件开源组织开放计算项目（Open Computer Project，OCP）定义的标准所生产的硬件交换机，被称为白盒交换机。

传统品牌交换机接口封闭，硬件、网络操作系统以及网络应用都由设备厂商控制，不同厂商间的设备可能无法兼容，用户必须依赖同一设备厂商的硬件与软件。白盒交换机则完全打破了设备厂商的垄断，凡是符合统一接口标准的硬件交换设备都可以通过开放网络安装环境（Open Network Install Environment，ONIE）启动，并运行 Linux 操作系统。ONIE 相当于个人计算机（Personal Computer，PC）中的基本输入输出系统（Basic Input Output System，BIOS），并且更加智能。由于 SDN 部署的灵活性和开放性及其对硬件设备要求的降低，很多 SDN 公司着重于控制器和操作系统等软件开发，而不是硬件设备的开发。因此，公司倾向于使用白盒交换机，并安装自主研发的支持 SDN 的设备操作系统，并以此作为 SDN 交换设备。

白盒交换机将促进网络设备市场开放并向着 PC 市场的模式发展，SDN 芯片厂商类似于 PC 市场的英特尔公司，负责提供商用交换机芯片；原始设计制造商（Original Design Manufacturer，ODM）类似于 PC 厂商——联想公司，负责购买商用芯片并按照网络设备标准生产白盒交换机，用户则可以根据自己的组网需求自由选择硬件和软件。

下面，我们对盛科、Pica8 的基于 ASIC 芯片的 SDN 白盒交换机予以简单的介绍。

（1）盛科V330/V350/V580 系列白盒交换机

盛科的白盒交换机基于自主研发的 ASIC 芯片，目前有两个系列支持 SDN 的白盒交换机——V330 和 V350。

V330 系列交换机于 2012 年 12 月被推出，是基于盛科自主研发的 TransWarpTM 系列核心芯片和 ToR 硬件平台搭建的，集成了盛科 Open SDK 和 Open vSwitch，在与网络操作系统的接口上采用OVS 协议栈，符合当前 OpenFlow 协议，能够与主流的控制器连接。

V350 系列交换机于 2013 年 4 月被推出，基于盛科的 CTC5163 芯片和 N-Space 开放软件所开发，采用了创新的 N-Flow 技术。V350 系列支持 OpenFlow v1.3，支持多级流表，支持 64k 的精确匹配流表，通过模糊匹配和精确匹配的有机结合，可以充分发挥 OF 交换机的优势。

2015 年 6 月，盛科又推出了新的白盒交换机 V580 系列。V580 系列不仅是一个高性价比的 OF 交换机，更是一个完全开放的 SDN 平台。依托于盛科第四代高性能以太网交换机芯片 CTC8096，V580 系列提供了高达 2.4 Tbit/s 的转发能力，并具备完整的 OpenFlow 特性。

（2）Pica8 SDN白盒交换机系列

Pica8 针对交换机的操作系统进行研发（面向开放网络的交换机操作系统名为 PicOS，曾名为 XorPlus），并以此为基础推出了系列交换机产品。

截至 2015 年 12 月，Pica8 推出的支持 OpenFlow 协议的交换机产品主要有 P3290、P3295、P3297、P3920、P3922、P3930、P5101、P5401。

上述 8 款交换机均为白盒交换机，目标用户是学术界以及拥有互联网数据中心（Internet Data Center，IDC）机房的企业，其皆为 1RU 机架高度，均搭载 PicOS 2.0，除了支持 OpenFlow v1.3，还支持多项 L2 与 L3 的网络协议。此外，Pica8 的交换机与业界众多开源 OpenFlow 控制器（如 Ryu、Floodlight、NOX、Trema、OpenDaylight 等）实现了互联互通。

3. 基于 NP 的 SDN 交换机

华为于 2013 年 8 月推出了自主研发的 ENP 敏捷交换机芯片及全球首款 S12700 系列。S12700 系列交换机是华为面向下一代园区网核心而专门设计开发的敏捷交换机，旨在满足云计算、自带办公设备（Bring Your Own Device，BYOD）移动办公、物联网、多业务以及大数据等新应用对高可靠性、大带宽、大规模以太网的要求。该产品采用可编程架构，可灵活快速地满足用户的定制需求，帮助用户平滑演进至 SDN。该产品基于华为公司自主研发的通用路由器操作系统平台（Versatile Routing Platform, VRP），在提供高性能的二层和三层交换服务的基础上，进一步融合多协议标签交换虚拟专用网络（Virtual Private Network，VPN）、硬件 IPv6、桌面云、视频会议等多种网络业务，提供不间断升级、不间断转发、层叠样式表 2（Cascading Style Sheet 2，CSS2）交换网硬件集群主控 1＋N 备份、硬件 Eth-OAM/BFD（Eth Operation Administration and Maintenance，以太网操作管理维护/Bidirectional Forwarding Detection，双向转发检测）、环网保护等多种高可靠技术，在提高用户生产效率的同时，保证了网络的最长正常运行时间，从而降低了客户的设备投资成本。目前，该系列交换机有 S12708、S12712 等型号。

2015 年 11 月，华为敏捷交换机 S12700 正式通过全球 SDN 测试认证中心的 OpenFlow v1.3 一致性认证测试，成为全球首批通过该认证的框式产品。

4．基于 NetFPGA 的 SDN 交换机

除了以上各大网络设备商推出的商用 SDN 硬件交换机之外，还有一类基于 NetFPGA 的交换机。NetFPGA 是斯坦福大学开发的基于 Linux 的开放性实验平台，能够很好地支持模块化设计，研究人员可以很方便地在平台上搭建吉比特级的高性能网络系统模型。

基于 NetFPGA 的 OpenFlow 交换机是用硬件来实现流表的，在参考系统中添加 OpenFlow 模块，到达 NetFPGA 并且匹配流表的数据分组以线速转发，而没有匹配项的数据分组（比如新的流）则上交 OpenFlow 内核模块处理（有可能转发到控制器）。

NetFPGA 是一款低功耗的开发平台，作为网络硬件教学和路由设计的工具，可以很方便地帮助研究人员或者高校学生搭建一个高速的网络；并且它能把 FPGA 可配置的特性带入网络设备，为更多的研究人员研究下一代网络提供了一个开放的平台。因此，越来越多的人开始关注 NetFPGA，并参与了基于 NetFPGA 的开源项目。

5．基于 Tofino 的 P4 交换机

Barefoot Networks 于 2017 年展示了基于 Tofino 芯片的 Wedge 100B 系列交换机，包括 Wedge 100BF-32X、3.2Tbit/s 1RU 32X100GE 交换机和 Wedge 100BF-65X、6.5Tbit/s 2RU 65X100GE 交换机。该系列交换机不仅具备高性能，还具备完全可编程的特性。

Wedge 100B 交换机支持 FBOSS、SONiC 等交换机操作系统，可以通过 OCP

的交换机抽象接口（Switch Abstraction Interface，SAI）switchAPI（可扩展的、开放的API）。在Tofino上运行的默认“switch.p4”程序，可将Wedge 100B交换机转换为机架顶交换机，使其具有数据中心所需的所有标准功能。用户可以根据自己的选择增加或删除功能、增加新协议、更改流表大小。Wedge 100B交换机提供更多的可视化和中间件功能，如4层负载均衡。Wedge 100B平台还引入一些增强功能，包括优化的供电单元、更低成本的PCB设计、改进的可制造性设计、更强大的CPU模块等。目前，该交换机运行的是最新版本的OpenBMC架构。

3.2.4 SDN软件交换机：开放的软件转发

由于当前OpenFlow标准仍在不断完善中，支持OpenFlow标准的硬件交换机较少。相对于硬件交换机，OpenFlow软件交换机成本更低，配置更为灵活，性能基本可以满足中小规模实验网络的要求，因此，成为当前进行创新研究、构建试验平台以及建设中小型OpenFlow网络的首选。

1．Open vSwitch

Open vSwitch是由Nicira、斯坦福大学、加州大学伯克利分校的研究人员共同研发的开源软件交换机，该交换机遵循Apache 2.0开源代码版权协议，支持跨物理服务器分布式管理、扩展编程、大规模网络自动化和标准化接口。Open vSwitch不但能够以独立软件的方式在虚拟机管理器内部，比如Xen、XenServer、基于内核的虚拟机技术（Kernel-based Virtual Machine，KVM）、Proxmox VE和VirtualBox等虚拟机支撑平台运行，还可以部署在硬件上，作为交换芯片控制堆栈。

2011年8月，Open vSwitch的第一个版本Open vSwitch v1.2.1发布。目前，Open vSwitch的最新版本为Open vSwitch v2.12.0，支持的功能主要有以下几个方面。

Open vSwitch v2.9.0支持NetFlow、sFlow（R）、IP数据流信息输出（IP Flow Information Export，IPFIX）、交换机端口分析器（Switched Port Analyzer，SPAN）

和远程交换端口分析器（Remote Switched Port Analyzer，RSPAN）（一种交换机的端口镜像技术），用于监视虚拟机之间的通信，支持链路聚合控制协议（Link Aggregation Control Protocol，LACP）、支持标准 IEEE 802.1Q VLAN Trunk；支持组播侦听、支持链路层发现协议（Link Layer Discovery Protocol，LLDP）以及 IETF 自动附加最短路径桥接物理地址（Shortest Path Bridging MAC，SPBM）、支持双向转发检测和 IEEE 802.1ag 链路监视、支持生成树协议（Spanning Tree Protocol，STP）和快速生成树协议（Rapid Spanning Tree Protocol，RSTP）、支持细粒度 QoS 控制、支持分层公平服务曲线（Hierarchical Fair Service Curve，HFSC）队列规则、可按虚拟机接口分配流量和定制策略、支持绑定网卡和基于源 MAC 地址负载均衡、支持主动备份和 L4 hashing、支持 OpenFlow v1.0 以上的众多扩展、支持 IPv6、支持多种隧道协议（GRE、VXLAN、IPSec、基于 IPSec 的 GRE 和 VXLAN）、支持与 C 和 Python 绑定的远程配置协议、支持内核模式和用户空间模式可选、支持拥有流缓存的多流表转发、支持转发抽象层来简化移植到新的软件和硬件平台的过程。

2. LINC

LINC（Link Is Not Closed）是全新的开源交换平台，由 flowforwarding.org 提供支持。LINC 是纯软件的 OpenFlow 交换机，支持 OpenFlow v1.2、OpenFlow v1.3.1 以及 OpenFlow：配置管理协议（OpenFlow Configuration and Management Protool，OF-CONFIG）v1.1.1。LINC 的主要软件模块包括 OpenFlow 交换机、OpenFlow 协议模块和 OF-CONFIG 模块。该设计遵循了 Erlang 的开放电信平台（Open Telecom Platform，OTP）原则。

OpenFlow 交换机的功能在 LINC 库实现，该功能组件负责接收 OF-CONFIG 的命令并在 OpenFlow Operational Context 中执行，它可以同时处理一个或多个 OpenFlow 逻辑交换机（由信道组件、可替代后端、逻辑交换机组成）。

OF-CONFIG 协议处理是由 OF-CONFIG 应用程序来实现的，用于处理、分析、验证、生成来自 OpenFlow 配置点的 OF-CONFIG 消息，并向应用程序（LINC）输出一组命令来配置 OpenFlow 交换机。例如，创建 OpenFlow 逻辑交换机的实例以及将 OpenFlow 资源与特定 OpenFlow 逻辑交换机绑定等。

3. BMv2

BMv2是P4的第二版软件交换机，完全符合P4规范，用户可以根据自己的需求增加或删除功能、增加新协议、更改流表大小，方便灵活地控制数据平面的转发。

P4程序不会为BMv2生成新的C++代码，但开发者对P4程序的改变及再次测试非常简单和快速。用户需要增加新协议或功能时，只需要改变P4程序，使用p4c-bm生成JSON并将它提供给BMv2；BMv2就可以实现新的功能，进行新协议数据分组的转发。

BMv2体系结构独立，可以实现任何设备模型，且提供了CLI（Command-Line Interface，命令行界面）和类似于GDB（GNU Debugger，GNV调试器）的调试器，使得开发变得更加简单快捷。

除此之外，市面上还有Pantou、Indigo、OpenFlowClick和OF13SoftSwitch等SDN软件交换机。

3.2.5　丰富多彩的其他SDN数据平面业务

1. DPDK

Intel在2010年启动了对数据面开发套件（Data Plane Development Kit，DPDK）技术的开源化进程，并于当年9月通过FreeBSD开源许可协议，正式发布源代码软件包，于2014年4月正式成立了独立的开源社区平台。如今，DPDK已发展成为SDN和NFV的关键技术，可提供基于Linux的数据平面库、优化的轮询模式驱动（Pull Model Driver，PMD）。与传统Linux内核软件转发相比，DPDK能实现非常显著的网络数据面性能提升。Intel官方提供的技术文档显示：利用DPDK处理一个包只需要80个时钟周期。一个3.6GHz的单核双线程处理器在处理64 B的数据包时，纯转发能力已超过90Mbit/s，也就是每秒9000万包。

DPDK应用程序运行在用户空间上，利用自身的数据平面库来收发数据分组，绕过了Linux内核协议栈对数据分组的处理过程。如图3-5所示，DPDK核心组件由一系列库函数和驱动组成，为高性能数据分组处理提供基础操作。

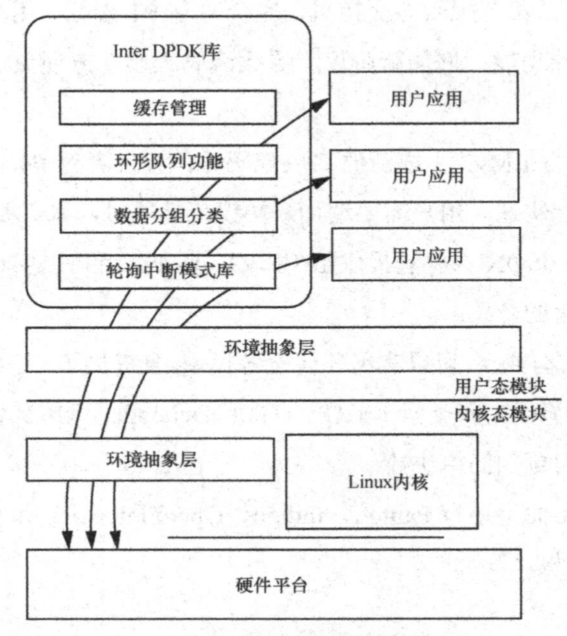

图 3-5　DPDK 的系统架构

2．FD.io

2016 年 2 月 11 日，Linux 基金会宣布了一项开源项目—FD.io。FD.io 旨在建立动态计算环境中的高性能 I/O 服务框架，架构类似于一个子系统的集合，提供了一个模块化、可扩展的用户空间 I/O 服务框架，能支持高吞吐量、低延迟、高资源利用率的 I/O 服务。FD.io 架构主要包含以下 4 个部分。

（1）矢量数据分组处理

矢量数据分组处理（Vector Packet Processing，VPP）技术是 FD.io 项目的最核心部分，采用模块化设计，通过将传统的标量处理数据包（每次只处理一个数据包）变成矢量处理数据包（每次处理多个数据包），有效降低了单个数据包的处理成本，提高了运作性能。我们基于 VPP 技术可以构建更高性能的 vSwitch/vRouter。

（2）硬件加速

分组处理图形架构支持动态加载硬件加速技术，使厂商能够在硬件上得以继续研发和创新，而不影响FD.io的通用性。

（3）可编程

VPP技术提供了非常高性能的底层API，API通过共享内存的消息总线工作，用户可以编写一些外部应用程序控制VPP。此外，通过外部应用程序的管理代理和SDN协议，VPP还可实现远程编程控制。

（4）与其他系统集成

如果控制器支持OpenStack的Neutron，则OpenStack可与VPP集成。

3．智能网卡

云数据中心服务器使用智能网卡（Smart Network Interface Card，Smart NIC），通过执行网络数据通路处理，卸载服务器中的CPU来提高性能。Smart NIC将FPGA、处理器或基于处理器的智能I/O控制器与分组处理和虚拟化加速集成。大多数Smart NIC可以使用标准的FPGA或处理器开发工具进行编程，越来越多的厂商也开始在产品中增加对可编程语言P4的支持功能。

智能网卡和标准网卡（Network Interface Controclers，NIC）的根本区别在于Smart NIC从主机CPU卸载的处理量更大，Smart NIC是围绕FPGA平台设计的，FPGA可实现本地化编程，一旦安装就可以轻松更新。Smart NIC满足以下特征：

① 能够实现复杂的基于服务器的网络数据平面功能，包括多个匹配动作处理、隧道终止和发起、计量和整形以及流量统计；

② 通过固件加载或客户编程支持可替换的数据平面，对可执行的功能几乎没有预定的限制；

③ 与现有的开源生态系统无缝集成，最大限度地提高软件功能。

3.3 SDN控制平面：数据包指引者

SDN控制平面是连接底层交换设备和上层应用的桥梁，主要由一个或多个控制器组成。在SDN核心系统中，控制器具有举足轻重的地位：一方面，控制器通过南向接口协议对底层网络交换设备进行集中管理、监测状态、转发决策，以处理和调度数据平面的流量；另一方面，控制器通过北向接口向上层应用开放多个层次的可编程能力，允许网络用户根据特定的应用场景灵活地制定各种网络策略。

本节介绍 SDN 控制平面的相关内容，首先对 SDN 控制器进行一般介绍，然后列举一些常用的开源控制器和商用控制器，最后介绍当前 SDN 控制器的新功能。

3.3.1 SDN 网络的大脑——控制器

控制器连接了底层交换设备与上层业务应用，为 SDN 的大脑。传统网络的数据平面与控制平面在物理上是紧密耦合的，而 SDN 中的数据平面和控制平面相对分离，这种分离增加了实现的灵活性。控制器作为 SDN 的核心部分，与计算机操作系统的功能类似，它需要为网络开发人员提供一个灵活的开发平台，为用户提供一个便于操作使用的用户接口。因此，参考计算机操作系统的体系架构，开发人员更容易理解 SDN 控制器的体系架构。

与计算机操作系统一样，控制器的设计目标是通过对底层网络进行完整的抽象，允许开发者根据业务需求设计出各式各样的网络应用。市场上大多数开源控制器的设计采用了类似于计算机操作系统的层次化体系架构，如图 3-6 所示。

在控制器层次化体系架构下，控制器功能被分为基本功能层与网络基础服务层，下面我们对这两部分进行详细介绍。

基本功能层主要提供控制器所需要的最基本的功能。一个通用的控制器应该能够方便地添加接口协议，这对于动态灵活地部署 SDN 非常重要，因此，这一层首先要完成的就是协议适配功能。总体来说，需要适配的协议主要包含两类：一类是用来与底层交换设备进行信息交互的南向接口协议；另一类是用于控制平面分布式部署的东西向接口协议。通过协议适配功能，控制器能够完成对底层多种协议的适配，并向上层提供统一的 API，达到对上层屏蔽底层多种协议的目的。完成协议适配工作后，控制器需要提供支撑上层应用开发的功能，主要包括模块管理、事件机制、任务日志和资源数据库4个方面。

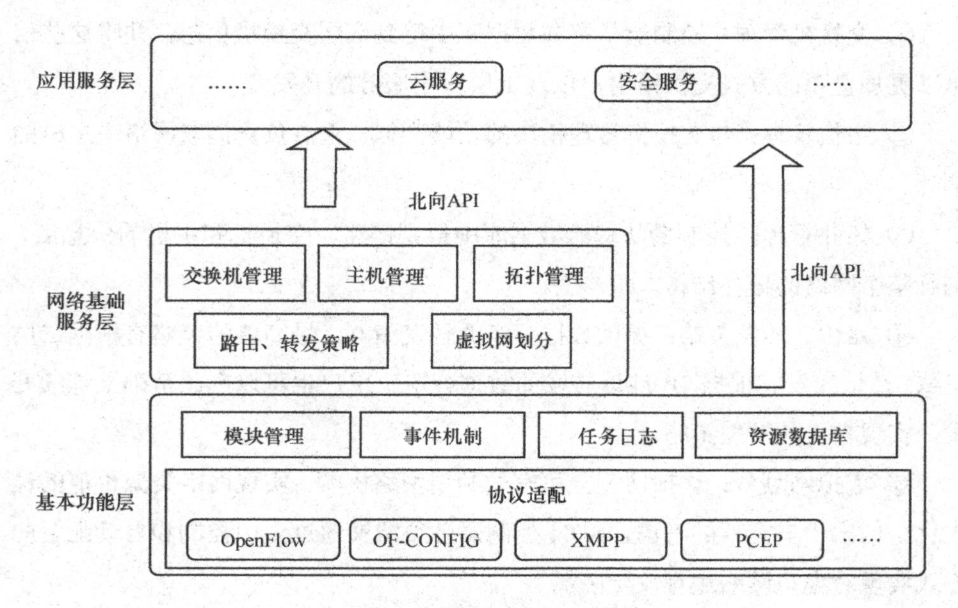

图 3-6 控制器层次化体系架构

① 模块管理：重点完成管理控制器中的各模块。控制器可以在不停止运行的情况下加载新的应用模块，实现上层业务变化前后底层网络环境的无缝切换。

② 事件机制：定义了事件处理相关的操作，包括创建事件、触发事件、事件处理等操作。事件作为消息的通知者，在模块之间划定了清晰的界限，提高了应用程序的可维护性和重用性。

③ 任务日志：提供了基本的日志功能。开发者可以用任务日志快速地调试自己的应用程序；网络管理人员可以用任务日志来高效、便捷地维护 SDN。

④ 资源数据库：包含底层各种网络资源的实时信息，主要包括交换机资源、主机资源、链路资源等，方便开发人员查询和使用。

一个完善的控制器体系架构仅靠实现基本功能层是远远不够的。为使开发者能够专注于上层的业务逻辑，提高开发效率，控制器需要加入网络基础服务层，以提供基础的网络功能。网络基础服务层中的模块作为控制器实现的一部分，可以通过调用基本功能层的接口来实现设备管理、状态监测等一系列基本功能。这一层面涵盖了很多模块，以下为几个主要的功能模块。

① 交换机管理：控制器从资源数据库中得到底层交换机信息，并将这些信息以更加直观的方式提供给用户以及上层应用服务的开发者。

② 主机管理：与交换机管理模块的功能类似，重点负责提取网络中主机的信息。

③ 拓扑管理：控制器从资源数据库中得到链路、交换机和主机的信息后，刻画整个网络的拓扑结构。

④ 路由、转发策略：提供数据分组的转发策略，最简单的策略有根据二层 MAC 地址转发、根据 IP 地址转发的数据分组。用户也可以在此基础上继续开发，实现自己的转发策略。

⑤ 虚拟网划分：虚拟网划分可有效利用网络资源，实现网络资源价值的最大化。但出于安全性的考虑，SDN 控制器必须能够通过集中控制和自动配置的方式实现对虚拟网络进行安全隔离。

控制器向上层应用开发者提供各个层面的编程接口，以便网络开发者具有调用从信令级到各种网络服务的SDN可编程的能力，灵活便捷地完成对整个SDN的设计与管理。在这种层次化的架构设计中，基础功能层提供了SDN控制器作为整个控制平面最为基本的功能，包括对底层硬件的抽象和对上层网络功能模块的管理，所有的网络应用都基于这一层提供的接口进行开发，网络基础服务层的可扩展性得以显著增强，可为上层网络应用的开发、运行提供一个强大的通用平台。

3.3.2 充满潜力的开源控制器

在互联网技术领域，开源的力量始终不容小觑。在 SDN 控制器的发展过程中，开源社区贡献了很大的力量。不同的开源控制器有不同的特点和优势，本节选取现阶段应用较为广泛的几种典型的开源控制器进行基本介绍。

1．Ryu

Ryu 是由 NTT 主导开发的一个开源 SDN 控制器项目，旨在提供一个健壮又不失灵活性的 SDN 控制器。Ryu 使用 Python 语言开发，提供了完备、友好的 API，目标是使网络运营者和应用商可以高效便捷地开发新的 SDN 管理和控制应用。当前，Ryu 提供了非常丰富的协议支持，如支持 OpenFlow 协议 v1.0、v1.2、v1.3、v1.4、v1.5 等多个版本，OF-CONFIG 协议，NETCONF。Ryu 还包含 Nicira 公司产品中的一些扩展功能，并有着丰富的第三方工具，如防火墙 App 等。

Ryu 的整体架构如图 3-7 所示，最上层的 Quantum 与 OF-REST 分别为 OpenStack 和 Web 提供了编程接口，中间层是 Ryu 自行研发的应用组件，最下层是 Ryu 底层实现的基本组件。

需要说明的是，Ryu 基于组件的框架进行设计，这些组件都以 Python 模块的形式存在。组件是以一个或者多个线程的形式存在的，这样可以便于提供一些接口用于控制组件状态和产生事件，事件中封装了具体的消息数据，因为事件会在多个组件中使用，所以事件对象是只读的。

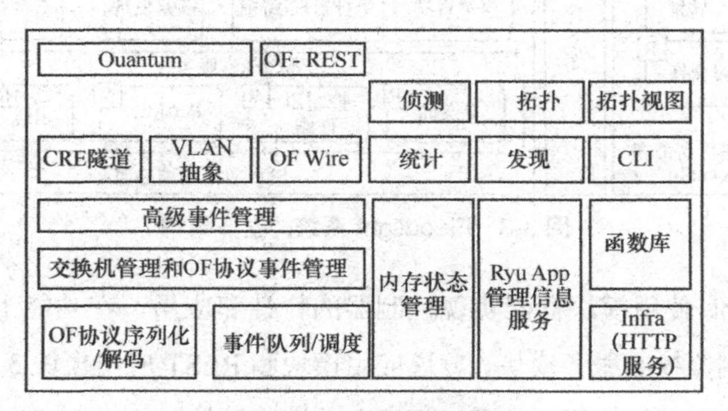

图 3-7 Ryu 的整体架构

2．Floodlight

Floodlight 是一款基于 Java 语言的开源 SDN 控制器，遵循 Apache 2.0 软件许可，支持 OpenFlow 协议。Floodlight 的日常开发与维护工作主要由开源社区支持（包括很多来自 Big Switch Networks 公司的工程师），Floodlight 是该公司商业控制器产品的核心部分。Floodlight 作为免费的开源控制器，提供了与商业版本相同的 API，使得开发者可以把 Floodlight 上的程序快速移植到商用版本的控制器上。

Floodlight 与 NOX、POX 等其他控制器类似，也使用了层次化架构实现控制器的功能，同时提供了非常丰富的应用，可以直接在网络中部署数据转发、拓扑发现等基本功能。此外，Floodlight 还提供了友好的前端 Web 管理界面，用户可以通过管理界面查看连接的交换机信息、主机信息以及实时网络拓扑信息。

Floodlight 整体架构由控制器核心功能以及运行其上的应用组成，应用和控制器之间可以通过 Java 接口或表征状态转移 API（Representational State Transfer API，REST API）交互。Floodlight 系统的整体架构如图 3-8 所示。

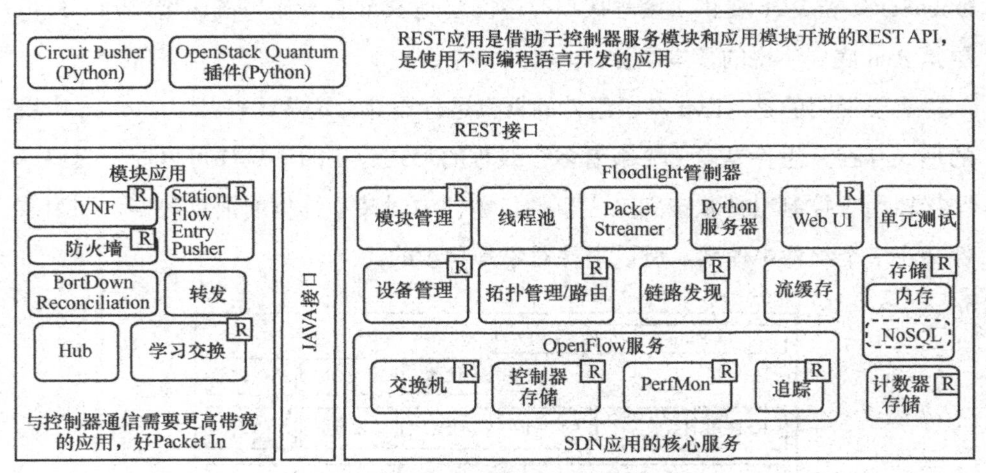

图 3-8　Floodlight 系统的整体架构

Floodlight 使用模块框架实现控制器的特性和应用。在功能上，Floodlight 可看作由控制器核心服务模块、普通应用模块和 REST 应用模块 3 个部分构成。核心服务模块为普通应用模块和 REST 应用模块提供 Java API 或 REST API 的基础支撑服务；普通应用模块依赖核心服务模块，并为 REST 应用模块提供服务；REST 应用模块依赖核心服务模块和普通应用模块提供的 REST API，这类应用只需调用 Floodlight 控制器提供的 REST API 就可以完成相应的功能，可使用任何编程语言进行灵活的开发，但受到 REST API 的限制，只能完成有限的功能。开发者可以使用系统提供的 API 创建应用，也可以添加自己开发的模块，并将

API 开放给其他开发者使用。这种模块化、分层次的部署方式实现了控制器的可扩展性。

3．OpenDaylight

OpenDaylight 项目在 2013 年年初由 Linux 协会联合业内 18 家企业（包括 Cisco、Juniper、Broadcom 等多家传统网络巨头公司）创立，旨在推出一个开源的通用 SDN 平台。OpenDaylight 项目的设计目标是降低网络运营的复杂度，扩展现有网络架构中硬件的生命期，同时支持 SDN 新业务和新能力的创新。OpenDaylight 开源项目希望能够提供开放的北向 API，同时支持包括 OpenFlow 在内的多种南向接口协议，底层支持传统交换机和 OpenFlow 交换机。OpenDaylight 拥有一套模块化、可插拔且极为灵活的控制器，能够被部署在任何支持 Java 的平台上。

OpenDaylight 使用模块化的方式实现控制器的功能和应用，发布的第一个版本——Hydrogen（氢）版本总体架构如图 3-9 所示，目前已发布到 Oxygen（氧）版本，该版本继承了最初的设计理念和设计目标。在 OpenDaylight 总体架构中，南向接口通过插件的方式支持多种协议，包括 OpenFlow v1.0 和 v1.3、OVS 数据库管理协议（OVS Database Management Protocol，OVSDB）、NETCONF、位置标识分离协议（Locator ID Separation Protocol，LISP）、边界网关协议（Border Gateway Protocol，BGP）、路径计算单元协议（Path Computation Element Protocol，PCEP）、简单网络管理协议（Simple Network Management Protocol，SNMP）等。服务抽象层（Service Abstraction Layer，SAL）一方面可以为模块和应用提供一致性的服务；另一方面支持多种南向协议，可以将来自上层的调用转换为适合底层网络设备的协议格式。在 SAL 之上，OpenDaylight 提供了网络服务的基本功能和拓展功能，基本网络服务功能主要包括拓扑管理、状态管理、交换机管理、主机监测以及最短路径转发等；拓展网络服务功能主要包括分布式覆盖虚拟以太网（Distributed Overlay Virtual Ethernet，DOVE）管理、Affinity 服务（上层应用向控制器下发网络需求的 API）、流量重定向、LISP 服务、虚拟租户网络（Virtual Tenant Network，VTN）管理等。OpenDaylight 采用了开放服务网关规范（Open Service Gateway initiative，OSGi）体系结构，实现了众多网络功能的有限隔离，极大地增强了控制平面的可扩展性。

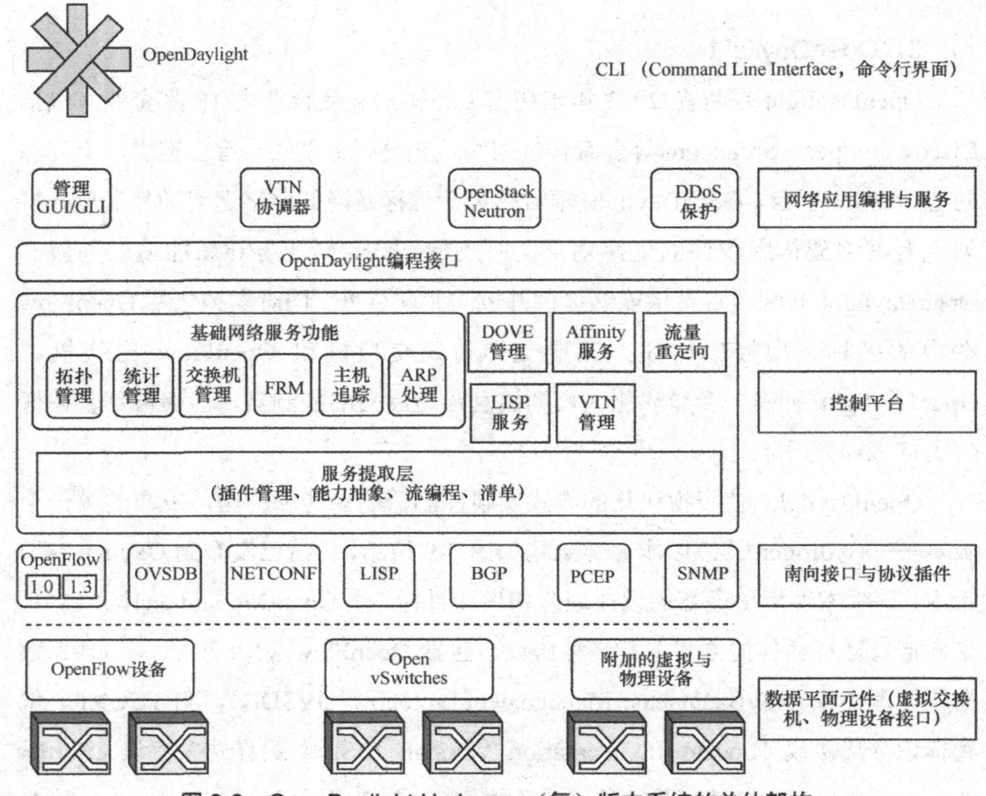

图 3-9　OpenDaylight Hydrogen（氢）版本系统的总体架构

4. ONOS

ONOS 是由 On.Lab 于 2014 年 12 月主导开发的分布式开源控制器平台，核心目标是打造一个满足运营商网络要求的开源控制器。2014 年 8 月，On.Lab 在 SIGCOMM 2014 HotSDN 会议上发表了一篇名为“ONOS：Towards an Open, Distributed SDN OS”的论文，论文中首次公开了 ONOS 作为一款具有高性能、分布式特性的 SDN 控制器的架构设计。ONOS 的主要赞助商成员包括 AT&T、华为、Cisco、Intel 等。

ONOS 目前支持包括 OpenFlow 在内的多种南向协议，同时提供开放的北向 API，其分布式核心架构采用了多种分布式技术，在版本迭代过程中分别采用了

ZooKeeper、Hazelcast和Raft。自论文发布至今，ONOS版本更新的主要目的是提高性能，从而满足论文中每秒一百万条流表项安装的要求。

ONOS采用Java语言进行开发，基于OSGi框架，使用Maven构建项目（新版本ONOS加入了对Buck编译工具的支持），支持新模块运行态的加载和注销（模块的热插拔），控制器架构和其他控制器架构类似，大致可分为南向协议层、适配层、南向接口层、分布式核心层、北向接口层和应用层，整体架构围绕分布式核心展开，如图3-10所示。

其中，南向接口层支持以插件形式加入新的南向接口协议，从而支持多个南向协议。分布式核心层可实现分布式控制器的信息同步，性能可满足运营商对网络拓展性、可靠性和高性能的要求，从而实现电信级别的SDN控制平面。北向接口层为应用层提供了网络全局视图接口等众多灵活的编程接口，使得应用层可调用接口完成应用开发，实现对网络的控制、管理和业务配置，满足运营商对SDN控制器的要求。

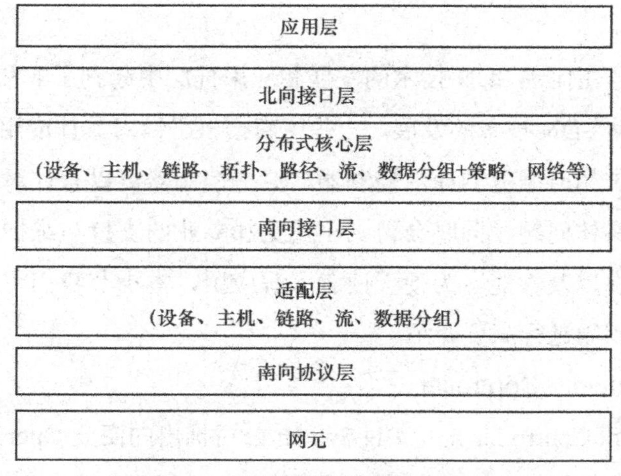

图3-10 ONOS的整体架构示意

另外，ONOS系统架构中定义了服务和子系统两个基本概念。其中，服务是由多个组件形成的功能集，这些组件按照ONOS的架构层级创建一个垂直切片，而多个组件共同提供的服务成为一个子系统。各子系统之间相互独立，各自管理各自的事务，却又是一个有机的整体。ONOS子系统划分如图3-11所示。

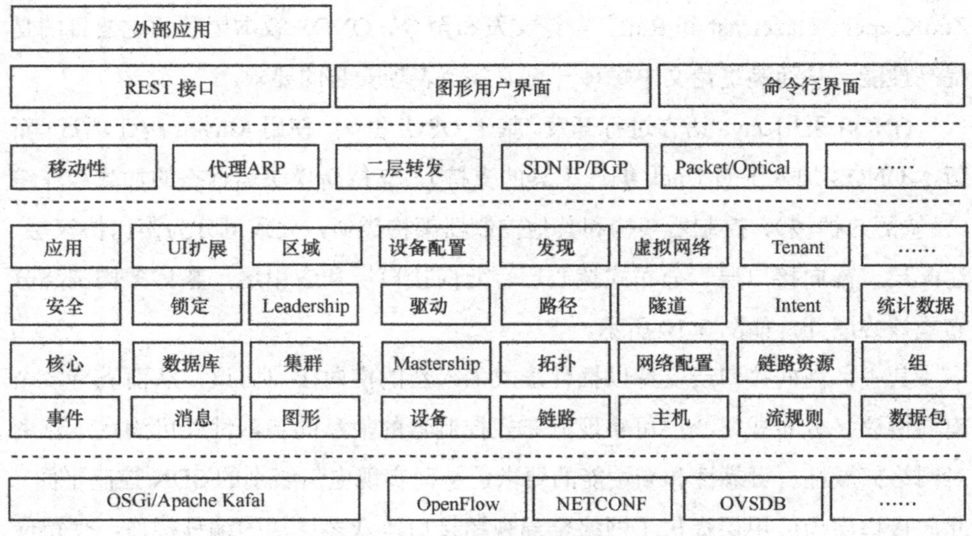

图 3-11　ONOS 子系统划分

3.3.3 稳定可靠的商用控制器

开源控制器在促进 SDN 技术的发展和应用推广中起到了非常重要的作用。为了更好地推动 SDN 技术的发展，一些厂商推出了针对具体应用场景、支持具体交换机并提供相应服务的商用控制器，这些控制器可以有针对性地解决现网中存在的某些具体问题，同时会得到企业更加专业的支持与维护，具有更好的稳定性与可靠性以及性能。为便于读者了解应用，本小节我们将对目前市场上主要的商用控制器进行简要介绍。

1．Big Network Controller

Big Network Controller 是由 Big Switch 公司推出的商业 OpenFlow 控制器。Big Switch 公司成立于 2010 年，是最典型的 SDN 创业公司，也是全球 SDN 领域最具影响力的公司之一。该公司的 Open SDN 平台提供了一个 OpenFlow 的交换结构，可以在物理交换机和虚拟交换机上运行，并且包含数据中心网络虚拟化和网络监控等多种 SDN 创新应用。2012 年 2 月，Big Switch 公司在市场上发布了 Floodlight 这一开源版本的控制器。为了加快对 OpenFlow 软件定义网络的部署，Big Switch公司于2013年3月推出了开源的“瘦”虚拟交换机（Switch Light），它可在物理交换机和虚拟交换机上提供一致的数据平面编程抽象。

Big Network Controller的架构如图3-12所示，能够提供统一的网络智能控制和具有企业级的可扩展性和高可靠性，并能够提供统一抽象的北向接口。

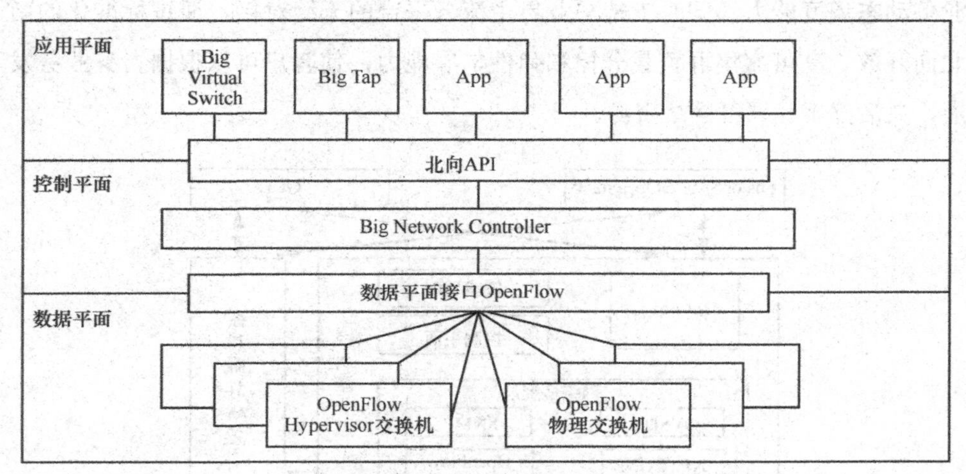

图3-12　Big Network Controller的架构

2．Agile Controller

2014年，华为首次展示了面向未来的多业务融合、开放、兼容的敏捷控制器——Agile Controller，为企业新业务提供快速上线机制，让企业具备快速响应的能力，提升企业的运作效率。作为华为敏捷网络架构的“大脑”，Agile Controller能够集中控制全网资源，面向用户和应用实现网络资源自动化与动态调配，以业务体验为中心重新定义网络，让网络更加敏捷地为业务服务。在Agile Controller的智能控制下，网络将能够从以前采用手工配置的方式转变为采用自然语言规划与自动部署的方式，并从传统单点边界防护转变为全网协同防护。

Agile Controller借鉴了OpenDaylight开放平台的设计架构，支持OSGi框架和REST API功能，可提供网络服务、网络编排、服务管理等多种功能，如图3-13所示。同时，业务应用可以充分利用接口调用网络能力，并通过应用驱动实现全网资源的业务编排。

Agile Controller通过控制平面、策略平面、管理平面的融合，实现SDN架构下的统一管理，让用户摆脱物理网络的各种约束，实现基于 SDN 的网络资源灵活调度。

Agile Controller 基于业界 SDN 架构分层解耦能力，提供从应用到物理网络的自动映射、资源池化部署和可视化运维，协助客户构建以业务为中心的网络业务动态调度能力，同时支持与业界主流云平台的无缝对接，通过标准化的南北向开放、高可靠集群负载分担和弹性扩展能力，使客户可以根据自身业务发展，灵活部署和调度网络资源。

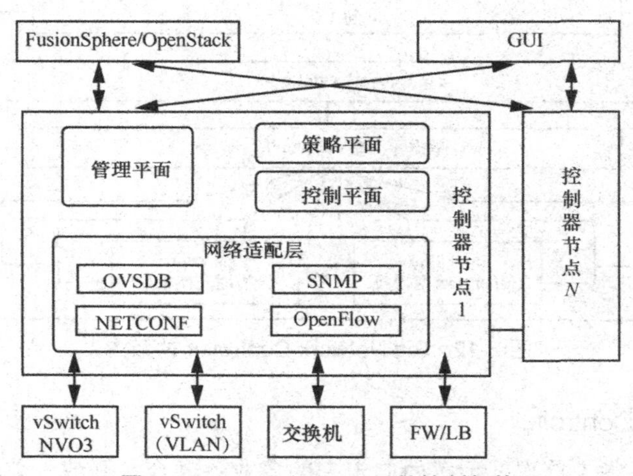

图 3-13　Agile Controller 的控制架构

3. ZENIC

ZENIC 是中兴通讯推出的一款广义 SDN 控制器，支持丰富的南向接口协议，对 OpenFlow 和非 OpenFlow 交换机进行统一控制，可提供本地远程过程调用（Remote Procedure Call，RPC）接口和 REST/RESTCONF 接口给应用进行编程，同时支持 OSPF（Open Shortest Path First，开放最短路路优优协议）/BGP 东西向接口协议和传统网络互通。

ZENIC 是一套完整的可编程产品平台，内置南向、北向、东西向接口协议，L2/L3 网络功能，虚拟化数据中心（virtual Data Center，vDC）业务功能，图 3-14 给出了 ZENIC 平台的主要功能模块，在此基础上，中兴通讯其他产品的二次开发还可以进一步增强控制器的功能和接口能力。

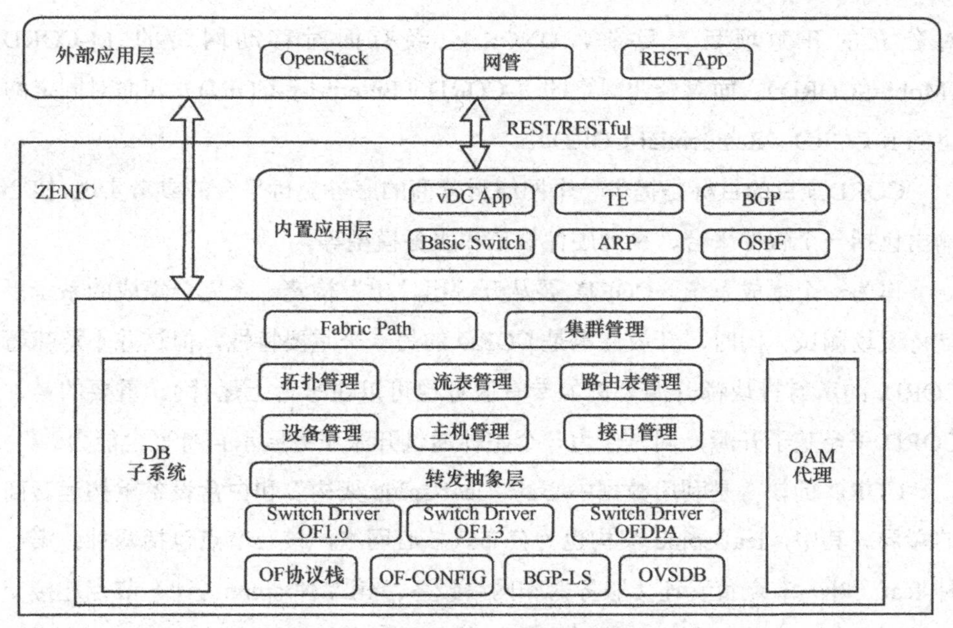

图 3-14　ZENIC 平台的主要功能模块

ZENIC可应用于数据中心内、数据中心间、企业网等多种应用场景。

3.3.4　SDN 控制器的新技术

SDN领域的发展日新月异，不断有新的需求被提出，同时也有相应的解决方案诞生。作为SDN整体架构中至关重要的一部分，SDN控制器也在不断地迭代更新，支持一些新的应用和功能。本小节以ONOS控制器为例，介绍近年来SDN控制器中出现的新技术，这也是SDN领域整体不断发展完善的一个体现。

1．对 CORD 的支持

端局重构为数据中心（Central Office Re-architected as a Datacenter，CORD）是 ONF 下的开源项目，该项目使用白盒硬件、开源软件定义网络和网络功能虚拟化软件，将数据中心的经济性和云端敏捷性引入电信端局，白盒提供与云中虚拟化的控制功能的用户连接功能。

CORD 项目最初只是一个 ONOS 控制器的应用案例，现在已经成为一个相对独立的开源项目。目前，ONOS 已经有面对移动网络的 M-CORD（Mobile-CORD）、面对企业网络的 E-CORD（Enterprise-CORD）和面对固定网络的 R-CORD（Residential-CORD）。

CORD项目的目标是提供一个网络运营商的服务交付平台的参考实现，核心输出包括一个软件平台、系列硬件规范和服务模型等。

作为一个集成系统，CORD 要从开源组件出发构建一个完全集成的系统以支持现场测试。同时，开放性也是 CORD 的另一个重要特性，但这并不意味着 CORD 的所有模块都开源（例如专有服务也可以在平台上运行）。重要的是，CORD 平台基于开源，同时作为一个整体通过开源服务展示自身平台能力。

CORD 的核心是利用数据中心的“leaf-spine 架构”和白盒设备重构运营商的端局。其中，leaf-spine 架构也为分布式核心网络，核心节点包括两种：第一种 leaf（叶）节点负责连接服务器和网络设备；第二种 spine（针）节点连接交换机，保证节点内的任意两个端口之间具备低延迟的无阻塞性能，从而实现 3 级 CLOS 网络。这种架构通过一定的端口收敛比/超配比来满足数万台服务器的线速转发需求。一种典型的 leaf-spine 架构如图 3-15 所示。

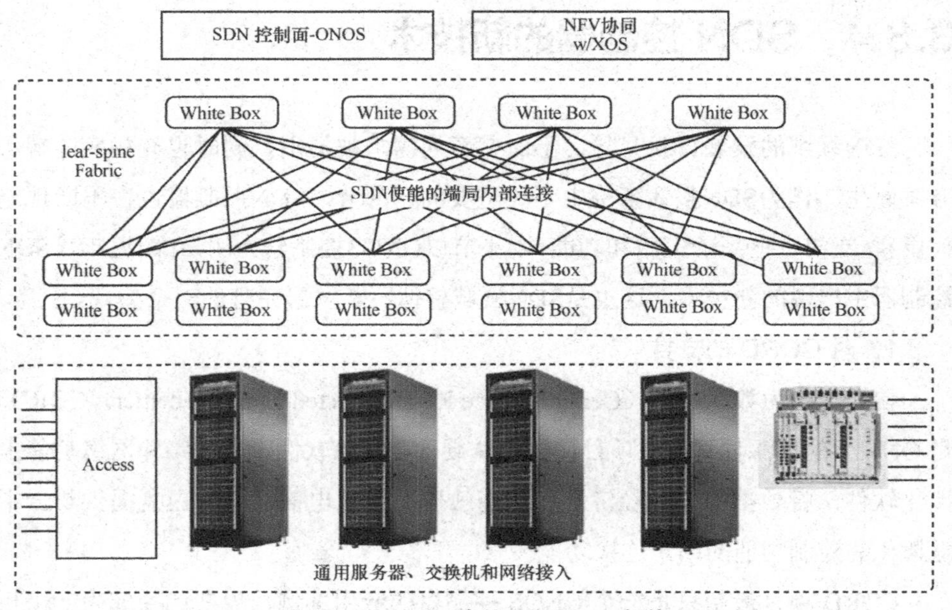

图 3-15　CORD 中的 leaf-spine 架构

2. 对 P4 的支持

作为发展最为迅速的数据平面可编程技术，P4 得到了SDN业界的广泛关注。在控制器端支持P4，做到以控制器来协助实现P4 网络，管理控制P4 交换机，对 P4 技术的不断发展具有重要意义。

当前，很多控制器都开始加入对 P4 的支持，ONOS 也不例外。从其 1.11（Loon）版本开始，ONOS 控制器开始加入名为 P4 Runtime 的新功能，旨在实现控制 P4 交换机的协议无关转发。ONOS 为了解决这个问题，在 Core 层诸多子系统中，横向扩展了一个子系统——PI（Protocol/Program/Pipeline Independent）框架。PI 代表了协议无关、程序无关以及处理流水线无关。PI 框架是围绕着 P4 和便携式交换机体系结构（Portable Switch Architecture，PSA）进行建模的，但在设计上是面向通用的协议无关思想的，能容纳未来各种协议无关的语言或者协议，目前适配到了 P4 语言。PI 框架里包含一些类、服务和设备驱动的功能描述来建模和控制可编程数据平面，还定义了抽象的表项和计数器等。

图 3-16 是 PI 框架在 ONOS 中的架构设计。最下面是协议插件，有 P4 Runtime 和 gRPC 的两种插件；往上是驱动层，包含 P4Runtime、Tofino、gNMI 和 BMv2 的内容；再往上的核心层是 PI 框架本体所在，包含了 PI 模型、流表翻译子系统和 Pipeconf 子系统。整个架构中把不变与可变统一起来的关键，就是流表翻译子系统。

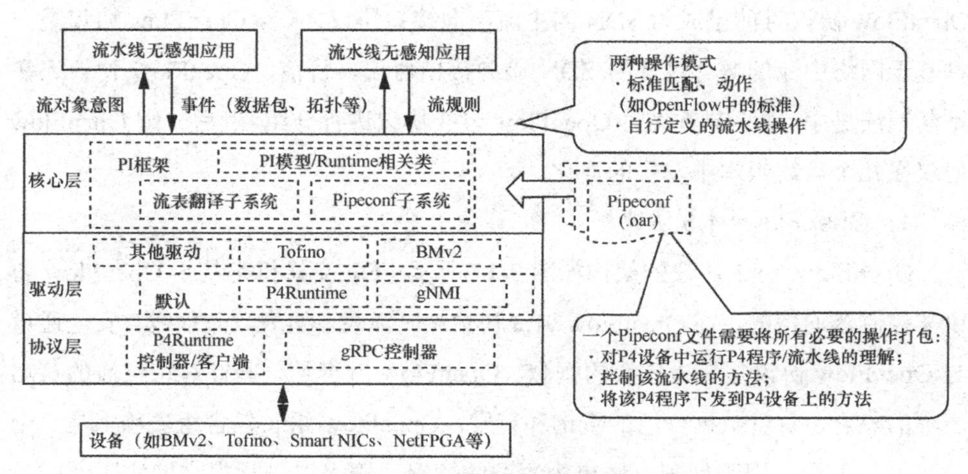

图 3-16　PI 框架的设计架构

目前，ONOS 的 PI 框架正在不断完善中，有越来越多的控制器支持 P4 这样的数据平面协议无关转发技术。有了控制器端的相关支持，相信不久之后，P4 这样的技术会在 SDN 领域大放光彩。

3.4 SDN 接口协议：传输的纽带

SDN 接口协议开放了 SDN 的可编程性，实现了各部分间的连接与通信。其中，南向接口协议完成控制平面与数据平面间的交互及部分管理配置功能，北向接口协议实现控制器与业务应用层间的交互，东西向接口协议负责控制器间的协同，这些接口协议实现了 SDN 灵活的可编程能力，是 SDN 的核心技术之一。考虑到 3 类接口协议的成熟度不同，本节主要分析 SDN 南向接口协议，而对北向接口协议和东西向接口协议仅进行简要介绍。

3.4.1 OpenFlow 协议：主流的声音

OpenFlow 协议是标准化组织 ONF 主推的南向接口协议。经过多年的发展，OpenFlow 协议目前已成为 SDN 的主流南向接口协议之一。OpenFlow 协议是一种基于网络中流的概念设计的 SDN 南向接口协议。目前，OpenFlow 协议还在不断地演进中，本小节首先对 OpenFlow v1.3 协议进行介绍，然后介绍 OpenFlow 协议在几个后续版本中发生的变化。

1. OpenFlow v1.3 协议

OpenFlow v1.3 协议的架构如图 3-17 所示，OF 交换机是基于 OpenFlow 协议与控制器通信的。在 OpenFlow v1.3 协议中，流表、组表、流水线、安全通道与 OpenFlow 协议是最为核心的概念。OpenFlow 流表是一些针对特定流的策略表项的集合，负责数据分组的查询和转发。OpenFlow 组表包含组表项，是一个动作桶的集合，用于处理一些更为复杂的情况。流水线进行报文的实际匹配、修改、转发等行为。OF 交换机通过安全通道与控制器相连，其上传输的就是 OpenFlow 协议消息，负责控制器与交换机间的交互。本小节将依次介绍 OpenFlow v1.3 协议中的流表、组表、流水线、安全通道与协议消息。

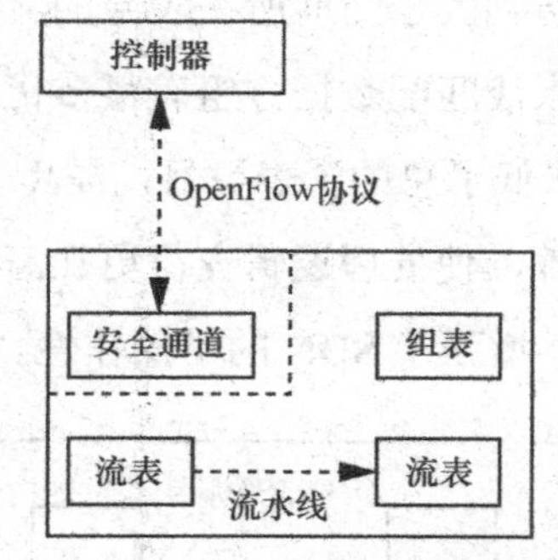

图 3-17　OpenFlow v1.3 协议的架构

OpenFlow 控制器通过部署流表指导数据平面流量调度。OpenFlow v1.3 协议中每台 OF 交换机可以有多张流表，每张流表中都可以存储表项，每一条表项都表征了一条流及其对应的处理方法——动作（Action）表。流表项的结构如图 3-18 所示。一个数据分组进入 OF 交换机后需要先匹配流表，若符合其中某条表项的特征，则按照相应的动作进行转发处理，否则根据配置选择如何处理，包括上传控制器、丢弃或者传递给下一张流表。

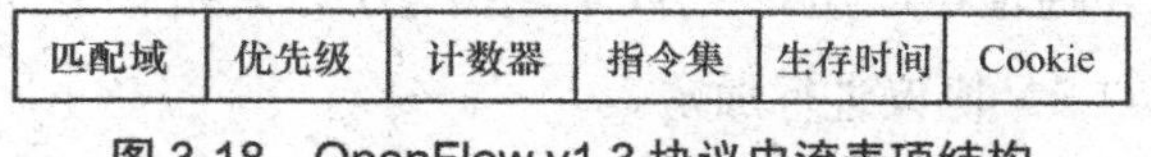

匹配域	优先级	计数器	指令集	生存时间	Cookie

图 3-18　OpenFlow v1.3 协议中流表项结构

组表独立于流水线之外，包含多个组表项，每个组表项可以包含很多的动作桶（Action Bucket）。组表项的结构如图 3-19 所示。组表的调用通过 Group 命令来完成。对于一些特殊情况，不同流可以复用同样的指令以提高效率，例如，不同的流可能会有相同的下一跳，这时如果每个流表项都添加这个动作，则会在一定程度上造成资源浪费。这种高效的机制非常适合广播、多播等较复杂的场景。

组表项标识符	组类型	计数器	动作桶

图 3-19　组表项的数据结构

流水线处理总是从流表 Table0 开始的，根据某张流表进行处理时，将数据分组各个字段与各流表项中的匹配域对照，如果匹配的某流表项包含 GOTO 指令，数据分组则会跳转到另一张流表中重复以上处理，如图 3-20 所示。GOTO 指令只能指导数据分组跳转到大于当前所在表号的流表，即流水线处理只能前进，而不能后退。通过流水线匹配数据分组有很多优点：一方面，通过提取流表项的特征形成流水线，降低了总的流表数目，提高了匹配的效率；另一方面，将匹配过程分解成多个步骤，使处理逻辑变得更加清晰，允许控制平面分步实现对数据平面策略的部署，增强了 SDN 的可操作性。

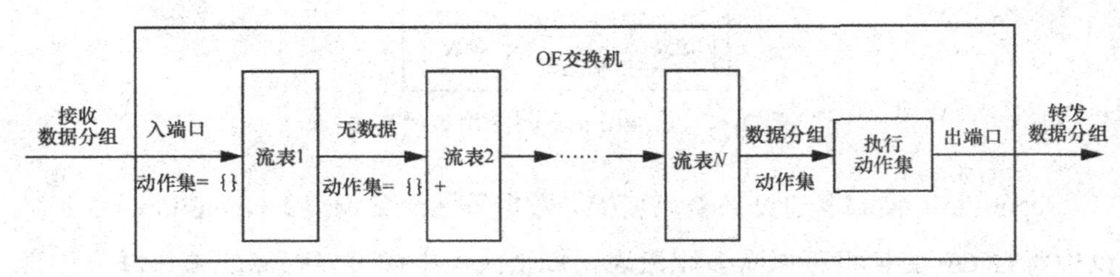

图 3-20 流水线对数据分组的处理流程

OpenFlow 安全通道承载着 OpenFlow 协议的消息，无论是流表的下发还是其他控制消息都要经过该通道。这部分流量属于 OpenFlow 网络的控制信令，有别于数据平面的网络流，不需要经过交换机流表的检查。为了保证“本地流量”安全可靠地传输，通道可以建立在 TCP 连接之上，采用安全传输层（Transport Layer Security，TLS）协议进行加密。

OpenFlow v1.3 协议支持 3 种消息类型：Controller-Switch（控制器—交换机）、Asynchronous（异步）和 Symmetric（对称），每一类消息又有多个子消息类型。其中，Controller-Switch 消息由控制器发起，子消息类型包括 Features、Configuration、Modify-State、Read-State、Packet-out、Barrier、Role-Request、Asynchronous-Configuration，用于对 OF 交换机进行管理。控制器通过其中各种请求（Request）消息来查询 OF 交换机的状态，OF 交换机收到后需回复相应的响应（Reply）消息。Asynchronous 消息由交换机主动发起，子消息类型包括 Packet-in、Flow-Removed、Portstatus、Error，用于将网络事件或交换机状态的变化更新到控制器。Symmetric 消息可由控制器或者 OF 交换机中的任意一侧发起，子消息类型包括 Hello、Echo、Experimenter，用于建立通道及保护等。

2. OpenFlow 协议的演进

OpenFlow 协议由 ONF 组织负责维护，OpenFlow v1.0 协议作为第一个较为成熟的版本，于 2009 年 12 月发布，随后陆续发布新协议，迄今已经更新到 OpenFlow v1.5 协议，而且协议仍在不断地演进当中。OpenFlow 协议家族的协议发布时间线如图 3-21 所示。

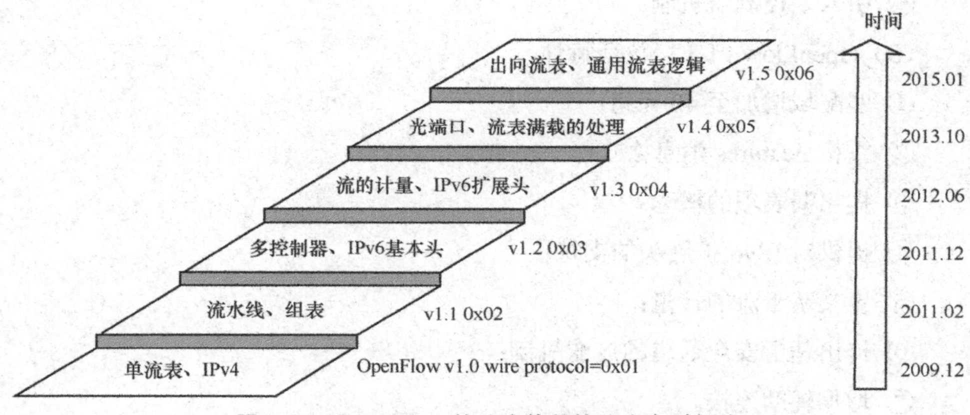

图 3-21　OpenFlow 协议家族的协议发布时间线

其中，OpenFlow v1.3 协议是一个很重要的版本，ONF 组织承诺将 OpenFlow v1.3 协议作为一个稳定的版本，并对其进行长期的维护。现有的大多数 OF 交换机均支持 OpenFlow v1.3 版本，市场上也出现了很多基于 OpenFlow v1.3 的 SDN 商业解决方案。故 OpenFlow v1.4 版本和 OpenFlow v1.5 协议目前仍无规模商用的实例。

本小节将详细介绍 OpenFlow v1.0 协议的后续版本协议在细节上的变动，具体数据结构的变化请读者自行参考相应的原版协议。

（1）OpenFlow v1.1 协议新特性

① 匹配域中增加 3 个元组及支持子网掩码；

② 增加对 MPLS 和 VLAN 标签的支持；

③ 提出虚拟端口的概念；

④ 修改 Flow-Mod 机制；

⑤ 修改 OpenFlow 安全通道。

（2）OpenFlow v1.2 协议新特性

① 匹配域增加至 36 元组；

② 匹配域字段使用 TLV（Type、Length、Value）格式；

③ Packet-in 消息可扩展；

④ 对端口概念的修订；

⑤ 对 Flow-Mod 消息的简化处理；

⑥ 引入多控制器机制。

（3）OpenFlow v1.3 协议新特性

① 匹配域增加至 40 元组；

② 重构 Features 消息格式；

③ 提出漏表项的概念；

④ 提供对 IPv6 扩展头的支持；

⑤ 定义基于流的计量；

⑥ 提出基于安全通道的过滤机制；

⑦ 增加辅助连接。

（4）OpenFlow v1.4 协议新特性

① 匹配域增加至 41 元组；

② 改变控制器默认端口；

③ 重写部分数据结构；

④ 细化 Packet-in 的触发原因；

⑤ 增加对光接口的支持；

⑥ 细化 Flow-Removed 消息的触发原因；

⑦ 完善多控制器机制；

⑧ 优化流表满载情况的处理。

（5）OpenFlow v1.5 协议新特性

① 匹配域增加至 44 元组；

② 完善流表项的统计机制；

③ 完善流水线；

④ 支持通用流表逻辑。

3.4.2 OF-CONFIG：协助管理的好搭档

在 ONF 组织制定的 SDN 标准体系中，除了 OpenFlow 之外，还有一个 OF-CONFIG 同样引起了业界的广泛关注。OF-CONFIG 主要用于管理和配置交换机。

1．协议框架

作为 OpenFlow 协议的伴侣协议，OF-CONFIG 的作用是提供一个开放接口用于远程管理和配置 OF 交换机。OF-CONFIG 并不会影响到流表的内容和数据转发行为，对实时性也没有太高的要求。具体地说，诸如构建流表和确定数据流走向等事项将由 OpenFlow 协议来规定，而诸如如何在 OF 交换机上配置控制器 IP 地址、如何配置交换机端口上的队列等操作则由 OF-CONFIG 完成。

OpenFlow 配置点是指通过发送 OF-CONFIG 消息配置 OF 交换机的一个节点，既可以是控制器上的一个软件进程，也可以是传统的网管设备，通过 OF-CONFIG 对 OF 交换机进行管理，因此，OF-CONFIG 是一种南向接口协议。OF-CONFIG 定义的各组件之间的逻辑关系如图 3-22 所示。

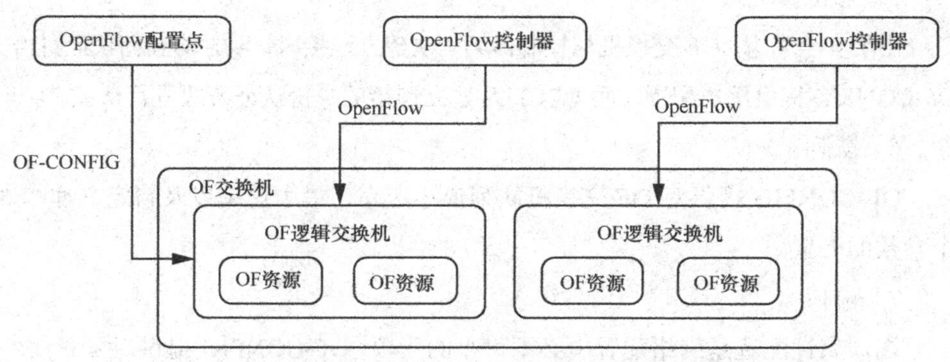

图 3-22 OF-CONFIG 定义的各组件之间的逻辑关系

2．设计需求

OF-CONFIG 最主要的设计目标是协助 OpenFlow 协议，支持用户远程对 OF

交换机进行配置和管理。除此之外，OF-CONFIG 还根据自身的需要制定了多种场景下的操作运维需求以及对交换机管理协议的需求，本小节将从上述几个方面分析 OF-CONFIG v1.1.1 的功能。

（1）实现对 OpenFlow v1.3.1 协议设备进行配置的设计需求

1）连接设置

OF 交换机与控制器连接之前，有 3 个参数需要被提前设置，包括控制器 IP 地址、控制器端口号以及传输协议。

2）多控制器

OF-CONFIG 提供交换机的同时与多控制器连接的参数配置。

3）OpenFlow逻辑交换机

OpenFlow v1.3.1 协议规定了与 OpenFlow 逻辑交换机有关的各种 OpenFlow 资源。OF-CONFIG 必须支持对这些 OpenFlow 资源的配置，如对 OpenFlow 逻辑交换机进行端口和队列等资源的配置。

4）连接中断

当交换机与控制器失去连接时，有失败安全模式（Fail Secure Mode）和失败独立模式（Fail Standalone Mode）两种模式可选择，OF-CONFIG 可预先为 OF 交换机配置连接失效后进入的模式。

5）加密

出于安全考虑，OF 交换机与控制器第一次建立连接时，双方均互相认证身份，OF-CONFIG 提供用户配置，两者以 TLS 建立连接的身份认证方式进行认证。

6）队列

OF-CONFIG 提供对 OF 交换机队列最小速率、最大速率以及自定义速率 3 个参数的配置。

7）端口

端口属性配置是网络配置中必不可少的一项，OF-CONFIG 提供对 4 种属性的配置，包括禁止接收、禁止转发、禁止 Packet-in 消息以及管理状态，同时也支持对相关参数的配置，还支持对逻辑端口的配置。

8）能力发现

OpenFlow v1.3.1协议规范了多种虚拟交换机能力特性，如多种Action类型。虽然配置这些能力超出了OF-CONFIG的范围，但是它支持发现这些能力。

（2）实际操作运维的设计需求

为便于交换机的操作运维，OF-CONFIG v1.1.1协议必须支持以下几种场景：

- 支持OF交换机被多个OpenFlow配置点配置；
- 支持一个OpenFlow配置点管理多个OF交换机；
- 支持一个OpenFlow逻辑交换机被多个控制器控制；
- 支持配置OpenFlow逻辑交换机的端口和队列；
- 支持OpenFlow逻辑交换机的能力发现；
- 支持配置隧道，如IPinGRE、VXLAN以及NVGRE。

（3）交换机管理协议需求

OF-CONFIG v1.1.1协议定义了OF交换机与OpenFlow配置点间的通信标准，主要包括交换机的管理协议部分以及数据模型的设计。交换机的管理协议部分则有以下设计需求：

- 保障安全性，支持完整、私有以及认证，支持对交换机和配置点双向认证；
- 支持配置请求和应答的可靠传输；
- 支持由配置点或者交换机进行连接设置；
- 能够承载局部交换机配置以及大范围交换机配置；
- 支持配置点为交换机配置参数以及接收来自交换机的配置参数；
- 支持交换机创建、更改以及删除配置信息，并支持报告配置成功的结果以及配置失败的错误码；
- 支持独立发送配置请求，并支持交换机到配置点的异步通知；
- 支持记忆能力、可伸展性以及报告其自身属性的能力。

3.4.3　百家争鸣的其他SDN南向接口协议

控制器的南向接口协议作为SDN的指令集，具有重要的战略性价值，于是，很多标准化组织和各大厂商纷纷根据自己对 SDN 的理解，推出了自己的南向接口协议。本节将有选择地介绍其中一些协议，加深读者对于 SDN 技术的理解。

1．XMPP

可扩展消息处理现场协议（eXtensible Messaging and Presence Protocol，XMPP）是一种以可扩展标记语言（Extensible Markup Language，XML）为基础的开放式实时通信协议，用于即时消息（Instant Messaging，IM）以及在线现场探测，前身是一个开源组织产生的网络即时通信协议——Jabber，目前，XMPP 已被 IETF 国际标准组织标准化。

XMPP 设计的网络结构中定义了 3 类通信实体：客户端、服务器与网关。XMPP 中基本的通信基于传统的 CS 模式，即客户端通过 TCP/IP 连接到服务器，然后通过传输 XML 流进行通信。服务器的内核是一个 XMPP 路由器，在保持网络连通性的同时承担了客户端信息记录和连接的管理功能，而网关则承担着与异构通信系统的互联互通。XMPP 的系统原理如图 3-23 所示。

XMPP 的这种结构与 SDN 的核心思想十分类似，如果将 XMPP 中的服务器设想为 SDN 中的控制器，XMPP 客户端作为 SDN 数据平面设备，那么，SDN 控制与转发相分离的架构可以通过 XML 流传输网络状态与路由信息，指导数据平面流量的转发。

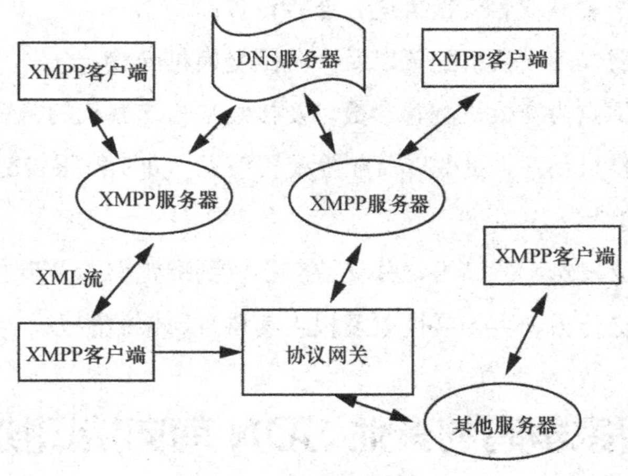

图 3-23　XMPP 的系统原理

2. POF

协议无关转发（Protocol Oblivious Forwarding，POF）是华为提出的一项SDN南向接口技术。POF技术实现了转发设备对报文协议类型的无感知处理与转发，所有的报文处理与转发策略完全由控制器控制，同时，软件设备摆脱了对特定协议的依赖，通过控制器软件编程可以实现新协议的快速部署。

图 3-24 给出了 POF 的框架，操作者可以通过用户界面（User Interface，UI）等接口在协议数据库中配置协议内容与元数据，并且可以在控制器上安装不同业务的应用。这些应用依据数据库内容，创建不同的流表以满足相应的服务需求。在 POF 中，应用向底层设备安装流表项时，则依然需要通过 OpenFlow 通道传输实现。

POF 数据库能够存储任何类型的网络协议，包括自定义协议。控制器之上的应用可以通过这些协议的字段来定义流表项匹配域和指令集的操作对象。POF 的数据层，即底层网络设备，是不需要感知报文的协议类型的，只需要根据流表、元数据区和指令集实现控制器的流控制策略，即可完成网络的正常通信。

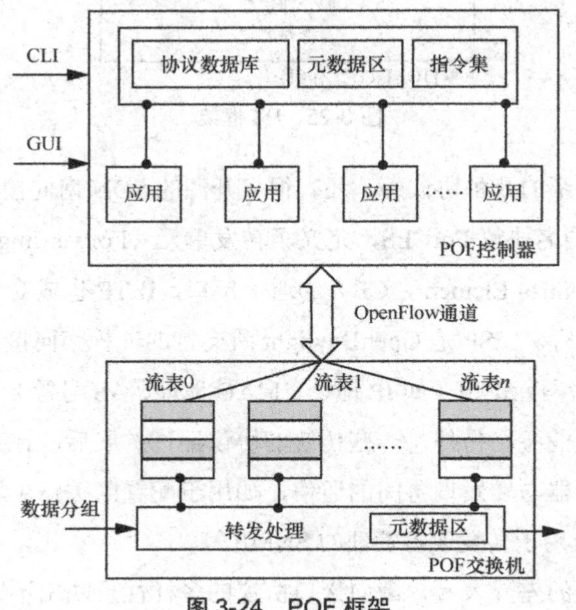

图 3-24 POF 框架

3．P4

作为一门高级网络编程语言，P4 的思想是用一门通用的编程语言对网络转发逻辑编程，并且下发给转发面的设备，以指导转发层设备（如交换机、网卡、防火墙、过滤器等）处理数据分组。

深入 P4 的规范中，我们可以发现，P4 定义的转发行为是基于流的。如图 3-25 所示，服务器上有一个前端编译器将高级网络语言层中规定的 P4 代码翻译成中间表示（Intermediate Representation，IR），网络设备端后端编译器再将 IR 编译成数据平面硬件能支持的指令。这样，通过这种构架，P4 设备可以支持网络管理人员使用高级网络编程语言编写的网络程序，使网络管理人员可以通过编程软件控制整个网络的行为与服务，进而大大提高了网络的可编程性。在 P4 的官方网站上我们可以看到，P4 成立了开源项目，所有代码都遵循 Apache 许可。

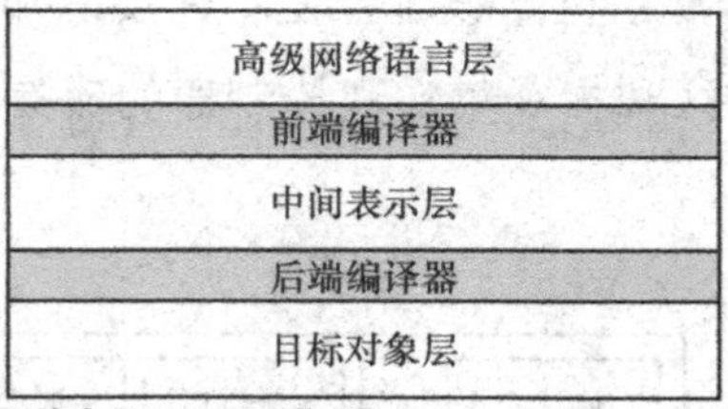

高级网络语言层
前端编译器
中间表示层
后端编译器
目标对象层

（摘自ONF PIF工作组）

图 3-25　P4 框架

除了上述介绍的几种协议外，还有很多开源的 SDN 南向接口协议。例如，ForCES 架构的同名协议 ForCES，定义了转发单元（Forwarding Element，FE）和控制单元（Control Element，CE）的通信接口，IETF 也成立了相关小组来推动这一工作的进行。LISP 是 OpenDaylight 所支持的一种南向接口协议，通过动态维护各个网域/网元键值（如 IP 地址、MAC 地址、AS 号等）的映射关系，提供一些网络增值业务。另外，一些传统的协议经过扩展后，在某些特定的场景中也被用于控制器与转发设备间的通信，如用于配置网关路由器以实现域间通信的 BGP，以及用于转发设备管理的 SNMP 等。

抛开技术上的差异来看，南向接口协议的多样性反映出不同的领域，甚至同一领域不同的组织对于SDN的理解与愿景都不尽相同。有人说SDN重在开源，有人说SDN的核心价值为可编程，有人理解SDN就是网络集中控制，而这些不同的观点也直接导致了各组织技术路线上的差异。可编程的粒度正是体现不同南向接口协议间差异的关键点，这使得不同的南向协议的适用场景各有不同。

3.4.4 SDN北向接口协议：开发者的乐园

SDN的本质是控制与转发相分离，目的是为用户提供网络的可编程能力。为了提高SDN的可编程能力，控制器作为SDN的操作系统，需要向上为开发者提供网络高层的逻辑抽象和业务模型，北向接口就是一套具有这样功能的编程接口。

实际上，北向接口提供了SDN中开发者与控制器间的交互能力，从更为宽泛的角度考虑，北向接口在SDN控制器中的作用类似于命令行在传统网络操作系统中的作用，都是为了实现网络管理者对网络的设计与管理。与计算机操作系统类似，只有上面有足够多的网络应用，SDN控制器才会有强大的生命力，而友好、完备的北向接口是吸引SDN应用开发者的核心。

图3-26给出了ONF北向接口协议的设计层次，其中，控制器基础功能API提供了控制平面中最为底层的能力。

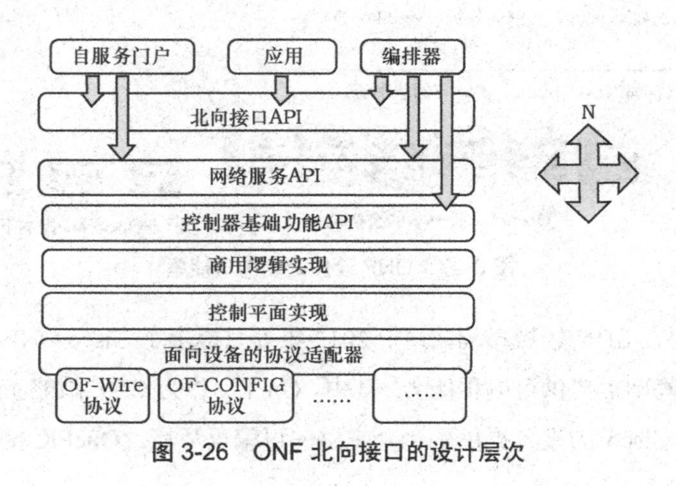

图3-26　ONF北向接口的设计层次

图 3-27 为ONF设想的北向功能集。其中，最底层为控制器收发信令的基础能力，信令可以是OF消息，也可以是其他的南向接口协议；往上是自验证能力、开发所用的编程语言以及设备的抽象层，这三层提供了网络转发设备的编程接口；网络切片、拓扑生成、路径发现、路由与交换等提供了网络层的编程接口；其余部分则提供了更高层的业务逻辑，如服务链增值、QoS、统一通信等。这种设计架构的目标是提供一套层次清晰、功能完善的北向接口，但是架构的复杂性也大大增加了设计的难度。

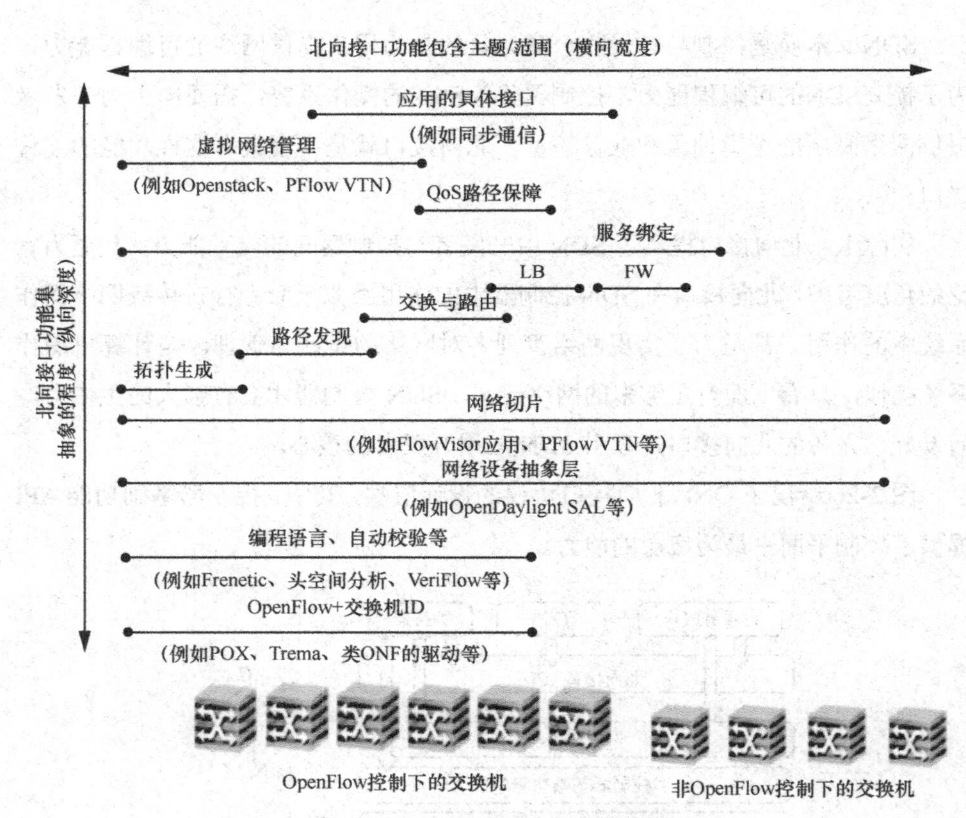

图 3-27　ONF 设想的北向功能集

Cisco 也在 SDN 领域布局，并于 2012 年 6 月提出了 Cisco ONE 战略，以在传统设备的基础上提供可编程能力。其中，OnePK 作为 ONE 战略下重要的技术平台为传统 Cisco 的设备提供了一套完整的可编程环境。OnePK 提供了一套通用的编程接口（OnePK API），上层应用可以基于这套API使用不同的高级语言进行开发，并通过OnePK API基础架构实现上层API和底层网络操作系统间的适配与代理。考虑到Cisco在传统网络设备市场的角色，他们所采取的这种平滑的SDN演进思路也就不难理解了。

随着Web的发展与普及，REST API以其灵活易用性在SDN北向接口设计中得到了广泛的应用。将REST用在SDN北向接口的设计中，我们可将控制器基本功能模块和各网元看作网络资源，对其进行标识，通过增、删、查、改的方法操作相应资源的数据。从典型场景看，REST API已经成为SDN控制器和云计算管理平台OpenStack对接的支撑性技术。

REST API架构成熟，接口友好，已经成为实现SDN北向接口的核心技术。目前主流的开源SDN控制器也都基于REST API开放了各自的部分接口，如Floodlight、Ryu、OpenDaylight、ONOS等。

目前，SDN北向接口标准化的前景仍然不甚明朗，但毫无疑问，SDN未来要进行大规模的商用，离不开北向接口的标准化，就像UNIX家族系统的成功离不开POSIX标准一样。究竟是ONF等标准组织会主导北向接口的发展，还是厂商实现会成为事实上的标准，让我们拭目以待。

3.4.5 SDN东西向接口协议：互联互通的集群纽带

为了解决SDN集中式控制带来的问题，控制平面可以由多个控制器实例构成一个大的集群。各控制器实例间通过SDN东西向接口协议实现控制信息的交互，从而根据全局网络信息制定策略，实现逻辑上的集中控制。目前，业界对SDN东西向接口的探讨还处在学术研究阶段，大部分研究在域内多控制器协同或域间多控制器通信两个方向进行了初步的探索。

有研究人员提出由交换机在本地自行决定部分流量的转发策略，从而减少数据平面和控制平面的交互，在一定程度上减轻控制器负载。不过这种方法难以从根本上解决SDN集中控制架构下控制器单点的性能瓶颈。面对大规模的

SDN，分布式控制平面是解决此问题的一个可行思路，即如果能通过多个物理控制器实例分区管理整个网络，在实例间通过交互各个分区的信息以保证全局信息的一致性，则可以在域内实现一个逻辑上集中的控制器，同时可以增强 SDN 控制平面的可扩展性。

2013 年，清华大学的毕军教授团队提出了 East-West Bridge（东西桥）的概念（以下简称 EWBridge），允许控制器通过标准化插件的形式对其进行集成，从而实现异构 SDN 控制器间标准化的东西向通信。在 EWBridge 的设计中，控制器以 Full-Mesh（全网状）的形式进行组网，主要实现了控制器发现、网域视图信息维护和多域网络视图信息交互等功能。East-West Bridge 的工作原理如图 3-28 所示。

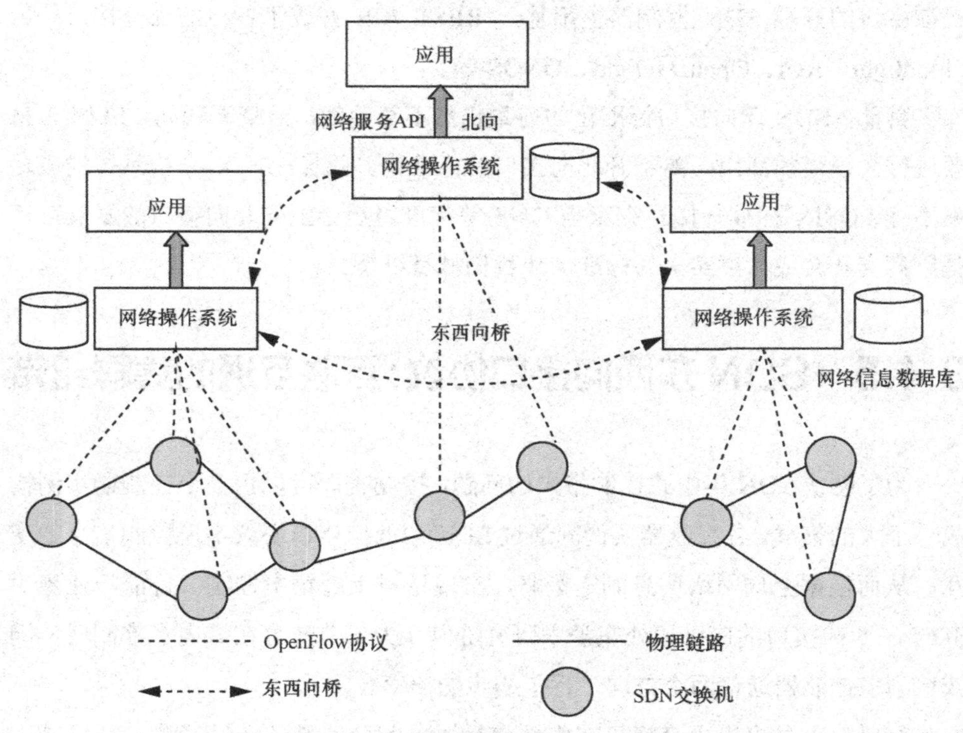

图 3-28　East-West Bridge 的工作原理

2012 年，华为提出了 SDN 控制平面东西向接口协议 SDNi。SDNi 是一个用于 Domain 控制器之间交换数据的协议，定义了 SDN Domain 及其组件，以及

SDNi 如何跨域通信等内容。然而，SDNi 草案中并没有详细地描述通信细节，目前，SDNi 已在 SDN 开源项目 OpenDaylight 上部署实现。

3.4.6 Segment Routing 协议：推动网络演进的种子

Segment Routing 是由 IETF 推动的支持 SDN 架构的新型路由转发协议，目的是对现有网络协议进行扩展和优化，推动现有网络的平滑演进，实现网络开放的目标。Segment Routing 已经形成了完整的体系架构，并得到了大部分设备厂商的支持。

Segment Routing 是一种源路由机制，用于优化 IP、MPLS 的网络能力，可以使网络获得更佳的可扩展性，并以更加简单的方式提供 TE、FRR（Fast Reroute，快速重路由）、MPLS VPN 等功能。在未来的 SDN 网络架构中，Segment Routing 将为网络提供与其上层应用快速交互的能力。

和 MPLS 的网络类似，Segment Routing 也是以标签交换为基础的。但是 MPLS 网络需要依靠 LDP（Label Distribution Protocol，标签分发协议）、RSVP（Resource Resevation Protocol，资源预留协议）等外部协议实现标签的分发、TE 等功能，Segment Routing 只需对现有的 IGP（Interior Gateway Protocol，内部网关协议）进行简单的扩展，就可以实现 TE、FRR、MPLS VPN 等功能。

在 Segment Routing 的网络中，Segment 表示网络前缀。Segment Routing 定义了两种 Segment：Nodal Segment 和 Adjacency Segment。Nodal Segment 是全局标签，每一个节点都会分配全局唯一的 Nodal Segment，通常使用 Loopback 接口的地址；Adjacency Segment 是本地标签，在本地有效，用于表示特定的 SR 节点，不需要全局唯一。

在图 3-29 所示的段路由（Segment Routing，SR）拓扑中，我们假定所有的路由器都启用了 IS-IS 或者 OSPF 协议，链路都有相同的 Metric。每一个 SR 节点都有自己的 Nodal Segment，并通过 IGP 通告其他节点。一个 SR 节点，通过 IS-IS 或者 OSPF 协议，可以自动建立表示到其他 SR 节点最短转发路径的一组

Segment（类似 MPLS 标签栈）。Adjacency Segment 则和通往某一邻接设备的下一跳节点相关联。

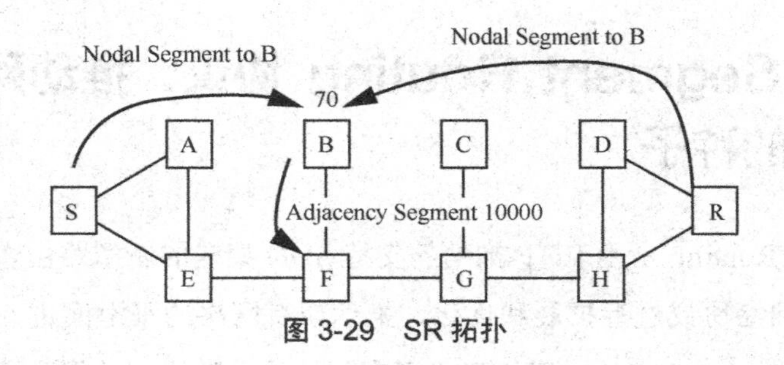

图 3-29 SR 拓扑

每一个节点都会将 Loopback 地址作为自己的全局标签（Nodal Segment），其他 SR 数据层面的节点都会接收这一信息。在图 3-29 中，节点 B 的 Nodal Segment 为 70，节点 S 和 R 使用 70 来计算到达 B 的路径。F 为 B 至 F 之间的链路分配了 Adjacency Segment10000（本地有效），并通过 IGP 通告出去。

我们可以这样理解 Nodal Segment 和 Adjacency Segment：管理者给网络分配了一个 Segment 地址块，我们从这个地址块中为每一个 SR 节点分配 Nodal Segment，以保证其全局唯一性；而 Adjacency Segment 是在这个地址块之外的，由每个节点自行分配。

通过上述的示例我们可以看到，将 Nodal Segment 和路由前缀相关联，可以通过最短路径到达任意节点，而转发路径是一条还是等价多路径负载分担，则取决于网络的 IGP 拓扑。

3.5 SDN 的应用场景

SDN 最鲜明的特点在于控制与转发分离，以软件化和虚拟化的方式，通过控制器控制数据层的转发。这使得转发设备趋向通用化、简单化，使设备的硬件成本大幅度降低，将会成为未来网络演进发展的重要趋势和特征。运营商对 SDN 支持的态度，是希望能够通过 SDN 提高网络利用效率和运营效率，结构性地降低运营成本，拓展 IT 服务，开展流量经营，构建开放生态系统以及为客户提供更好的用户体验。

虽然 SDN“集中控制，分布转发”的思想与传统电信网有相似之处，但是这与互联网的分布式控制体系是相悖的，也很难被后 IP 网所接受。在运营商网络端到端应用 SDN 的难度较大，受制因素主要是设备不兼容，整体的大规模设备替换难度非常大。因此，SDN 在电信运营商网络的应用更多的可能是局部的行为而非全网的统一控制。本小节将对 SDN 在骨干网、传送网、接入网、核心网、承载网、云数据中心等场景下应用的可行性与前景进行分析。

3.5.1　SDN 在城域骨干网中的应用

智能终端的快速普及，以及大量视频流媒体、P2P 业务、多媒体互动、网络游戏等新业务在智能终端的快速发展，使移动流量呈现了爆发性增长的趋势，给运营商的城域骨干网造成了巨大的压力。城域骨干网主要用于实现区域互联、省际互联，因此汇集了整个区域的城域间、数据中心的所有流量。为了应对流量快速增长带来的挑战，电信运营商不断对城域骨干网硬件进行升级和扩容，城域骨干网路由器正在向 100Gbit/s、400Gbit/s 大容量迈进，但是这造成了骨干网越来越复杂，变得臃肿不堪。因此，为了从根本上解决骨干网面临的问题，相关人员可以考虑未来在城域骨干网中引入 SDN，利用 SDN 技术，将城域骨干网边缘的节点接入控制设备中，除路由转发功能外的其他功能，都提升到城域网控制器中实现，并可以采用虚拟化的方式实现业务的灵活快速部署。

基于 SDN/NFV 的新型 IP 城域网架构如图 3-30 所示。

在城域骨干网中的边缘控制设备，如宽带远程接入服务器（Broadband Remote Access Server，BRAS）和 SR，是用户和业务接入的核心控制单元，不仅具备丰富的用户侧接口和网络侧接口，还可实现业务/用户接入骨干网的信息交换等功能。边缘控制设备维护了用户相关的业务属性、配置及状态，诸如用户 IP 地址、路由寻址的邻接表、动态主机配置协议（Dynamic Host Configuration Protocol，DHCP）地址绑定表、组播加入状态、PPPoE（Point-to-Point Protocol over Ethernet）/IPoE 会话、QoS 和 ACL 等属性，这些重要的表项和属性直接关系到用户体验的好坏。因此，将 SDN 应用于城域骨干网中要求网络控制器支持各种远端设备的自动发现和注册，支持远端节点与主控节点间的保活功能，并能够将统筹规划之后的策略下发给相应的远端设备再进行转发，而边缘的接入控制设备只需要实现用户接入的物理资源配置即可。

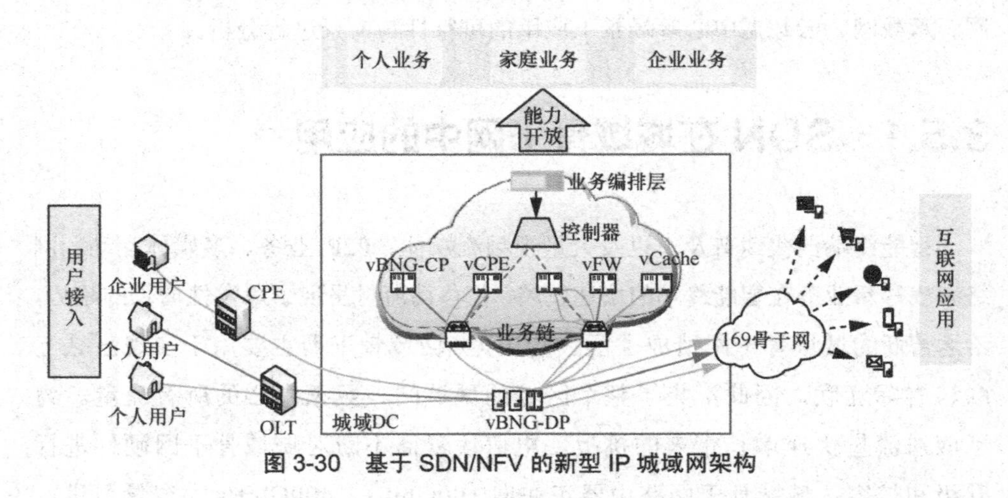

图 3-30　基于 SDN/NFV 的新型 IP 城域网架构

3.5.2　SDN 在核心网中的应用

目前，智能手机的普及以及无线接入技术的发展，移动网络流量呈现了爆炸性增长与多样化的趋势。为了应对快速增长的流量与业务多样性，移动分组域核心网的规模逐步扩大。一方面业务发展，用户需求有从数量上增长向质量上增长的发展趋势；另一方面是网络技术，核心网也有向 4G 核心网络（Evolved Packet Core, EPC）架构演进的要求。

3GPP 中的 EPC 是移动分组域核心网未来网络结构演进的方向，是使用策略控制的网络技术，将业务网络策略与执行部分分离，从而达到提升网络性能、灵活业务发展的目的。SDN 的主要宗旨是将路由控制与转发分离，将网络发展推到一个更高的阶段，使得网络的运营更加灵活，同时降低网络的运营成本。SDN与EPC的结合对网络发展具有重要的意义。

目前，EPC网络正在发展，SDN的概念也正在形成，未来，EPC与SDN的关系可能会向两个方向发展：一个是两者相互独立发展，EPC主要侧重于业务策略的控制软件池，SDN侧重于下层路由的控制软件基地，两者之间通过东西向接口进行信息交互；另一个发展趋势是两者可能融为一体，即业务策略控制软件和路由控制软件合为一个融合的控制软件。

3.5.3 SDN在有线接入网中的应用

目前，有线接入网存在诸多问题，包括：现有接入网络投资高、新业务引入困难、网络运维复杂等；接入节点是网络中的海量节点，在日常运维中工作量巨大，而且容易出错；新业务开发及验证周期长，还需要对海量的接入节点进行升级，造成新业务部署周期长；传统接入技术多样且模式纷繁、业务与接入模式强耦合、客户化定制需求多、设备配置彼此独立缺乏配合、业务发放周期长且维护更换成本高、管理运维困难，难以满足云应用时代业务变化、网络管理的需要。

基于SDN的接入网是下一代接入网发展的方向，通过接入网的转发与控制分离，海量接入设备与业务解耦预期可实现。“超级简单的接入节点”“灵活可编程的线路技术”“云化的家庭网关和业务”是该架构的主要特征。

通过软件定义的架构，运营商能够获得一个简单、敏捷、弹性、可增值的未来接入网络。未来架构中接入节点将简化为可编程设备，线路技术换代无须更换硬件；同时，通过统一的接入网控制与管理平面，未来的网络可以真正实现节点零配置、零故障，大幅降低接入网运维费用等目的；通过家庭网关与用户业务的云化，运营商可以实现弹性业务部署，灵活适应用户会话的各种演进可能性，支持接入节点的L2/MPLS/L3的各种转发需求，轻松解决IPv4向IPv6过渡的各种技术选择难题等。

3.5.4 SDN 在传送网中的应用

1. SDN 在光传送网中的应用

随着云计算和数据中心的广泛应用，各种不同类型的新业务及新应用相继登场，传送网除了面临巨大的数字洪流外，还将面临洪流的动态性和不可预知性。传统的光传送网新增带宽基本采用滚动规划的方式预测，并且基于固定速率的光传送网（Optical Transport Network，OTN）接口、光层固定的频谱间隔以及逐层分离式管控，“过设计”和“静态连接”等特性在这种状况下使带宽分配和调度效率显得低下，此时需要建立一个灵活、开放的新架构，实现业务的自动部署和瞬时带宽调整，构建动态的基础传送网络。软件定义光传送网是通过硬件的灵活可编程配置，实现传送资源可软件动态调整的光传送架构，同时具备“弹性管道、即时带宽、编程光网”的特性，通过光网可编程化以及资源云化可为不同应用提供高效、灵活、开放的管道网络服务。基于 SDN 架构的光传送网的意义在于可编程能力向上层开放，使得整个光传送网具备更强的可编程功能，可提高光网络整体性能和资源利用率，支持更多的光网络应用。

软件定义光传送网的关键技术包括软件定义可编程的光传送技术（传送平面）、软件定义智能化的传输控制技术（控制平面）、IP 层与光层联合调度技术（多层多域协同技术）。SDN 的引入可以使传输网络实现精细化的管理，达到全局视图和统一管理、抽象视图和北向扩展、网络保护和集中控制管理、流量转发和智能传送与调度的目标。

2. SDN 在分组传送网中的应用

分组传送网主要基于灵活的 IP 通信设计理念，以传统的路由器架构为基础，增强操作维护管理（Operation Administration and Maintenance，OAM）机制、业务保护机制以及分组时钟传输能力，主要用于满足当前 3G 及 LTE 基站业务的承载需求，以实现无线回传网络 IP 化、高速化、多点化的目标。但随着网络规模的增大，现有分组传送网在网络高可用性、网络运维等方面无法满足市场的发展。SDN基于控制和转发的分离、集中控制等思想，使得网络运维更加简单、业务开通更加快捷，通过开放的API，各种网络业务App化，业务得到极大的丰富。SDN的提出为分组传送网提供了新的变革机会，将SDN技术应用到分组传送网中，能够使网络中综合业务光传送网设备具备能力管理、多维度业务维护、智能业务感知、精细化流量经营的能力，为分组传送网提供按需调整、开放创新、高效协同的“软网络”能力。

3.5.5 SDN在IP承载网中的应用

随着互联网流量的快速增长，越来越多的流量逐渐从核心网到终端之间或者终端到终端之间向IDC之间转变，这给承载网带来了巨大挑战，对承载网提出了新的需求：一是对带宽的需求越来越高；二是业务的类型越来越丰富，要求网络能够支持新的业务能力；三是流量和收入之间有剪刀差，收入的增长速度远远跟不上流量的增长速度，这就要求网络设备具有更高性价比。因此，为了解决当前承载网面临的问题，业界提出了以智能化和云化为主要特征，打造一个支持云计算的新型智能承载网络的组网方案。该方案已经得到了业界的广泛认可，成为今后网络架构发展的主要趋势。

从狭义上看，支持云计算的智能承载网可以通过对现有网络的改造和升级，引入智能化设备，使之适应云计算的各类应用和业务的承载需求。从广义上看，支持云计算的智能承载网可以利用云计算的概念和技术（如分布化、虚拟化），在现网基础上形成可持续演进的、具有高度智能性的网络。在支持云计算的智能承载网中，承载网需要能够针对不同云应用、不同用户提供定制化的路由和转发，然而现有网络主要基于IP地址进行转发，难以实现细粒度的灵活控制和调度，现有路由方式中转发和控制高度耦合，在根本上束缚了路由的灵活调度。随着SDN技术的发展，在承载网中引入SDN技术，可以对网络编程、配置，灵活地对网络进行按需控制和设计，同时可以进一步在路由层面实现网络的虚拟化。

中兴基于SDN弹性云承载网的架构如图3-31所示。

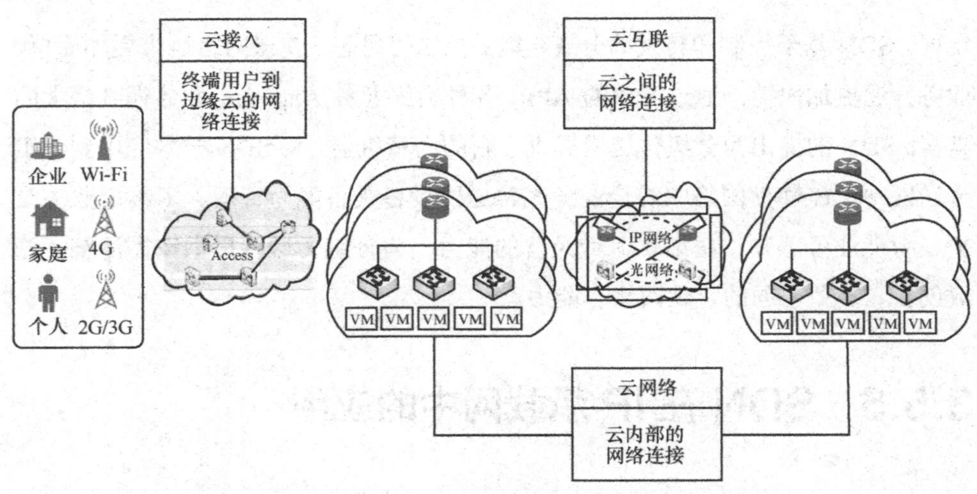

图 3-31　中兴基于 SDN 弹性云承载网的架构

3.5.6　SDN 在云数据中心的应用

云计算的发展将更多的应用处理集中到云端，从而导致云数据中心的规模急剧增长，从网络的管理、业务的支撑、绿色节能等方面对云数据中心网络的建设提出了更高的要求。下面，我们将详细分析这些需求。

（1）集中高效的网络管理要求

大型云数据中心通常拥有数万台物理服务器和数十万台虚拟机。如此大规模的服务器群通常需要数千台的物理网络设备、数万台的 vSwitch 进行连接和承载。这样大规模的云数据中心网络需要被集中统一管理，以提高维护效率；同时需要快速的故障定位和排除，以提高网络的可用性。

（2）高效灵活的组网需求

云数据中心网络规模庞大，组网复杂，在设计网络时，为了保障网络的可靠性和灵活性，设计人员需要设计冗余链路、保护链路并部署相应的保护机制。现有云数据中心组网中大量采用的虚拟路由冗余协议（Virtual Router Redundancy Protocol，VRRP）、双链路上联、最短路径树（Shortest Path Tree，SPT）等技术，存在着网络利用率低、容易出现故障且仅能实现局部保护的问题。

（3）虚拟机的部署和迁移需求

云数据中心部署了大量的虚拟机，虚拟机需要根据业务的需求进行灵活的迁移。数据中心网络能够识别虚拟机，根据虚拟机的部署和迁移灵活地部署相应的网络策略。

（4）虚拟多租户业务支撑要求

云数据中心需要为用户提供虚拟私有云的租用服务，租户可以配置自己的子网、虚拟机 IP 地址、ACL，管理自己的网络资源。云数据中心网络需要支持虚拟多租户能力，支持大量租户部署，实现租户的隔离和安全保障等。

（5）全面的云数据中心基础设施即服务（Infrastructure as a Service，IaaS）要求

在云数据中心中，云计算技术的引入，实现了计算资源和存储资源的虚拟化，为用户提供了计算资源和存储资源的 IaaS，但目前网络资源还无法虚拟化按需提供，难以提供计算资源+存储资源+网络资源的全面 IaaS。目前，云数据中心网络仅被用来配合计算、储存资源虚拟化。SDN 的引入可以真正实现网络资源虚拟化，为资源的有效整合、系统的全自动化管理、物理网络向逻辑虚拟网络的转变奠定基础。

云数据中心的SDN架构如图 3-32 所示。

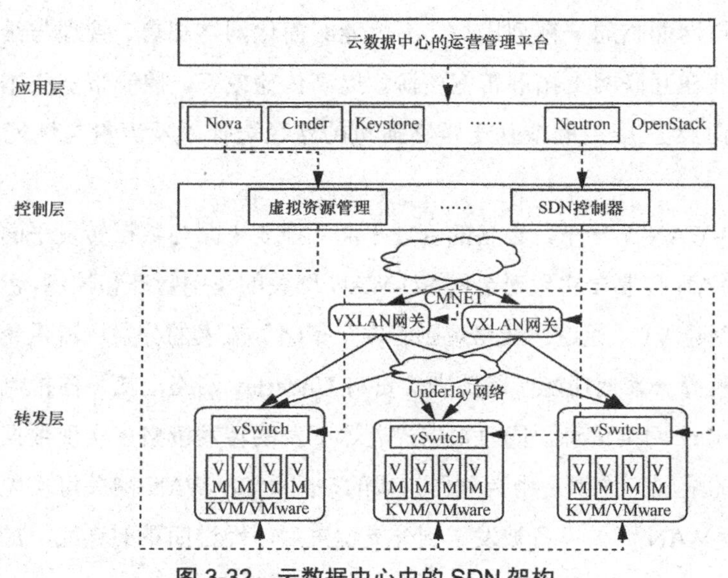

图 3-32 云数据中心中的 SDN 架构

在云数据中心内部，SDN 的作用主要有以下 3 个方面。

①SDN 把网络功能从基础硬件中提取出来并对网络进行虚拟化，网络虚拟化可以实现网络功能（如防火墙）和网络带宽池组化，为简化网络设计难度、提高网络资源利用率创造了条件。

②SDN 具有灵活调度网络流量的功能，使得虚拟机迁移不再受必须处于同一二层网络的局限，极大地增加了网络的扩展性和使用的灵活性。

③SDN 通过编程使网络具有伸缩性，在网络控制方面提供了更大的空间。

从云数据中心到外部网络（包括数据中心站点间、数据中心到用户侧），SDN 可以根据网络的实时带宽情况和承载业务的 QoS 需求，灵活选择传输路径和转发时间，使得网络资源利用率和服务体验同时得以提高。目前，思科、华为、中兴等主要设备厂商都已提出相应的技术解决方案。

3.5.7 SDN 在广域网中的应用

借助 SD-WAN 技术，广域网技术正在由传统“两点一线”的封闭方式，向灵活的、连接混合（云）多数据中心的开放方式演进。SD-WAN 能根本地解决传统广域网面临的一系列挑战，不仅能够简化网络部署、管理与维护，还可以帮助企业在互联网上拓展带宽资源，提高传输效率，控制带宽成本，同时可以实现面向业务/应用的或基于链路质量的路径选择以及流量与性能的可视化管理等。

在 SD-WAN 架构下，设备的管理平面、控制平面与数据转发平面分离，并通过 SD-WAN 控制器实现对全网 SD-WAN 网关的集中管理和控制，包括实现设备注册、创建 VPN 通道、选路规则、安全策略、流表的分发、流量统计、链路质量的监测等一系列功能。网关则负责与 Underlay 网络衔接，向控制器上传相关的 Underlay 网络信息，同时根据控制器下发的转发策略，实现数据的转发。几乎所有的配置工作都是由控制器完成的，因此 SD-WAN 网关可实现零配置部署，即 SD-WAN 网关设备被发送到分支位置后，经过简单的连线、加电，即可自动地向控制器进行注册，自动地获取并完成一系列的配置，并开始转发数据。SD-WAN 控制器的管控范围已经延伸到分支机构的有线局域网（SD-LAN）和无线局域网（SD-Wi-Fi）上，因此，可以为小型分支机构提供更完整的基础设施整合方案。

SD-WAN 的功能分布如图 3-33 所示。

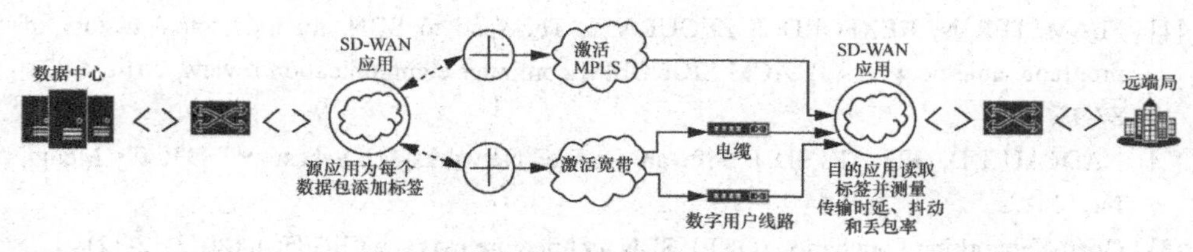

图 3-33　SD-WAN 的功能分布

SD-WAN具备的 4 个功能解释如下。

① 支持多种连接方式，如 MPLS、Frame Relay、LTE、Public Internet 等。SD-WAN 将 Virtual WAN 与传统 WAN 相结合，在这之上做 Overlay。应用程序不需要清楚底层的 WAN 连接形式，在不需要传统 WAN 的场景下，SD-WAN 就是 Virtual WAN。

② 能够在多种连接之间动态选择链路，以达到负载均衡或者资源弹性的目的。与 Virtual WAN 类似，SD-WAN 支持动态选择多条路径。SD-WAN 如果同时连接了 MPLS 和 Internet，那么可以将一些重要的应用流量，例如基于 IP 的语音传输（Voice over Internet Protocol，VoIP），分流到 MPLS，以保证应用的可用性。对于一些对带宽或者稳定性不太敏感的应用流量，例如文件传输，可以将其分流到 Internet 上，这样可减轻企业对 MPLS 的依赖。或者，Internet 可以作为 MPLS 的备份连接，当 MPLS 出现故障时，企业的 WAN 不至于断开连接。

③ 简单的 WAN 管理接口。涉及网络的事物，大多存在管理和故障排查较为复杂的问题，WAN 也不例外。SD-WAN 通常会提供一个集中的控制器管理 WAN 连接、设置应用流量 Policy 和优先级、监测 WAN 连接可用性等。基于集中控制器，SD-WAN 可以提供 CLI 或者图形用户界面（Graphical User Interface，GUI），以达简化 WAN 管理和故障排查的目的。

④ 支持 VPN、防火墙、网关、WAN 优化器等服务。SD-WAN 在 WAN 连接的基础上，将提供尽可能多的、开放的和基于软件的技术。

参考文献

[1] FEAMSTER N, REXFORD J, ZEGURA E. The road to SDN: an intellectual history of programmable networks[J]. ACM SIGCOMM computer communication review, 2014, 44(2): 87-98.

[2] NADEAU T D, GRAY K. SDN: Software Defined Networks[M]. Sebastopol: O'Reilly Media, Inc., 2013.

[3] Open Networking Foundation (ONF). SDN architecture overview[EB/OL]. (2013-12-12).

[4] 雷葆华, 王峰, 王茜, 等. SDN 核心技术剖析和实战指[M]. 北京: 电子工业出版社, 2013.

[5] MCKEOWN N, ANDERSON T, BALAKRISHNAN H, et al. OpenFlow: enabling innovation in campus networks[J]. ACM SIGCOMM computer communication review, 2008, 38(2): 69-74.

[6] LORENZO D C, DAN Y, KUMAR A, et al. PLUG: flexible lookup modules for rapid deployment of new protocols in high-speed routers[J]. ACM SIGCOMM computer communication review, 2009, 39(4) : 207-218.

[7] 吕超, 彭晓澎. ENP 重新定义以太转发技术[N]. 网络世界, 2013.

[8] BENT K. Juniper bolsters SDN strategy with new programmable EX9200 switch[EB/OL]. (2013-04-01)

[9] ChinaByte. 详解华为 S12700 系列敏捷交换机[EB/OL]. (2013-08-09).

[10] NAOUS J, ERICKSON D, GOVINGTON G A, et al. Implementing an OpenFlow switch on the NetFPGA platform[C]. Proceedings of the 4th ACM/IEEE Symposium on Architectures for Networking and Communications Systems. ACM, 2008.

[11] ONF. OpenFlow SwitchSpecication, Version 1.3.0[EB/OL]. (2012-06-25).

[12] ONF. OpenFlow SwitchSpecification, Version 1.0.0[EB/OL]. (2009-12-31).

[13] ONF. OpenFlow Switch Specification, Version 1.1.0 implemented[EB/OL]. (2011-02-28).

[14] ONF. OpenFlow Switch Specification, Version 1.2[EB/OL]. (2011-12-05).

[15] ONF. OpenFlow Switch Specication, Version 1.4.0[EB/OL]. (2013-10-14).

[16] ONF. OpenFlow SwitchSpecication, Version 1.5.0[EB/OL]. (2014-12-19).

[17] SAINT-ANDRE P. Extensible messaging and presence protocol(XMPP): Core[J]. University of Helsinki Department of Computer Science, 2004.

[18] Search SDN[EB/OL].

[19] SONG H. Protocol-oblivious forwarding: unleash the power of SDN through a future-proof forwarding plane[C]. Proceedings of the Second ACM SIGCOMM Workshop on Hot Topics

in Software Defined Networking. ACM, 2013:127-132.

[20] Huawei. Principle and implementation of protocol oblivious forwarding[EB/OL]. (2012-12-27).

[21] BOSSHART P, DALY D, GIBB G, et al. P4: programming protocol-independent packet processors[J]. ACM SIGCOMM Computer Communication Review, 2014, 44(3): 87-95.

[22] LIN P P, BI J Y, WANG Y Y. East-west bridge for SDN network peering[M]. Berlin Heidelberg: Springer verlag. 2013:170-181.

[23] YIN H, XIE H, TSOU T, et al. SDNi: a message exchange protocol for software defined networks (SDNs) across multiple domains[Z]. IRTF Internet Draft, 2012.

第 4 章

NFV：通用设备的崛起

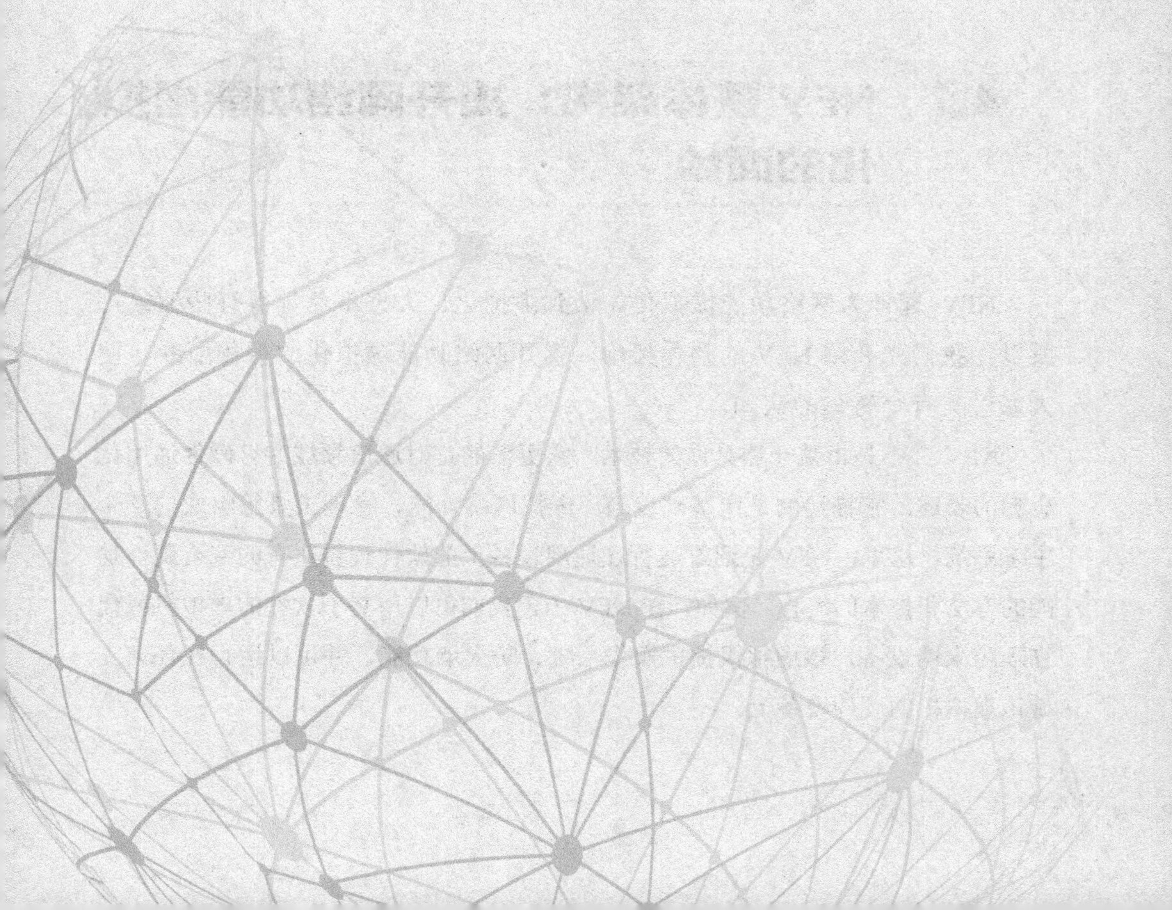

本书前面章节提到，SDN 与 NFV 是当前网络变革的两个助推器。我们已经在第 3 章对 SDN 进行了详细的介绍，接下来，我们将为读者揭开另外一个助推器——NFV 的神秘面纱。当前，虚拟化技术在现代数据中心中得到了广泛的应用。利用虚拟化技术，数据中心完成了由独立的硬件服务器系统向共享硬件资源的虚拟化平台的转变。这种转变极大地提升了数据中心的可控度和灵活性。由此，各种现代化的超大规模的数据中心才得以成功运行并提供强大的服务能力。借鉴这种思路，网络运营商在服务器虚拟化的基础上，将虚拟化的概念扩展到网络领域中，从而迎来了 NFV 的诞生。NFV 通过将网络功能从专有的设备中抽象出来，以软件的形式将其在通用服务器上实现，实现了网络功能软件和硬件的解耦，达到降低网络运营成本和网络复杂性的目的。受 NFV 所带来的这些好处的驱动，全球各地的运营商、网络设备商以及互联网厂商等纷纷加入 NFV 研究和开发的阵营中。目前，产业界已有大量的 NFV 应用落地，这预示着 NFV 的前景一片光明，“通用”替代“专用”的时代已经到来。

4.1 NFV 整体架构：揭开网络功能虚拟化的面纱

NFV 翻译为网络功能虚拟化。谈到虚拟化，大家不免觉得有些抽象，所以，我们先介绍 NFV 的整体架构，揭开网络功能虚拟化的神秘面纱，使大家对其有个整体的认知。

NFV 并不是指某一项具体的技术，它更多的是对通信领域专有硬件通用化思想的表述。它描述的是由基础设施、虚拟网络功能、管理工具等组成的整个生态系统。这里，NFV 是通过运行在通用设备上的软件代替原有的专有硬件功能的方法和技术的统称。例如，在 NFV 中，我们可以用基于软件的虚拟机替代物理防火墙设备，该虚拟机提供操作系统、防火墙功能，并可以运行在任何支持该虚拟机的硬件设备上。

相对于运行在通用设备上的NFV，传统网络功能采用专有硬件，从而造成硬件和软件较为集成和定制化。在这种模式下，网络功能设备的架构相对独立，所以一直以来没有对网络功能设备本身的体系架构的统一标准。与之相反的是NFV模式，NFV希望供应商开发的软件运行在通用设备上，这些软件可能由不同的供应商提供。这种模式使得运营商可以自由地选择最适合的供应商。但各个供应商之间如果还是各自为政，不考虑任何互通性的问题，就会导致自由选择只限于理论。在实际部署中，不标准的接口、各厂商间差异化的层次和功能模块划分等都可能导致网络功能不兼容。更进一步来说，这就会导致软件虽然都运行在通用设备上，但并不能混合部署，就会像通用设备一样，运营商只能采购同一家供应商的网络功能。而要保证这种方式切实可行，VNF间需要有一种标准化的通信方式，同时还要有一种在虚拟化环境中的集中式标准化的方式管理它们。也就是说，网络功能设备需要标准化的架构和接口。基于这种考虑，ETSI在2013年提出了NFV的参考架构，如图4-1所示。这个架构可以分为三大部分：NFVI、VNF、MANO。

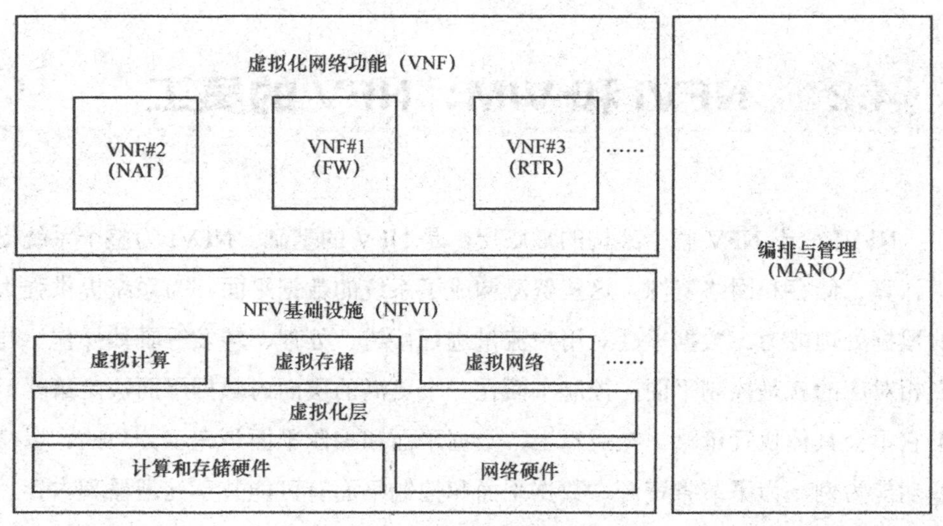

图4-1　NFV的整体架构

NFVI构成了整个架构的基础，承载着虚拟化资源的硬件、实现虚拟化的软件以及虚拟化资源。VNF使用NFVI提供的虚拟资源创建虚拟环境，并通过软件实现网络功能。MANO 中包括 3 个部分：VIM、VNFM 以及 NFVO。其中，VIM 负责管理基础设施的全部资源，VNFM 负责 VNF 的生命周期管理等，NFVO 负责与传统的 OSS/BSS 进行对接，完成业务相关的资源调配、信息收集、决策等。

从上述介绍中我们可以看出，MANO 中的 3 个部分逻辑上可以完全分离，分别负责相应的管理功能。下面，我们将会按照 NFVI 和 VIM、VNF 和 VNFM 以及 NFVO 的顺序介绍。

我们可以将这 3 个部分形象地比喻为 NFV 的“员工”“部门”和“管理层”，以理解他们各自的用途。NFVI 和 VIM 是 NFV 的“员工”，正如员工是一家公司最基础的组成部分一样，NFVI 和 VIM 的作用也是如此。NFVI 和 VIM 作为行动者，负责处理公司中的各种日常事务。而 NFVI 和 VIM 之间的关系则是普通员工和员工管理者之间的关系。VNF 和 VNFM 可被认为是公司的“部门”。它们由不同职能的员工组成，使员工发挥行动能力为公司的某项具体事物服务。它们之间的关系可被理解为部门和部门管理者之间的关系。而 NFVO 则可以被认为是公司的“管理层”，它会决定公司的具体业务如何开展以及由哪些部门负责。

4.2 NFVI 和 VIM：NFV 的员工

NFVI 位于 NFV 整个架构的最底层，是 NFV 的基础。NFVI 为整个系统提供计算、储存和网络资源。这些资源构成了系统的数据平面，为系统提供强大的数据处理能力。数据平面对用户流量进行检错、处理、转发等具体操作。与之相对应的就是控制平面，控制平面在一个更高的层面为数据平面决定策略，但它不会具体执行策略。在逻辑上，数据平面和控制平面是完全分离的。以交换功能为例，为了节省资源，数据平面和控制平面有可能共享处理器和内存。但是从逻辑上来讲，控制平面负责构建转发表，执行路由选择策略，而数据平面只负责按转发表转发数据包。本章我们谈论的 NFVI 就属于数据平面，它会负责处理用户每一个数据包，但不会参与管控和决策。VIM 是管理 NFVI 的模块，负责将上层编排器所做的决策具体化为对 NFVI 的操作并且通过接口，命令 NFVI 做出一些动作。但 VIM 也只负责对 NFVI 的管理，并不能对其中运行的 VNF 进行任何操作。NFVI 和 VIM 就是 NFV 公司的“员工”，负责具体执行所有事务，是公司的基本组成成员。同时，它们每个都是多面手，随时做好了准备，只要有需要，都会及时顶上。而 VIM 作为“员工中的管理者”，向上直接与管理层沟通，了解管理层的需求，向下负责管理 NFVI（员工）以满足领导层的需要。总而言之，NFVI 和 VIM 一同构成了一个上层可管理、可监控、可编程的抽象硬件设备集合，也就是虚拟化基础设施。

4.2.1 背景

通常来说，提供各种网络功能或服务的设备可以分为两种，一种是高性能的专有硬件，另一种是标准化的商用服务器。从通信技术（Communication Technology，CT）和信息技术（Information Technology，IT）领域各自的发展着眼，专有硬件和商用服务器各自的特点表现得淋漓尽致。

1. 专有硬件和商用服务器

NFV 给 CT 带来变革的最根本内容在于基础设施。CT 一直以来都是标准先行的，在所有的网络流程、协议信元都经过深入讨论形成标准之后，各设备厂商针对标准设计产品，所以，通信设备的硬件和软件都是高度定制化的。这种高度定制化的硬件具有最优的性能，提高了硬件集成度，对单个网元来说是最佳的实现架构。但是从全局的角度来看，定制化面临很多问题。首先，定制化的硬件只能用于通信领域的特定功能，生产量小，难以形成规模效应，造成定制化硬件价格昂贵。其次，在协议发生改动时，小则需要升级固件，大则需要重新开发硬件及其配套软件。典型的 CT 新协议、新业务上线需要经历硬件设计、硬件开发、硬件生产、集成验证和上线商用等诸多极为耗时的步骤，整个周期长达数月甚至一年以上。再次，传统设备硬件彼此独立，不同功能的两台设备间无法共享资源，即使具备某种功能的设备过载也无法通过其他功能的空闲设备缓解，所以，实际网络运行中需要投入种类繁多的备件，这就造成了资源浪费，也提高了管理成本。最后，各设备厂商的硬件之间存在较大差别，扩容和新增特性要依赖原有设备厂商，这极大地限制了运营商的选择空间，增加了成本。

而 IT 行业选择和 CT 完全不同的方式提供服务。IT 和 CT 之间的差别在于，IT 需要将种类丰富的信息呈现给用户，而 CT 仅需要提供高质量、低成本的信息传递方式。所以，面对千差万别且随时变化的业务时，不同的 IT 应用底层选择采用相同的商用服务器，IT 选择采用通用 CPU 架构进行软件上的定制。这样就可以通过堆叠商用服务器进行扩容，从而实现规模的快速扩展，通过软件的开发和版本迭代实现各种灵活多变的功能。相比专有硬件，商用服务器应用领域广泛，规模效应明显，采购成本较低；同时，软件开发效率相比硬件更高，新业务上线时间很快。由于底层硬件相同，各业务之间的底层资源也可以共享和灵活调度。总之，IT 由于应用规模极大，场景复杂，只能选择商用服务器作为其底层硬件。这虽然极大地降低了单台设备的性能，但是却给上层应用带来足够的灵活性。由于基于相同硬件，商用服务器可以长期积累很多成熟的软件功能模块，这种方式可以很好地提高开发效率，挖掘硬件性能潜力。

专有硬件和商用服务器的差别可以类比为图形处理器（Graphics Processing Unit，GPU）和 CPU 的差别。GPU 仅针对类型一致的大规模并行计算而设计，因此在大规模并行计算任务的场景下，GPU 相比 CPU 可以极大地提高效率。但是 GPU 只能完成这些为其设计好的功能，它的控制逻辑非常简单。CPU 虽然执行大规模并行计算的能力相对较低，但是可以处理除此之外的各种不同任务。专有硬件的模式是通过各种不同功能“GPU”的组合实现完整的功能；而商用服务器的模式是利用“CPU”复杂的指令集实现各种不同的功能。这种类比也许不是非常严格，但是可以很好地解释专有硬件和商用服务器在通用性上的区别。

在之前的很长时间内，基于对性能、能耗等方面的考虑，CT 没有使用商用服务器构建网络。但是，随着网络规模的持续扩大以及业务的不断丰富，传统 CT 面临越来越多使用大量专有硬件带来的问题。运营商希望像 IT 一样实现硬件和软件的分离，通过采购通用硬件实现能力、容量的提升，通过升级软件实现功能的增加以及新业务的上线，从而降低成本，增加自身的灵活性。NFV 其实是 CT 行业参考 IT 行业的方式实现设备虚拟化，实现分层解耦。但是，硬件化的商用服务器资源难以被直接集中管理和使用，NFVI 需要将硬件资源经过一定的转化之后提供给上层。这种转化技术就是虚拟化技术，这种转化后易于管理和使用的资源就是虚拟化的计算资源、储存资源和网络资源。

2．虚拟化技术

最常见的虚拟化就是运行在个人计算机上的虚拟机。例如，在 Windows 系统（称为宿主操作系统）中安装 VMware Workstation 等软件可以虚拟出多台虚拟主机。这些虚拟主机可以像物理主机一样安装 Windows、Linux、MAC 等各种操作系统，这些运行在虚拟主机上的操作系统被称为用户操作系统。我们创建虚拟机时可以为该虚拟机配置 CPU、内存、硬盘等各种资源，这些资源实质上仍然是属于物理主机的。从宿主操作系统的角度来看，其实是 VMware Workstation 等虚拟化软件在使用 CPU、内存和硬盘，所以在用户操作系统上所有的操作都需要经过虚拟化软件将其翻译到宿主操作系统上运行。宿主操作系统和用户操作系统并不知道对方的存在。这种虚拟化技术一般被称为寄居式虚拟化技术，也被称为 Type-2 虚拟化技术。除此之外，还有 Type-1 虚拟化技术。

Type-1 虚拟化技术是指直接在裸机（没有操作系统的物理机）上进行的虚拟化。这种虚拟化技术直接运行在硬件上，与硬件交互，以提升效率。Hypervisor 在裸机上启动后，可以将硬件资源抽象，为其上的每一台虚拟机配置内存、CPU、网络和储存资源等。除此，为了进一步提高性能，各硬件厂商还引入 VT-x 等硬件辅助虚拟化技术。诸多的虚拟化技术各有特点，但目标都是为了更好地使用硬件资源。

相比传统方式，虚拟化技术的优势有：首先，虚拟化技术通过对资源的整合可以提高资源利用率，按需分配资源；其次，虚拟化技术通过对底层硬件资源的抽象，可以降低开发难度，摆脱硬件依赖；最后，虚拟化技术灵活的管控能力可以提高系统的可靠性，实现无中断的业务迁移、维护和升级。而这些都是 NFV 迫切需要的。

总而言之，虚拟化技术就是一种资源管理方式。它将各种实体资源进行逻辑抽象后再统一表示，使得用户使用资源时可以不受资源类型、位置等因素的限制。NFV 可以利用虚拟化技术使网络功能运行在通用服务器平台上，从而提高资源利用率，快速适应用户需求的变化，灵活部署资源，降低运维成本。虚拟化技术是 NFV 中非常重要的支撑技术。

4.2.2 NFVI 架构

NFVI 中虚拟化功能完成的就是将硬件资源抽象为虚拟资源池的操作，即底层硬件经过虚拟化后形成细粒度的虚拟计算、储存资源和网络资源；并且，虚拟化还可以完成资源的跨设备调度，以便将不同设备上的资源整合起来供上层使用。从这个角度来看，NFVI 可以分为 3 个独立的子层：物理基础设施层、虚拟化层、虚拟化基础设施层。而从水平方向来看，NFVI 可以分为计算资源、储存资源、网络资源 3 种。所以，一个典型的 NFVI 构成过程可以分为 3 步：第 1 步，部署物理基础设施，即计算硬件、储存硬件和网络硬件；第 2 步，在物理基础设施上应用虚拟化技术从而得到虚拟化基础设施；第 3 步，虚拟化基础设施即虚拟机、虚拟储存、虚拟网络对外提供管理、开发等接口。

1．物理基础设施层

物理基础设施层包括计算资源、储存资源和网络硬件资源，读者可以将其理解为肉眼可以看到的构成网络功能的硬件设备本身。物理基础设施层构成了 NFV 最根本的处理能力，任何 VNF 的操作都是由物理基础设施层完成的。物理基础设施可以被看作是做具体工作的“工人”，这些工人可以分为 3 类，分别负责计算功能、储存功能和网络功能。

（1）计算硬件

计算硬件构成了 NFV 的计算能力，是所有处理能力的基础。NFV 的一个关键的目标就是将单一功能的专有硬件过渡到通用服务器，在部署通用服务器时，会有非常多的选择。对于大多数的 NFV 应用而言，VNF 的特性决定了虚拟机的特性，虚拟机的特性又决定了服务器的规格，这个选择要谨慎，以避免硬件利用不足。过度设计任何一个参数都可能浪费很多成本。以下列出一些常见的计算硬件。

① 机架式服务器。通用服务器最常见的选择是 1U 或 2U 的机架式服务器。这里 U 是服务器外部尺寸的单位，是由美国电子工业协会（Electronic Industries Alliance，EIA）确定的标准单位，1U=4.445cm。这种服务器可以被理解为一个外观扁平化的高性能个人计算机。作为一种高度标准化的产品，机架式服务器可以很好地满足密集部署的需求，便于统一管理。机架式服务器由于具备简单、低成本等特性，一直以来都是构建服务器系统的首选。

② 刀片服务器。刀片服务器是一种高可用、高密度的低成本服务器平台，主要结构是一个大型主体机箱，机箱内部可以插很多刀片，这些刀片中每一个都可以被认为是一台独立的服务器。它们可以通过自己的本地硬盘启动系统，像很多独立的服务器一样工作。刀片服务器还可以以集群模式工作，在集群模式下，所有刀片可以与高速网络或是 Infiniband 互联共享资源，共同提供服务。同时，刀片根据功能的不同，分为服务器刀片、网络刀片、储存刀片等不同的类型，且都支持热插拔，使得刀片服务器在快速维护、可扩展性方面颇有优势。NFV 中重要的包处理负载和应用逻辑负载主要是网络和计算负载，没有太多储存需求，因此，某些云服务提供商（Cloud Service Provider, CSP）正在考虑部署高密度的刀片服务器以实现针对性的优化。

③ 超融合基础设施。对于希望采用更简单架构的云服务提供商来说，超融合基础设施（Hyper Converged Infrastructure，HCI）可能是一个合适的解决方案，它甚至无须将计算资源、储存资源和网络资源拼接在一起。HCI 将计算资源、储存资源和网络资源整合到一个机箱中，并且可以通过增加机箱数量实现快速扩容。从扩容这个角度来说，HCI 甚至比刀片服务器还灵活。由于这种单元式的设计，HCI 还具有高可用性、备份、灾难恢复、安全性等优势。但是，这种解决方案的便利性是以牺牲独立部署、配置、单层升级的灵活性为代价的，很可能会导致出现硬件利用率低或性能不足等问题。

④ 边缘设备和虚拟客户终端设备。虽然我们目前讨论的主要是适用于集中式云的计算硬件，但边缘端计算也是非常重要的，例如端局和用户终端设备。

其中，端局需要高性能服务器，而用户终端设备只需要可以启动几台虚拟机的硬件设备。在这些边缘位置，我们对功耗和密度的考虑会更多，而对计算能力的要求则相对较低。在住宅和商用部署中，集成多种功能的虚拟客户端设备发展迅速。这种模式是将原本由多个硬件盒子组成的功能，例如线路终端、防火墙、路由、广域网优化等，集中到了一台设备中。目前业界在开发和测试多种方式，以便结合不同的体系架构，VNF 可能运行在区域数据中心、端局等边缘位置或在客户端设备（Customer Premise Equipment，CPE）本身。相关的商业模式正在测试中，例如将这些 NFVI vCPE 平台租给用户，用户按需租用软件或企业购买平台在云上租用 OTT（Over The Top，通过互联网向用户提供各种应用）服务。

总而言之，大多数 NFVI 体系架构倾向于选择标准的现成商用服务器，并通过堆叠服务器数量构成一个虚拟化基础设施。虽然到现在为止，以 VM 为中心的基础架构仍然占据了主流，但是随着更多混合环境的应用，服务器的裸机能力和容器处理能力逐渐成为考量因素。

从市场来看，在许多 NFV 部署场景中，CSP 仍然倾向于使用 HPE、Dell、联想、思科、华为和 IBM 等主要厂商的品牌服务器。然而，随着开放计算项目的兴起，主要的原始设计制造商开始有能力提供经过认证的适用于云基础设施的机架系统。这些原本用于云中的系统除了 I/O 的绝大部分性能，其余都足以满足 NFV 负载的要求，有助于 NFVI 成本的进一步降低。

（2）储存硬件

储存硬件构成了 NFV 的基础储存能力。尽管大多数 NFV 工作负载都集中在计算和网络需求上，但诸如视频缓存、大数据分析等功能仍然需要快速和大容量的储存池。这些硬件储存资源可以通过虚拟化划分为虚拟储存以供虚拟机使用。当前主流的储存硬件主要有直连式储存（Direct-Attached Storage，DAS）、储存区域网络（Storage Area Network，SAN）、网络附属储存（Network Attached Storage，NAS）。

① DAS：一种将外置储存设备与服务器直连的方式，这种方式与 PC 上的储存模式没有本质区别。数据储存可被认为是服务器的一部分。DAS 可以通过多磁

盘合并轻松实现海量储存，同时可以提高存储性能，无须专业人员维护。但存在数据和服务器过度绑定、储存空间无法在设备间动态共享等灵活性问题。

② SAN：一种专为储存建立的独立于 TCP/IP 的专用网络。它通过光纤通道交换机连接储存阵列和服务器主机，成为一个专用的储存网络。由于 SAN 解决方式是将储存从基本功能中剥离出来，因此在备份、可扩展性等方面性能都非常好。

③ NAS：通过标准的网络拓扑结构被添加到计算机上的储存设备。它是一种文件级的储存方式，旨在保障一个工作组的储存容量需求。NAS 具有完整的文件系统，因而一般的 NAS 产品都可即插即用，这与 DAS 和 SAN 的差别很大。现有的 NAS 项目中经常会应用 SAN 技术。

（3）网络硬件

网络硬件构成了 NFV 的基础连接能力。所有的用户数据转发、VNF 间互联等都依赖于网络硬件。网络硬件可以采用专有的二三层交换机或白牌交换机。将白牌交换机应用于网络就像是将通用服务器应用于 NFV 一样。这种方式可以极大地提高灵活性并且进一步降低网络整体的构建成本。这种交换机使用通用的交换机芯片并且可将软硬件解耦，使得设备运行不依赖于特定厂商。这种交换机上一般运行 Open Network Linux 或其他第三方网络交换机软件堆栈。

NFV 中的大部分内容都是关于数据包处理的，在数据包处理的过程中，性能是最重要的。性能可以通过诸如包吞吐量、带宽、抖动、处理时延等参数来衡量。NFV 硬件通常通过两种方式提高性能，一是 CPU 功能增强，二是硬件卸载。

① CPU 功能增强：包括 SR-IOV（其中，NIC 上的流量可以绕过虚拟机管理程序直接进入虚拟机）、支持 hugepages（减少查找）、CPU 亲和性（将虚拟机绑定到特定的一组核心上）等。

② 硬件卸载：智能网卡的形式，具有虚拟交换、加密、压缩或端口镜像的功能，可以是一个充当安全或压缩加速协议处理器的 FPGA。

2. 虚拟化层

虚拟化层位于硬件之上，是一个涉及管理程序的软件平台。但是，随着容器在 NFV 生产部署中的可行性（而不仅仅是概念验证）在生产环境中被不断验证，NFVI 的虚拟化层可能会扩展到操作系统。

虚拟机管理程序分离了物理机器的资源，并为应用程序提供了一个等价的类物理机器。管理程序的主要功能是：分离物理机器的资源；在不同的 VM 之间提供隔离（这是在 CPU 的协助下完成的）；模拟所有必要的外围设备。用于 NFV 的主要虚拟机的管理程序是 VMware vSphere、KVM 和实时 KVM。

① VMware vSphere：VMware 的专有管理程序。经过 15 年的发展，VMware vSphere 已经变得非常成熟且稳定了。除了针对云本机的工作负载，VMware vSphere 还具有多种功能，例如，可跨虚拟机管理程序迁移 VM 并实现高可用性。VMware vSphere 是一种 Type 1 虚拟化即裸机管理程序，可直接在硬件上运行。

② KVM：一个成熟的具有 10 年历史的开源 Hypervisor 项目。它是一种 Type 2 虚拟化，运行在 Linux 操作系统之上，因此，使用 KVM 时，我们还需要选择操作系统。常用的操作系统有 RHEL、SUSE 或 Ubuntu。

③ 实时 KVM（Real-time KVM, Rt-KVM）：开源的 Hypervisor 是提供确定性行为的 KVM 的变种。虽然在抖动等参数方面，Rt-KVM 仍然存在问题，但诺基亚在 2017 年 5 月的 OpenStack 峰会上展示了其利用 Rt-KVM 显著提高包吞吐量的方法。相信随着技术的发展，Rt-KVM 也会愈发稳定。

3．虚拟化基础设施层

虚拟化层将物理基础设施层映射为虚拟化基础设施层。虚拟化基础设施层的主要功能是向上层提供统一的管理和开发接口。这样，上层应用就无须关心底层的硬件和虚拟化实现，只需要按照逻辑对虚拟化基础设施进行统一的操作就可以将这些操作直接映射到物理设备上。虚拟化基础设施层由虚拟机、虚拟储存和虚拟网络组成。

（1）虚拟机

虚拟机是由虚拟机管理程序创建的。虚拟机管理程序通过提供 API，创建、销毁、迁移和管理虚拟机。在 KVM 中，虚拟机管理程序是通过名为 libvirt 的库来完成的，而在 VMware vSphere 中，则是通过名为 vCenter 的虚拟机管理器来完成的。这些虚拟机是 VNF 的宿主，并且是推动网络服务核心 NFV 的主力。

（2）虚拟储存

虚拟化块或文件储存由 SAN、NAS 或软件定义储存（Software Define Storage,

SDS）负责，虚拟机通过逻辑单元号（Logical Unit Number，LUN）或文件共享来读写文件。虚拟化层可能会添加其他功能，如快照、备份、精简配置、虚拟机共享、复制等。

储存性能开发工具包（Storage Performance Development Kit，SPDK）作为一种新型的储存系统加速技术，同样可以助力NFV的储存优化。它的核心技术是用户空间驱动和轮询模式驱动。SPDK的目标是通过同时使用Intel的网络技术、处理技术和储存技术显著地提高效率和性能。通过针对性的软件开发，SPDK应用可以实现每秒百万次的I/O读取。

（3）虚拟网络

虚拟机管理程序包含虚拟交换机或路由器模块，虚拟交换机或路由器模块需要具备4个功能：①在同一物理节点中的虚拟机之间交换，而不必利用外部交换机；②提供Overlay网络，虚拟机完全抽象出自己的地址空间和拓扑结构，不同于物理网络；③提供安全服务，如强制访问控制列表；④使网关连接到互联网。

NFV中使用了许多虚拟网络技术，一些常见的开源技术如下。

① OVS：一个始于2009年的稳定的虚拟交换机项目。它是一个跨越虚拟机管理程序（即跨计算节点）的多层交换机，包括安全性、监控、Overlay网络封装、NIC绑定等。OpenFlow以及用于配置的OVSDB是OVS编程的主要方法。大多数SDN控制器都支持OVS。

② DVR（Distributed Virtual Router，分布式虚拟路由）：OpenStack中的DVR通过提供完全分布式体系结构的路由和网关功能来补充OVS的不足。

③ vRouter：OpenContrail是一款不支持OVS的开源SDN控制器。相反，它需要自己的虚拟网络软件vRouter。vRouter支持路由，并且可以通过BGP进行编程。

④ FD.io[Fast Data Project（FD.io）]：OVS的一种高性能替代产品。通过VPP引擎，FD.io的性能提升是OVS的5～39倍。尽管DPDK版本的OVS相比传统OVS已经有了很大的性能优势，但相比于FD.io仍然有差距。

⑤ vDS（vSphere Distributed Switch，vSphere分布式交换）：最初是由Nicira团队创建的，其功能与OVS非常相似。但现在vDS已经从属于VMware公司，

vDS 与 OVS 最大的区别是其与 vSphere 和 vCenter 的集成性。vDS 直接集成在 vSphere 和 vCenter 内，而 OVS 更多的是作为一个独立的软件交换机存在。

为了提升虚拟化网络设备的性能，很多数据平面加速技术被研发出来。

① DPDK（Data Plane Development Kit）：Intel 开源的一组通过绕过内核来加速数据包处理的库，它的性能优势主要是可避免频繁的上下文切换。传统的经过 Linux 网络协议栈的包处理方式，在中断发生和用户内核态切换等频繁操作上都会发生极为耗时的上下文切换。DPDK 使得包处理可以绕过内核，工作在用户空间，同时使用轮询代替中断，极大地降低了开销。DPDK 进行了很多的优化，例如处理器亲和、加速容器网络的 vhost-user 接口、无锁队列等。根据 Intel 的研究，使用 DPDK 的 OVS 比没用 DPDK 的 OVS 在吞吐量上可以提高 75%。DPDK 于 2017 年被纳入 Linux 基金会，现在由包含 Intel 在内的多家公司开发。

② ODP（Open Data Plane，开放数据平面）：Linaro Networking 小组的这个项目提出了用于数据平面加速的标准 API。应用程序开发人员相对于使用专有的 API，更愿意接受开放的 API。在标准的 API 之下，硬件供应商可以自由地进行不同硬件的加速，从而实现技术的创新。

③ IO Visor：从某种意义上说，IO Visor 与 DPDK 正相反，因为它选择将数据包处理留在内核中而不是绕过。IO Visor 通过扩展伯克利封包过滤器（extended Berkeley Packet Filter，eBPF）和快速数据路径（eXpress Data Path，XDP）两项子技术来加速 Linux 内核中的数据包处理。eBPF 是一个可编程的内核虚拟机，用于扩展内核功能。XDP 利用 eBPF 创建可编程的高性能数据包处理器，以扩展 Linux 网络堆栈。此外，IOVisor 还提供了 eBPF 和 XDP 之上的几个插件以及开发和管理工具。

4.2.3 NFVI 的发展趋势

NFV 是一个创新速度非常快的领域。为适应业务超高的灵活性、稳定性和性能需求，NFVI 仍然有待于进一步的发展。

若要应对通用服务器的性能瓶颈，推出面向 NFV 的新型专用 I/O 处理器是解决方案之一，其他解决方案包括可以将一些原本在服务器上处理的网络功能卸载到硬件上，以进一步提高性能。但这些技术的发展主要取决于其便捷与否以及对性能改进程度是否足够大。Mellanox 的 BlueField 和 Neterion 的 Smart NIC 就是这种 I/O 处理器的雏形。

虚拟化技术在 21 世纪初爆发性的发展后经历了很多年的缓慢发展期，随着 NFV 的火热，虚拟化技术也正在重新恢复高势头发展。当前默认的虚拟化方式是通过 Hypervisor 创建虚拟机实现的，如图 4-2 中最左侧的方案，但它并不是唯一的选择。图 4-2 所示的其他 4 种新方案也正在逐步完善和部署当中。下面，我们将这 4 种新方案与传统方案进行对比分析。

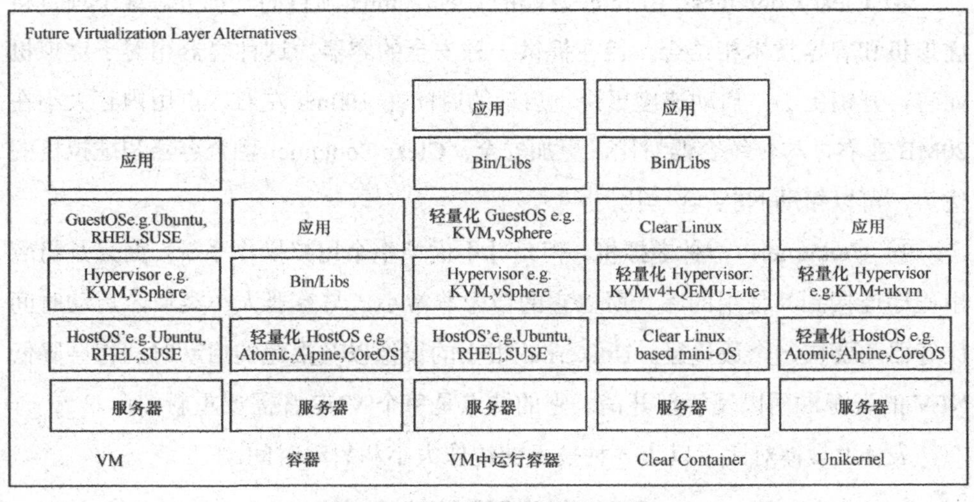

图 4-2　虚拟化技术的发展趋势

① VM：在这种方式下，应用程序需要运行一个用户操作系统，而该用户操作系统运行在主机操作系统上的虚拟机管理程序上。目前，它是 NFVI 的默认技术。

② 容器（Container）：不能模拟一个完整的物理机运行，而只进行操作系统级别的虚拟化。由于计算节点中的所有容器共享一个内核，因此可以得到非常轻量化

的 VNF。容器对 DevOps 和微服务体系结构更友好。底层操作系统可以简化，于是可以创建更轻量的容器操作系统，例如 Atomic、Alpine、CoreOS 或 Clear Linux。较小的容器映像意味着每个节点的计算实例密度可以是原来的 10 倍。

尽管有些企业已经采用了容器，但容器在 NFV 环境中仍存在一些问题，最典型的就是内核共享会造成隔离和安全问题；同时，容器编排框架大多数没有一个健全的网络模型，也不能很好地支持多租户。总之，尽管在容器中运行 VNF 是非常美好的，但它要在生产环境中应用仍然会面临很多问题。

③ VM 中运行容器：容器运行在虚拟机中。这种方式提供了虚拟机的隔离优势和容器的 DevOps 优势，但是，这种方式性能与虚拟机类似，甚至可能会更糟。目前，这种方式是在 NFV 甚至企业级应用程序中运行容器的一种常见的方式。

④ Clear Container：由 Intel 发起的 Clear Linux 项目的一部分。这个项目将虚拟机和容器技术相结合，旨在提供一种安全的容器。这种容器相对于虚拟机而言，开销更小，启动速度更快，启动的时间在 100ms 左右，占用内存大小在 20MB 左右，与传统容器对比，更加安全。Clear Container 融合容器和虚拟机的优势，可以帮助 NFV 容器化。

⑤ Unikernel：一种虚拟机，但是并不虚拟整个用户操作系统，而只是将应用程序连接到其使用的库。所以它的镜像非常小，与容器大小类似，启动时间比容器还要快一个数量级。Unikernel 很小的镜像以及很短的启动时间将会降低 NFV 的资源占用以及管理开销。它的缺点是每个 VNF 都需要重新编译。

表 4-1 具体对比了以上 5 种技术的镜像大小和启动时间。

表 4-1 5 种虚拟化技术的对比

技术	镜像大小	启动时间
VM	GB 量级	10~100s
容器	MB 量级	100ms
VM 中运行容器	GB 量级	10~100s
Clear Container	MB 量级	100ms
Unikernel	MB 量级	10ms

4.2.4 VIM

VIM即虚拟基础设施管理器，是负责NFV中基础设施的控制和管理的功能模块，相当于VNF和NFVI之间的一个沟通渠道。具体来说，它主要有3个方面的功能：一是负责对NFVI的管理和监控；二是通过公开北向开放接口支持上层应用或管理系统对NFVI虚拟计算资源、储存资源和网络资源的管理；三是通过南向接口与各种管理程序和网络控制器交互，以执行其通过北向接口公开的功能。NFV架构中的VIM如图4-3所示。

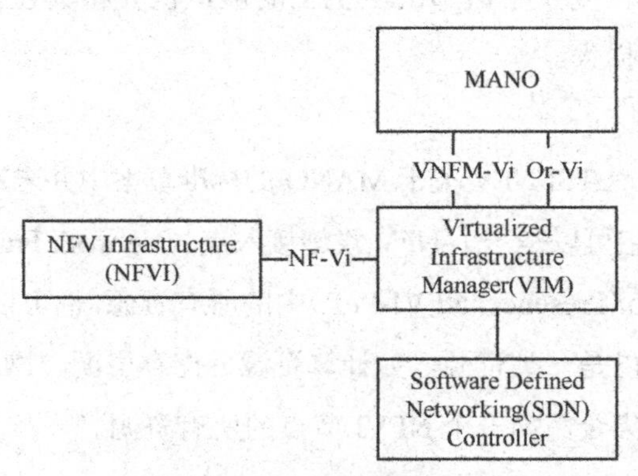

图4-3 NFV架构中的VIM

1. 管理内容

VIM的主要功能是对NFVI资源的管理和监控。那么，在谈及对NFVI资源的管理和监控之前，我们需要明确管理NFVI的哪些资源以及监控些什么。从前面的章节我们知道，NFVI主要包括硬件资源和虚拟化资源，也就是VIM管理的对象。接下来，我们分别从这两个方面详细讲述。

首先是VIM对硬件资源的管理。这里的硬件包括用于放置服务器、交换机等设备的机架、机框等，计算设备（主要是服务器）、储存设备（即外接磁盘阵列，如IP-SAN、FC-SAN等）和网络设备（如路由器、交换机等）。其中，对每一项硬件资源的管理都涉及3项内容：运行前根据要求进行配置、运行中监控硬件的使用状态和硬件出现故障后上报。具体来说，对机架、机框的管理涉及配置机架、机框，监控机框电源、风扇等关键部件状态；对网络设备，如路由器、交换机等的管理涉及配置设备，对设备的端口状态及吞吐量进行监控等；对物理服务器的管理除了配置外，还需要监控物理服务器的 CPU、内存、磁盘及网卡等关键部件的状态及使用情况等。

与硬件资源的管理相似，VIM 对虚拟化资源的管理也包括配置、监控和故障上报。虚拟化资源包括虚拟化网络资源、虚拟计算资源和虚拟储存资源。VIM 负责配置并管理虚拟化资源，其中包括查询、分配、更新、释放等；监控虚拟化资源的状态及使用情况；检测到故障后及时应对，如通知上层应用进行相关的业务切换动作，恢复发生故障的主机上的虚拟机并将其迁移到其他物理主机上等，以减少业务损失。

2．管理范围

需要指出的是，ETSI NFV 关于 MANO 的标准草案中并未对 VIM 的管理范围给出明确的规定，它可以是一个 NFV 设施接入点（Network Function Virtualization Infrastructure Point of Presence，NFVI-PoP）中的所有资源，也可以是多个 NFVI-PoP 中的所有资源；可以是一类资源，如计算资源、储存资源、网络资源等，也可以是多类资源的一个集合，如一个 NFVI 节点的所有资源。

3．实现形式

与由多种相互独立的技术组装起来的 NFVI 不同，VIM 采用完整软件堆栈的形式来实现。NFV 中盛行的 VIM 软件堆栈主要有两种：OpenStack 和 VMware vCloud Director。其他软件堆栈如 CloudStack 最近 2～3 年在 NFV 领域中的应用则没有这么广泛。

① OpenStack：用于管理 NFV、5G、物联网和商业应用的电信基础设施的开源软件。AT&T、中国移动、Orange、NTT Docomo 和 Verizon 等公司都将 OpenStack 部署为一个集成引擎，使用 API 在单一网络上编排裸机、虚拟机和容器资源。OpenStack 是一个由 OpenStack 基金会支持的跨越 183 个国家超过 70000 人的全球社区。OpenStack 有 6 个核心项目和 54 个可选项目。除了这 60 个项目外，还有许多与 OpenStack 有关的“社区”项目。

由于 OpenStack 是一个开源项目，允许用户参与甚至为项目作出贡献，因此，电信运营商将其视为避免供应商技术锁定的一种方式。SDxCentral 发布的一项关于 NFV 的调查显示：72%的电信公司计划在其 NFV 部署中使用 OpenStack 和 KVM 的组合。这样做的主要好处在于灵活性，以及运营成本和软件成本的降低。

② VMware vCloud Director：与 vSphere 虚拟机管理程序 Hypervisor 配合使用的 VIM 称为 vCloud Director（vCD），它是 VMware 专业 NFV 解决方案 vCloud NFV 的核心组件。它支持公有云和混合云，尽管目前大多数 NFV 部署不太可能需要这种支持。vCloud NFV 将 VMware 产品线的多个元素（包括其 vRealize 套件的元素）汇集在一起，以创建适用于运行 NFV 功能的运营商级解决方案。vCloud NFV 还可以选择使用 VMware 自己的 OpenStack 发行版运行，即 VMware Integrated OpenStack。借助 vSphere，vSAN 软件定义储存和 NSX 网络虚拟化产品共同形成了完整的 NFVI + VIM + SDN 控制器的解决方案。

在 VIM 方面，除 OpenStack 和 vCloud Director 外，我们看到还有两个处于试验阶段但值得关注的 VIM 项目：OpenVIM 和 Kubernetes（通常称为 K8s）。

① OpenVIM 属于 ETSI 开源 MANO 项目的一部分。它是一款经过优化后可充分利用数据平面加速技术的轻量级软件。Kubernetes 是用于自动部署、扩展和管理容器化应用程序的开源系统，现在由云端原生计算基金会（Cloud Native Computing Foundation，CNCF）（今属 Linux 基金会）进行管理和维护。

② Kubernetes 由 Joe Beda、Brendan Burns 和 Craig McLuckie 创立，并由其他谷歌工程师，包括 Brian Grant 和 Tim Hockin 等加盟共同研发，由谷歌在 2014 年首次对外发布。它的开发和设计都深受谷歌的 Borg 系统的影响，它的许多顶级贡献者之前都是 Borg 系统的开发者。Kubernetes 的架构设计良好，但也存在一些问题，如只能处理 Container，不能处理 VM；Kubernetes 的网络结构很薄弱（没有端口的概念，一切都是通过网络策略完成的），也没有考虑到多租户的场景等。尽管如此，它仍引起了各个成员的极大关注，这使得它存在的这些问题有望得到解决。

4.3 VNF 和 VNFM：NFV 的部门

什么是网络功能？网络功能指的是网络中用于转换、检查、过滤或以其他方式处理流量的网络设备，例如防火墙、入侵检测系统、入侵防御系统等。

那么，什么是 VNF？网络从业人员有时在描述 NFV 时会用 VNF 代替，这种说法是不正确的，甚至会造成混淆。实际上，VNF 是网络功能的软件实现部分，VNFM 是负责管理 VNF 生命周期的模块。目前，部分网络功能已经实现了虚拟化，应用较为广泛的虚拟化网络功能有 vEPC、vIMS、vCDN 等。虚拟化的网络功能的软硬件解耦的特性，使得运营商在部署和管理方面节省了大量成本。目前，网络功能的虚拟化趋势越来越明显，各大厂商也在不断地开发新型的 VNF，抢占市场。VNF 和 VNFM 可以被认为是 NFV 公司的“部门”。每个 VNF 由不同种类和数量的“员工”（NFVI）组成，形成负责不同功能的业务部门，为 NFV“公司”贡献自己的力量。而员工也只有加入某个部门才能发挥自己的作用，同时，部门也不是一成不变的，部门的员工可能会经常性地发生变化，但是部门本身的功能不会改变。VNFM 是“部门”的管理者，是领导层管理部门的通道。下面，我们先从宏观的角度对 VNF 进行整体的介绍，继而介绍关于 VNF 的配置、运行和操作的描述器（VNF Descriptor，VNFD）模板，随后进一步探索 VNFM 对 VNF 的整个生命周期的管理过程，最后根据市场调研，介绍 3 种常见的 VNF 设计模式以及 VNF 在未来发展中遇到的问题和挑战。

4.3.1 初识 VNF

ETSI 发布的 NFV 参考架构将 VNF 层划分为 VNF 块和 VNFM。VNF 块是 VNF 和组件管理器（Element Manager，EM）的组合，如图 4-4 所示。

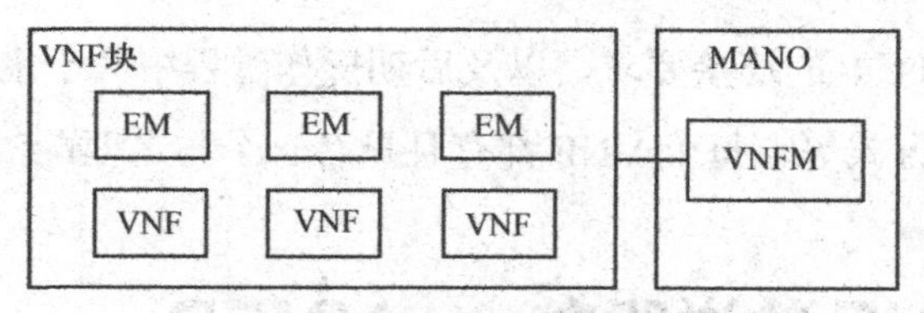

图 4-4 VNF 块的组成元素

VNFM 是 VNF 的“大管家”，负责 VNF 的创建和资源扩展。如图 4-5 所示，当 VNF 需要被实例化或修改可用资源（例如需要更多的 CPU 和内存）时，管理该 VNF 的 VNFM 会将请求传达给 VIM，并且请求虚拟化层修改分配给 VNF 的承载体（如虚拟机或容器）的资源。由于 VIM 具有对所有硬件资源库存的可视性，因此它可以确定当前剩余资源是否可以满足这些请求，并向 VNFM 反馈请求结果。除此，VNFM 还负责 VNF 的整个生命周期的管理。

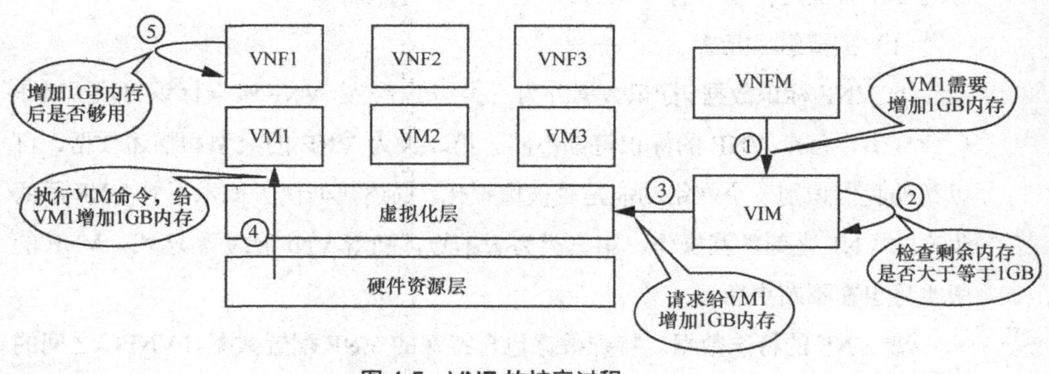

图 4-5 VNF 的扩容过程

EM 是 ETSI 框架中定义的另一个功能模块，是 VNFM 的“助手”，旨在协助 VNFM 管理 VNF。EM 的管理范围类似传统的网元管理系统，作为网络管理系统和执行网络功能的设备之间的交互层。EM 采用专用方式（由 VNF 提供商决定）与 VNF 交互，同时采用标准接口与 VNFM 进行通信。可以说，EM 是 VNFM 的操作和管理的代理。

关于 VNF 所需的资源数量、运行环境以及后期部署操作能力的要求，业界规定使用 VNFD 模板统一描述。VNFD 模板中描述了实例化 VNF 所需要的 CPU 数量、内存大小等资源信息，规定了在初始部署状态时 VNF 组件（VNF

Component，VNFC）的连接要求，以及后期操作过程中关于虚拟机迁移、缩扩容等问题的处理方式等。每个 VNF 都有且只有一个与之匹配的 VNFD。

4.3.2 VNF 的说明书——VNFD

在前文中，我们提到每个 VNF 都有属于自己的"身份证"和说明书即 VNFD。VNFD 是描述 VNF 部署、配置和操作行为的模板。VNFD 由部署行为和操作行为组成。其中，部署行为主要定义了 VNF 部署时的状态和环境；操作行为定义了 VNF 在运行和管理时所需要的功能。为了支持按需实例化，VNFD 中的模板中包含通用 VNF 的一般特征，下面我们从 VNFD 的组成元素、部署行为和操作行为 3 个方面进一步了解 VNFD。

（1）主要组成元素

① VNF 标识数据。标识数据分为三类。第一类为 VNF 唯一标识符，由 VNF 厂商提供，每个 VNF 的标识符都不同。第二类为 VNF 的类型和描述数据，可以帮助我们识别一个网络功能是否被虚拟化，描述数据便于保障不同 VNF 厂商生产的 VNF 之间的互操作。第三类为版本号，随着 VNF 的更新迭代，VNF 的版本号也在不断更新。

② VNF 的特殊数据。特殊数据包含特殊的 VNF 配置数据，VNFC 之间的连接需求和依赖性数据，VNF 生命周期内的工作流脚本、部署偏好以及部署限制等信息。

③ VNFC 数据。VNFC 数据可分为 4 类：类型和标识数据、特殊的 VNFC 配置数据和脚本、部署限制信息以及虚拟化容器引用信息。

④ 虚拟化资源需求。虚拟化资源需求描述了 VNF 所需要分配的计算资源、储存资源以及网络资源。计算资源包含需要分配给虚拟化容器中的虚拟 CPU 和虚拟随机存取存储器（Random Access Memory，RAM）的数量；储存资源包含需要分配给虚拟化容器中虚拟硬盘的大小；网络资源包括需要分配给虚拟机虚拟网卡的数量和类型以及网络带宽。

（2）部署行为

一个VNF可能由一个或多个VNFC组成，每个VNFC实例被分别部署在单独的虚拟化容器或虚拟机中，因此，VNFD中需要包含一个VNF实例化所需要的VNFC的承载体数量。

在VNF设计的过程中，某些VNF特征需要NFVI资源的支持才能实现。从每个VNFC所需的计算、网络和储存资源来看，VNFD需要根据VNFC的资源计算整个VNF所需的虚拟资源进而决定分配的承载体类型。另外，VNF的资源要求也可以表示为CPU处理能力、储存容量、连接时延等性能参数，这些参数也可作为区分NFVI“服务等级”的评判标准。

VNFD中的“组件”和“关系”属性定义了VNF中的不同组件以及组件之间的关系。根据它们之间的关系，通过连接所有的子组件，整个VNF配置的完整性可得到保证。组件之间的关系可以用冗余模型（例如，单工、运行态—备份、运行态—运行态、*n*+*k*模式等）、功能依赖（例如托管、连接等）等定义。

VNFD中的“位置”属性描述了VNF或VNFC在部署时对于物理位置的部署限制。例如，在同一个位置上并行部署的VNF实例数量受到限制，也就是说VNF的备份冗余被限制了。VNFD中还存在其他约束的功能，例如不同VNF之间的隔离程度以及VNF和其他网络功能（不限于虚拟网络功能）之间的隔离程度等。

（3）操作行为

目前，整个VNF生命周期内的操作和时间都可以自动化处理。VNFD中的“管理操作”属性包含实现VNF自动化操作和运行的脚本。这些脚本实现VNF的自动化编排（如VNF的实例化、监控和自愈，以及所有子组件的运行与管理）。

4.3.3 VNFM对VNF的生命周期的管理

为了便于管理，ETSI在关于VNF架构的标准文件中定义了VNF的内部状态。如图4-6所示，不同状态之间的转移需要不同动作的触发，在本节，我们介绍了 VNF 内部状态和状态转移触发动作以及 VNFD 在 VNF 生命周期中扮演的角色，相信读者通过本节可更清晰地了解 VNF 的整个生命周期的活动。

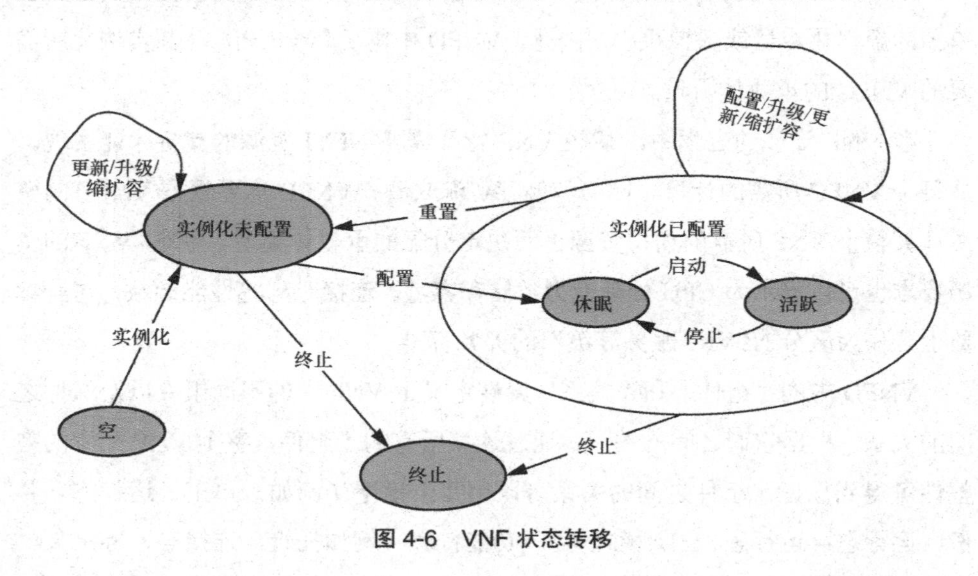

图 4-6　VNF 状态转移

1．VNF 内部状态

① 空状态：即 VNF 实例被创建之前的状态。这里需要注意的是，VNF 的所有内部状态只有在 NFVO 注册完成后才存在。

② 实例化未配置：VNF 的实例创建完成，但并没有根据服务类型配置相关参数。

③ 休眠：VNF 实例已经根据服务类型进行了相关配置，但未参与网络服务。

④ 活跃：VNF 实例已经运行，并参与网络服务。

⑤ 终止：VNF 实例被删除，相关资源被 NFVI 回收。

VNF 的 5 种内部状态伴随一个 VNF 实例的整个生命历程。触发动作是状态之间转换的原动力。

2．VNF 状态转移触发动作详解

VNF 触发动作可大致分为实例化、配置、启动、扩展、暂停、终止 6 种类型，其中，实例化和终止、启动和暂停是两组互逆操作；缩扩容是 VNF 根据实际运行衍生的扩展行为，配置是每个 VNF 在启动前的必经之路，并且不同类型的 VNF 有不同的配置过程。下面，我们将分别介绍这些触发行为。

（1）实例化

实例化过程是一个 VNF 生命周期的开始。根据 VNF 类型的不同，VNF 实例化过程的复杂度也不同。单个 VNFC 组成的简单 VNF 的实例化操作是较为简单的，而对于由多个不同的、由虚拟网络连接的 VNFC，可能需要 VNF 内部功能的支持才能实现整个 VNF 的实例化。

如图 4-7 所示，假设一个 VNF 由 4 个 VNFC 组成，每个 VNFC 实例所使用的虚拟机都位于同一个虚拟局域网中。实例化的第一步是 VNFM 创建 4 个完整的 VNFC 实例。注意，这时不存在 VNF 实例，只存在 4 个独立的 VNFC 实例。实例化的第二步是创建 4 个互连的 VNFC 实例组成的 VNF。每个 VNFC 实例通过调用消息函数，将消息广播到其他 VNFC 实例，以查找实现主功能的 VNFC 实例。实现主功能的 VNFC 将组织并协调其他 VNFC 实例使之作为一个完整的功能模块。图 4-7 中第二步左侧的“大笑脸”表示 VNF 中的主功能，可通过 VE-VNFM-VNF 接口与 VNFM 连接和通信。

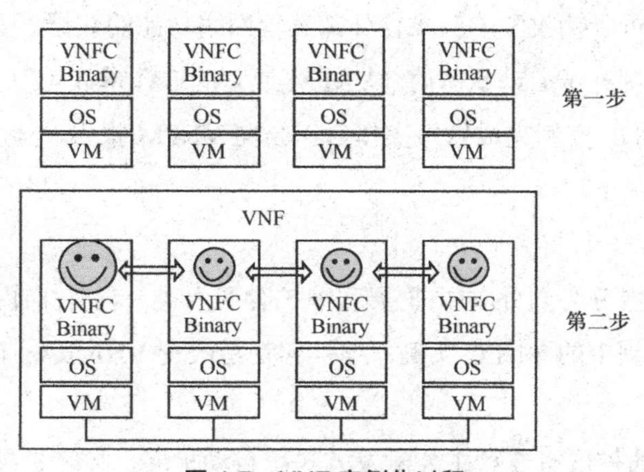

图 4-7 VNF 实例化过程

在 VNF 实例化的第一步中，VNFM 根据 VNFD 中的规则创建多个 VNFC 实例。完成第一步后，初始创建的 VNFC 实例集在大多数情况下已具备该 VNF 的基本功能。然而，它可能仅仅是启动该 VNF 实例所需的一部分 VNFC 实例集。若我们要启动该 VNF 实例，可能还需要向 VNFM 请求进一步的 VNFC 实例化进程，直到该 VNF 实例化进程完全结束，才能启动。对于进一步的 VNFC 实例化过程，某些 VNF 在初始创建的 VNFC 实例中可能包含一个启动服务器，可启动剩余的虚拟机，在这种情况下，不需要向 VNFM 发出进一步实例化的请求即可完成整个 VNF 的实例化操作。当 VNF 实例化过程结束后，该 VNF 实例处于实例化未配置的状态。

（2）配置

配置是参数设定的过程，不同类型的 VNF 有不同的配置文件和参数。当 VNF 实例完成实例化的过程后，即可进行配置，也可以在运行期间进行重新配置。VNF 实例的配置功能既可以由 VNFM 完成，也可以由它的 EM 单元完成，我们将执行配置操作的组件称为配置器。VNF 实例在完成配置后，将会通知配置器，配置操作结束后，该 VNF 实例将处于休眠状态。

（3）启动和暂停

当 VNF 实例处于休眠状态时，VNFM 或它的 EM 单元可以向 VNF 实例请求启动操作。VNF 实例完成启动操作后，会将 VNF 的状态反馈给 VNFM，此时，该 VNF 就可以接收和响应来自外部其他网络功能的数据。

当 VNF 实例处于启动状态时，VNFM 或它的 EM 单元可以向 VNF 实例请求暂停操作。VNF 实例完成暂停操作后，会向 VNFM 报告，该 VNF 实例目前处于休眠状态。

（4）扩展

VNF 的扩展分为向外/向内扩展和缩扩容两大类。向外/向内扩展是指增加或移除 VNF 实例中的 VNFC 实例；缩扩容是指改变 VNF 实例中分配给 VNFC 实例的资源。

VNF 实例的扩展有 3 种主要触发方式：自动扩展、按需扩展和基于管理请求的扩展。3 种触发方式的不同关键点在于监测 VNF 实例状态的单元模块不同：其中，自动扩展方式由 VNFM 监测 VNF 实例的状态，按需扩展方式由 VNF 实例自身或 EM 监测，而基于管理请求的扩展则是由更高层的管理系统（例如 NFVO）监测 NFV 实例的状态。

对于向外扩展，VNFM 将执行一个或多个 VNFC 实例化进程，并会向 VNF

实例或它的EM分发扩展许可证，从而在VNFM结束扩展操作后进行必要的内部操作，完成整个扩展流程。对于向内扩展，VNFM则需要执行一个或多个VNFC终止进程，后续操作与向外扩展相似。对于缩扩容，VNFM会在VNFD定义范围内进行VNFC实例中资源的更新，后续操作与VNF向外/向内扩展相似。这里需要注意的是，所有的扩展操作都不会影响该VNF实例的状态。

（5）终止

VNF实例终止过程是一个或多个VNFC实例终止过程的集合。当终止一个VNF实例时，VNFM会采用下列两种方式中的某一种。

①根据VNFD中的描述VNFM执行一次或多次VNFC实例终止操作，从而终止VNF实例。VNFC实例终止过程的执行顺序（并行执行、按顺序串行执行）由VNFD决定。

②VNFM向VNF发送终止命令，由VNF执行内部程序和平关闭该VNF。例如，调整负载均衡器或将VNF当前状态转移至休眠状态。一旦该VNF不再执行任务，也不接收新任务，就会通知VNFM已经做好终止的准备。VNFM收到消息后会执行相关程序，通知VIM释放并回收该VNF的资源。

如果第二种和平关闭方式失败，那么VNFM将会请求强制关闭该VNF实例的所有虚拟机，并允许VIM释放与之关联的资源。

3. VNFD在VNF实例化过程中扮演的角色

VNFD是由VNF提供商提供的用于描述VNF的虚拟资源需求的规范化模板。在VNF实例化过程中，VNFD扮演了重要的角色，NFV编排与管理模块根据VNFD中的规则设定启动VNF生命周期的时间和方式。

下面，我们通过一个简单的VNFD例子介绍VNFD与VNF的关系。

图4-8展示了一个由4个VNFC实例组成的VNF实例，其中，VNFC实例有3种不同类型，分别是“A”“B”“C”。每种类型的VNFC实例对于操作系统和运行环境的要求都不同。这些虚拟资源及其相互连接的需求通过数据模型元素描述并共同组成了VNFD。除了资源需求，VNFD中还包含对VNF库、脚本、配置数据等的引用，这些数据对VNF的编排与管理排功能来说是正确配置VNF所必需的。

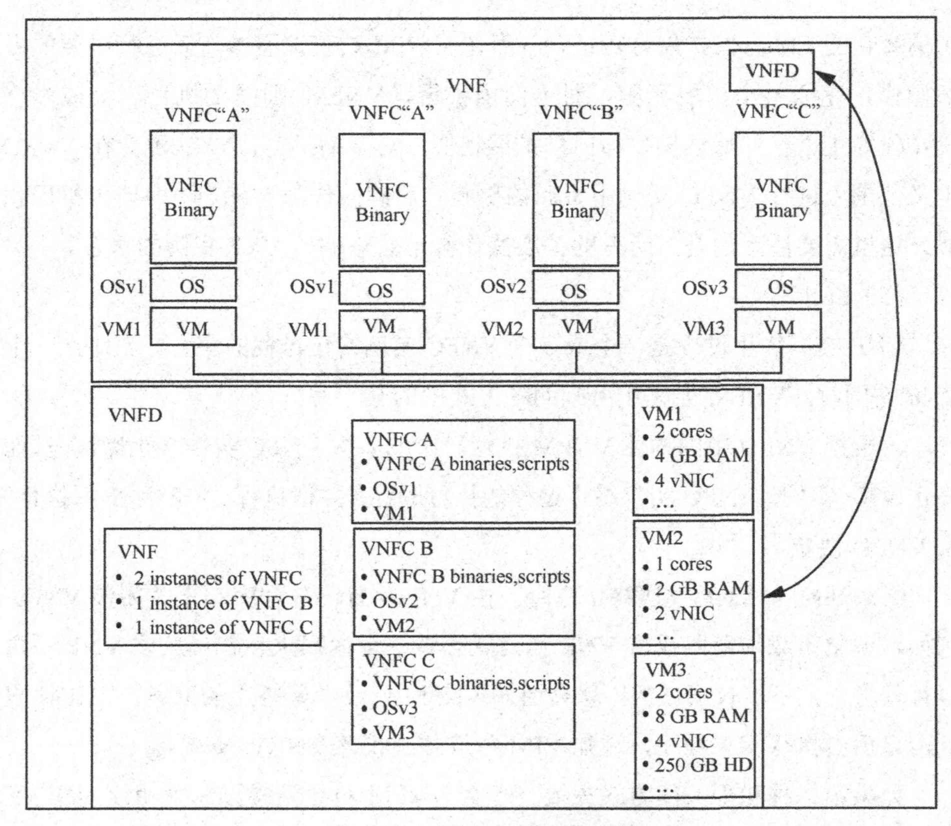

图 4-8　VNFD 内部元素示例

NFVI 资源的需求（例如连接需求、带宽、时延等）并没有全部在图 4-8 中展现，但在实际 VNFD 中，这些需求会在 NFV 编排与管理功能使用的其他描述器中表述。VNFD 也可以设定位置规则，例如某些 VNFC 实例必须运行在同一个堆栈资源提供的虚拟机上。

NFV 的编排与管理功能已经充分考虑了 VNFD 中的所有属性，以判断实例化一个给定的 VNF 的可行性，例如，检查每个 VNFC 实例所需的资源类型。

4.3.4　VNF 设计模式——千姿百态的工作岗位

根据前面的介绍，我们了解了 VNF 是网络功能的软件实现。在实现和操作过程中，不同的网络功能之间有一些通用的设计模式，通过研究通用设计模式，我们可以在设计其他网络功能时节省大量的成本。下面我们围绕负载均衡模型、缩扩容模型和元素重用 3 种典型的设计模式展开说明，与读者共同探讨。

1. VNF 负载均衡模型

随着互联网用户的爆发式增长，网络流量骤增，为了保证良好的用户体验，云数据中心管理人员通过增加服务器数量来扩展横向网络容量，使用集群和负载均衡提高整个系统的处理能力。传统负载均衡是通过搭建高性能的服务器，将流量以分摊处理的方式实现高速处理，随着访问量的增加，负载均衡器的数量也不断增加。这种解决方案不但耗费大量的资源，而且不是最优的选择。网络功能虚拟化的发展为负载均衡提供了更好的解决思路。目前，VNF 中的负载均衡模型有很多种，由于篇幅限制，我们只介绍其中比较典型的 4 种模型。

（1）位于 VNF 内部的负载均衡器

这种类型的 VNF 将负载均衡功能作为其内部功能实现。此时，VNF 实例被相邻网络功能（Network Function，NF）当作一个逻辑 NF，如图 4-9 所示。此类型 VNF 至少包含一种类型的 VNFC 和一个内部的负载均衡器（也是一个 VNFC）。内部负载均衡 VNFC 收集其他 VNFC 实例的数据包、流或会话信息。如果这些 VNFC 是有状态的，则内部的负载均衡器直接将接收的流量分配给状态合适的 VNFC 实例处理。

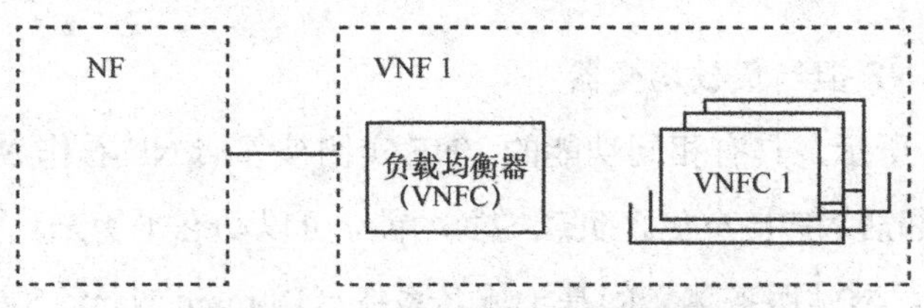

图 4-9 VNF 内部的负载均衡器

（2）位于 VNF 外部的负载均衡器

如图 4-10 所示，当负载均衡器放置在 VNF 的外部时，具有相同功能的 N 个 VNF 实例可被邻居 NF 当作一个逻辑 NF。此时，负载均衡功能是一个独立的 VNF，收集来自其他 VNF 实例的数据包、流或会话信息，并将其作为放置在网站服务器之前的应用分发控制器（Application Delivery Controller，ADC）或直接服务器返回（Direct Server Return，DSR）类型的负载均衡器。为了增加网络弹性，具有相同功能的 *N* 个 VNF 可以来自不同的 VNF 提供商。由于这些 VNF 实例是并行关系，因此，NFVO 需要对其进行多次实例化，然后在其前面添加负载均衡 VNF。若这 *N* 个 VNF 包含状态信息，那么负载均衡 VNF 直接将来自相邻 NF 的请求流量分发到状态合适的 VNF 上。

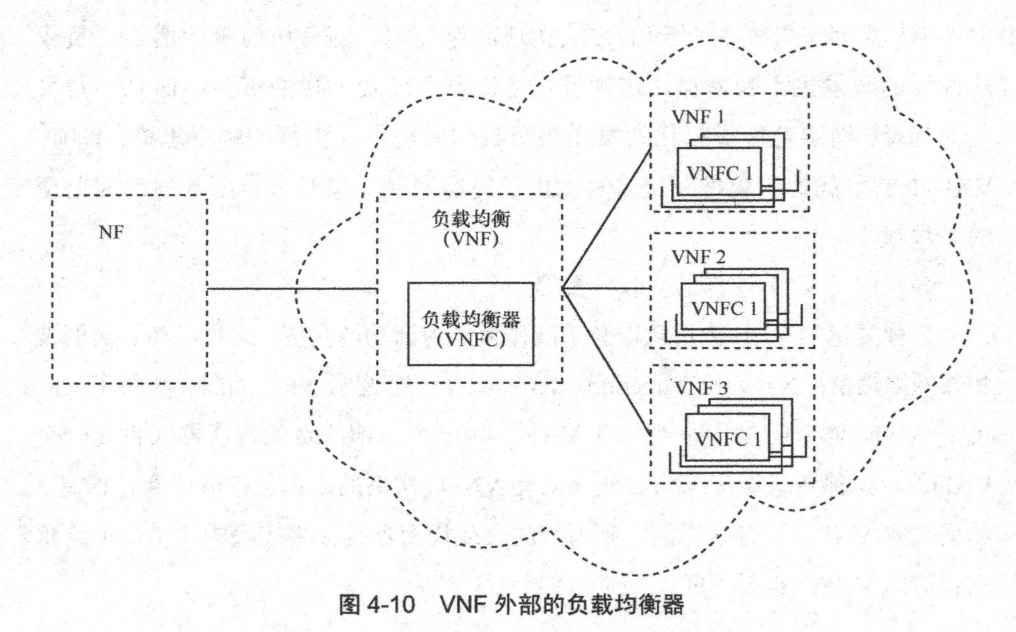

图 4-10　VNF 外部的负载均衡器

（3）邻居 NF 担当负载均衡器

如图 4-11 所示，具有相同功能的 VNF 实例被邻居 NF 看作 *N* 个逻辑 NF。在此场景下，邻居 NF 自身包含负载均衡功能，可以动态平衡来自不同逻辑接口的流量。例如，网站服务器之间基于域名系统（Domain Name System，DNS）的用户侧负载均衡就是采用本方案。为了增加网络弹性，这些 VNF 可能来自不同的 VNF 提供商。如果这些 VNF 包含状态信息，那么邻居 NF 会直接将网络流量分配给状态合适的 VNF 实例。与上一个负载均衡模型的不同之处在于，负载均衡功能在邻居 NF 中，NFVO 不需要单独实例化负载均衡器。

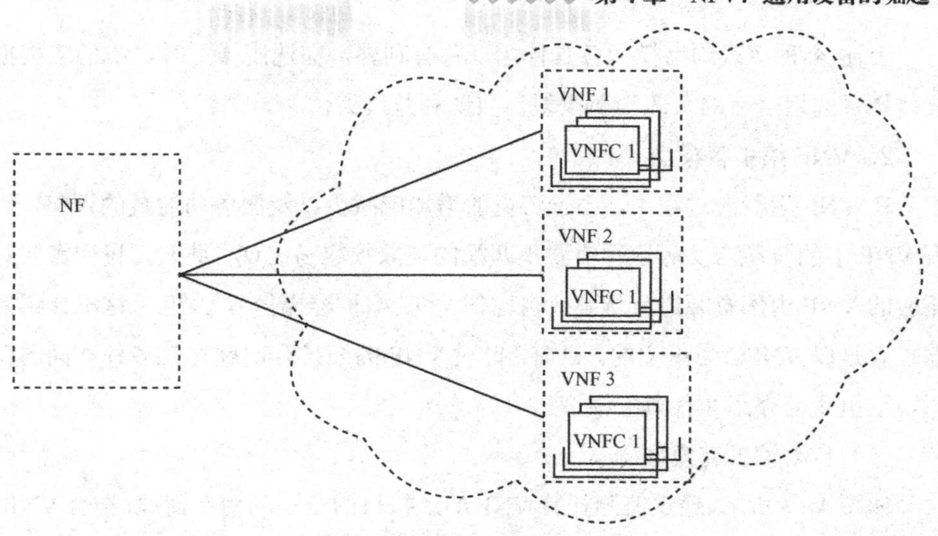

图 4-11 邻居 NF 担当负载均衡器

（4）位于基础设施上的负载均衡器

如图 4-12 所示，具有相同功能的 VNF 实例组被邻居 NF 看作是一个逻辑 NF。网络负载均衡器由 NFVI 提供，具体可能部署在管理程序虚拟交换机、操作系统虚拟交换机或是物理盒子上。如果 VNF 和 NFVI 支持这种模型，则 NFVO 将对 VNF 实例组进行多次实例化操作，并在 NFVI 上配置相应的负载均衡器，然后将负载均衡器与 VNF 实例组连接，执行负载均衡的功能。

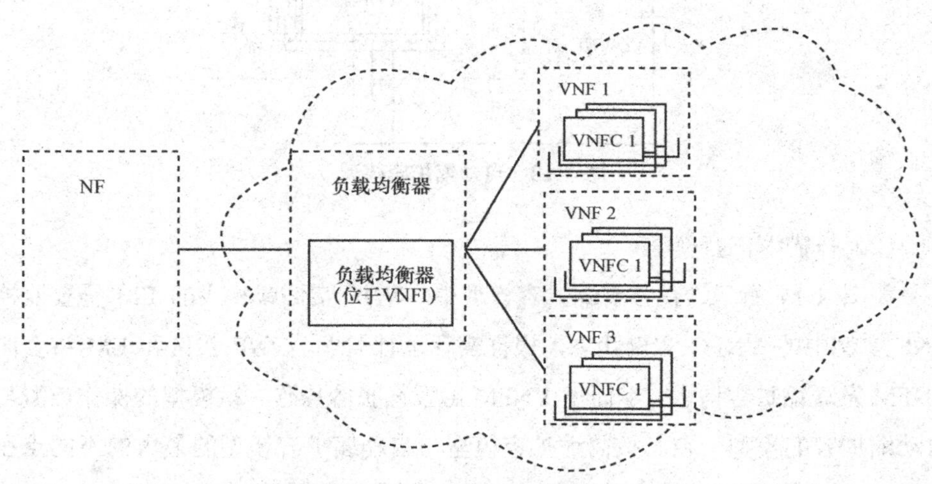

图 4-12 位于基础设施上的负载均衡器

上述 4 种负载均衡模型各具特色，各有利弊，在选用模型时，我们应根据具体场景选用合适的负载均衡模型，实现利益最大化。

2. VNF 缩扩容模型

在 VNF 运行的过程中，由于流量的增加或减少以及服务功能链的调整，原有 VNF 中的资源与实际运行需要不匹配的现象很容易出现，此时，我们需要对相应的 VNF 内部资源进行调整（也称作 VNF 缩扩容操作）。注意，这里介绍的缩扩容是以 VNFC 为单位的。目前，针对 VNF 的缩扩容问题存在多种不同的模型，这里我们介绍 3 种典型模型。

（1）自动缩扩容模型

如图 4-13 所示，通过监测托管 VNF 的虚拟机的资源利用率情况，结合 VNF、EM 和 VIM 的操作日志，当达到 VNFD 中定义的规则时，VNFM 将自动触发缩扩容操作。缩扩容操作包括新增或删除 VNFC，以及增加或减少一个或多个 VNFC 资源。

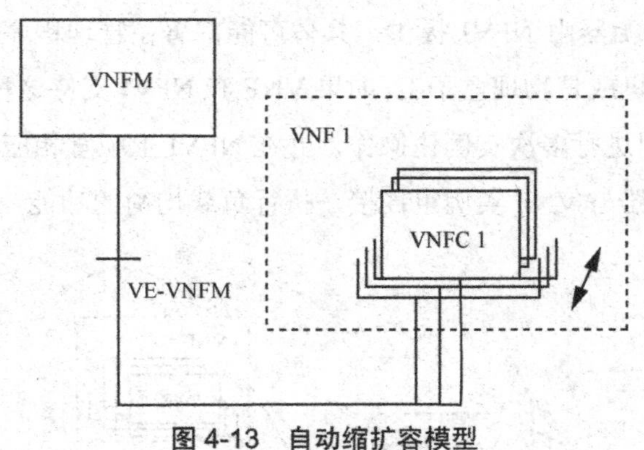

图 4-13　自动缩扩容模型

（2）按需缩扩容模型

如图 4-14 所示，在按需缩扩容模型中，VNF 实例或相应的 EM 需要监控 VNF 实例中的 VNFC 实例状态，根据实际运行需求，VNF 实例和 EM 将会向 VNFM 发送缩扩容请求，继而由 VNFM 触发缩扩容操作。该模型的操作类型与自动缩扩容的模型一致。按需缩扩容模型与自动缩扩容模型的最大的不同点在于是否出现了显式请求。

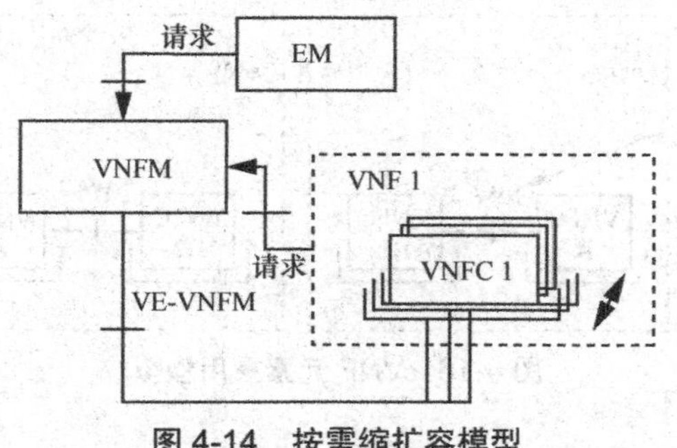

图 4-14　按需缩扩容模型

（3）按管理请求缩扩容模型

图 4-15 是基于管理请求的缩扩容模型。基于管理请求的缩扩容模型是根据运维人员管理需求抽象出的模型，主要触发的关键在于运维人员。运维人员可通过 OSS/BSS 调用合适的接口向 NFVO 发送扩展请求，扩展操作类型与上述两种模型一致。

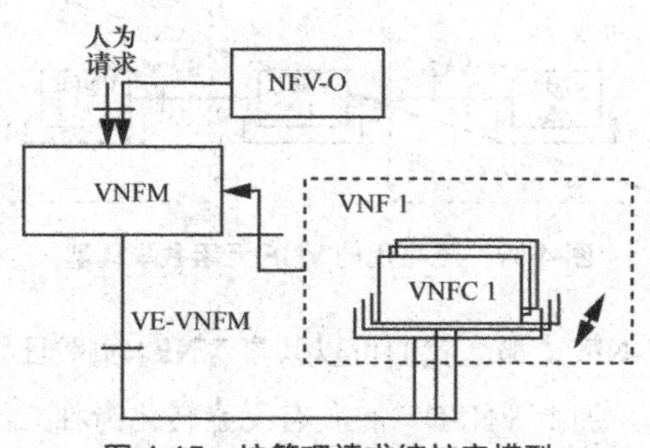

图 4-15　按管理请求缩扩容模型

3. VNF 元素重用

为了提高 VNF 组件的利用率，业界已经研究了许多关于元素重用的模型，但目前只有 VNF 元素重用模型被证实有效和被广泛认同。下面，我们简单介绍这种模型。

该模型假设两个 VNF，分别为 X 和 Y。X 中包含 VNFC B1，Y 中含有 VNFC B2。B1 和 B2 提供相同的功能，如图 4-16 所示。X 和 Y 这两个 VNF 功能是否相同，是否由同一个 VNF 提供商提供与元素重用是否可行无关。B1 和 B2 是可标识的，由第三方厂商提供。

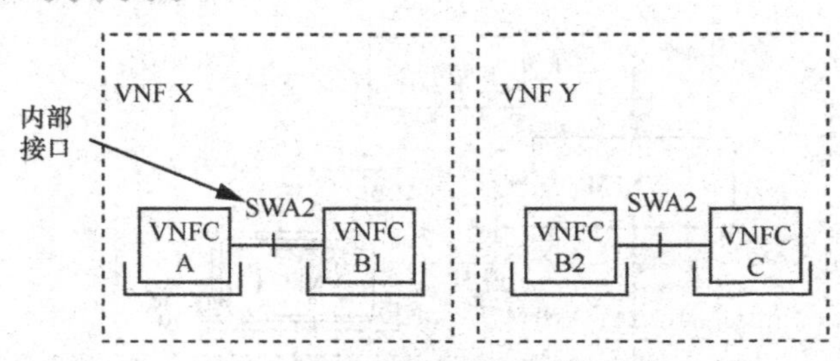

图 4-16 VNF 元素重用模型

当 X 和 Y 位于同一条服务链中且作为相邻的节点时，X 和 Y 中相同的元素可被重用。在设计元素重用模型过程中，相关人员曾经设想使 X 和 Y 共享一个 VNFC B*，如图 4-17 所示。但由于无法确定 VNFC B*归属于哪一个 VNF，并且违背了 VNF 的封装原则，将内部接口用作外部接口，这种元素共享模型不可用。

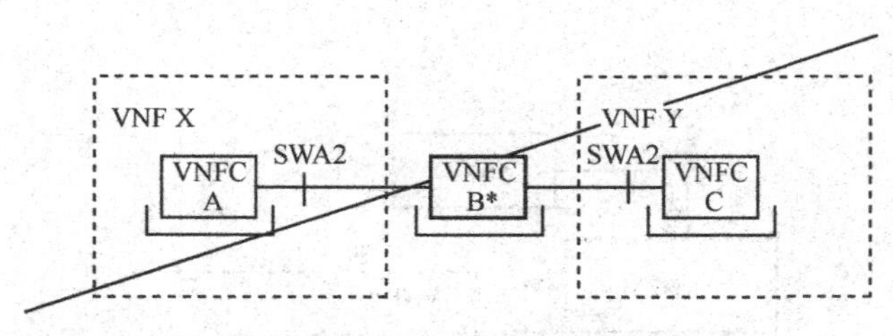

图 4-17 不可用的 VNF 元素共享模型

既然不能共享 VNFC，那么我们可以共享 VNF。实践证明，将共有的 VNFC B*从 X 和 Y 中抽离，加上 VNFD，将共有元素转化为独立的 VNF B 的元素重用模型是行之有效的，如图 4-18 所示。但是 X 和 Y 的功能将会发生改变，成为一个新的 VNF，这里我们将其命名为 A 和 C。A 和 C 不需要为 B 的性能负责，三者都是独立的 VNF。目前为止，这是唯一一种可用的元素重用方法。

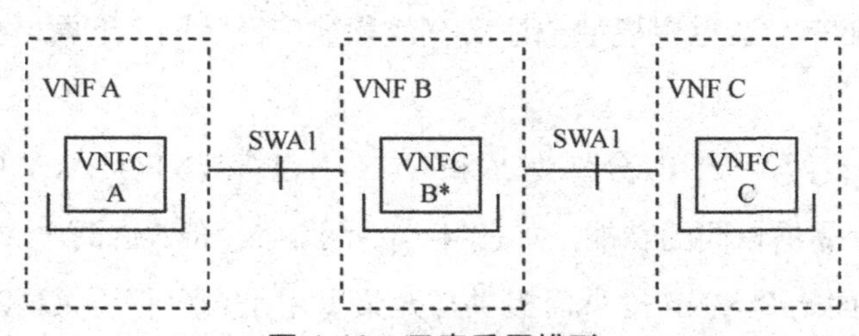

图 4-18 元素重用模型

4.3.5　VNF在未来发展中的挑战

NFV的提出以及VNF的不断发展，彰显着网络服务方式的大变革。目前来看，VNF在灵活性方面相对于传统实现方式有了较大的提高，网络服务的虚拟化进程也正在进行。但如果从建立一个完备的VNF系统（通过开放编排与管理平台管理）的角度来看，VNF还有很大的发展空间。

1．VNF和NFV的标准化

众所周知，VNF是软件的组合，而软件的开发可以使用任意编程语言，调用相应语言的任意软件包，生成任意的接口，以便与其他应用交互。目前，业界对于VNF的开发工具、语言、接口等方面的统一规范还未达成一致（ETSI中关于NFV的标准化规定并未完全覆盖上述所有问题），这造成了不同厂商开发的VNF利用率低下、难以投入市场的问题出现。除此之外，未经规范化的VNF也难以与NFVI无缝契合，难以被标准化管理和编排架构统一管理，不可能实现稳定的性能和优势。事实上，目前已有多家厂商采取将基于硬件的网络产品直接移植到虚拟机中，并对外宣称已经实现了NFV。事实上，将网络产品直接移植到虚拟机的做法与NFV的思想是不符的，相比于NFV，这种网络产品更接近虚拟化应用，而不是VNF。

另外，VNF兼容性、部署和管理性问题也是NFV发展过程中面临的一个重要问题。例如，之前我们一直将VNF放置的焦点聚集在虚拟机上，事实上，由于VNF更接近于应用程序，因此应考虑更轻量级的放置方式，例如Linux容器。容器技术不仅可以使跨多平台部署VNF变得更加容易，还可以大大简化添加和更新附加功能的流程。以添加新功能为例，原有方式是在VNF的基础上添加新功能，而使用轻量级的容器技术的方式可以通过用新容器替换离散容器，然后通过标准化API向网络公开该新功能的方式添加新功能，这降低了操作的复杂度。与此同时，有关NFV的工作也在不断地支持容器化部署和有效管理。但在目前阶段，网络管理者将面临虚拟机、容器和裸机 3 种 VNF 实现方式并存的复杂管理局面。

2. VNF 性能仍有待提高

当服务提供商的焦点从 NFV 的概念和标准化工作转移到生产实践中时，VNF 的性能问题逐渐暴露在厂商面前。单纯的软件实现在某些情况下不能满足实际需要，软件实现需要其他条件的协助才能发挥优势。例如，某些 VNF 需要专用硬件，如带有神经网络处理器的网卡、FPGA 功能或专用芯片；某些 VNF 需要特定配置，如 CPU 内核绑定或外围器件互联（Peripheral Component Interconnect，PCI）；某些 VNF 需要支持 DPDK 的虚拟交换机。同样，根据 VNF 的处理能力和工作量匹配合适的底层 NFVI 的位置也是目前尚未解决的一大问题。影响 VNF 性能的因素还有资源争夺。不同虚拟机对资源的需求不同，当某个虚拟机对资源的需求过大时，必将抢占同区域内其他虚拟机的资源。另外，由于目前 VNF 的开发技术还不够成熟，并不能成为网络功能的万能替代者，因此在相当长的一段时间内，网络管理者将会面临虚拟应用、物理应用和 VNF 并存的复杂的管理挑战。

4.4 NFVO：NFV 的领导层

如果把 MANO 比作是 NFV 的大脑，那么 NFVO 就是 MANO 的大脑皮层，是思维的器官，主导 NFV 中的服务，也就是 NFV 的领导核心。继续以 NFV“公司”为例，NFVO 作为“领导层”，负责公司所有业务的统筹规划和任务分配，掌握着全局的发展动态。“领导层”通过对用户需求的分析决定公司提供的业务种类，同时统筹各个具体负责的部门。

NFVO 中的“O”代表的是编排器，编排一词最早出现在艺术领域，指的是按照一定的目的对各种音乐、舞蹈元素进行排列，以达到最好的效果。引申到网络管理范畴，编排指的是以用户需求为目的，将各种网络服务单元进行有序的安排和组织，使网络各个组成部分平衡协调，提供能够满足用户要求的服务。

NFVO 主要提供 ETSI NFV 规范中 NFV 的 MANO 领域中要求的功能，实现虚拟网络服务（Network Service，NS）和网络资源的自动化编排与生命周期管理。NFVO 主要根据 NS 的设计以及客户端相关的参数配置，实施 NS 的部署、修改、升级、查询、启动、停止、终止等动作。NFVO 的功能架构如图 4-19 所示，主要包含业务编排、资源编排和集中监控。

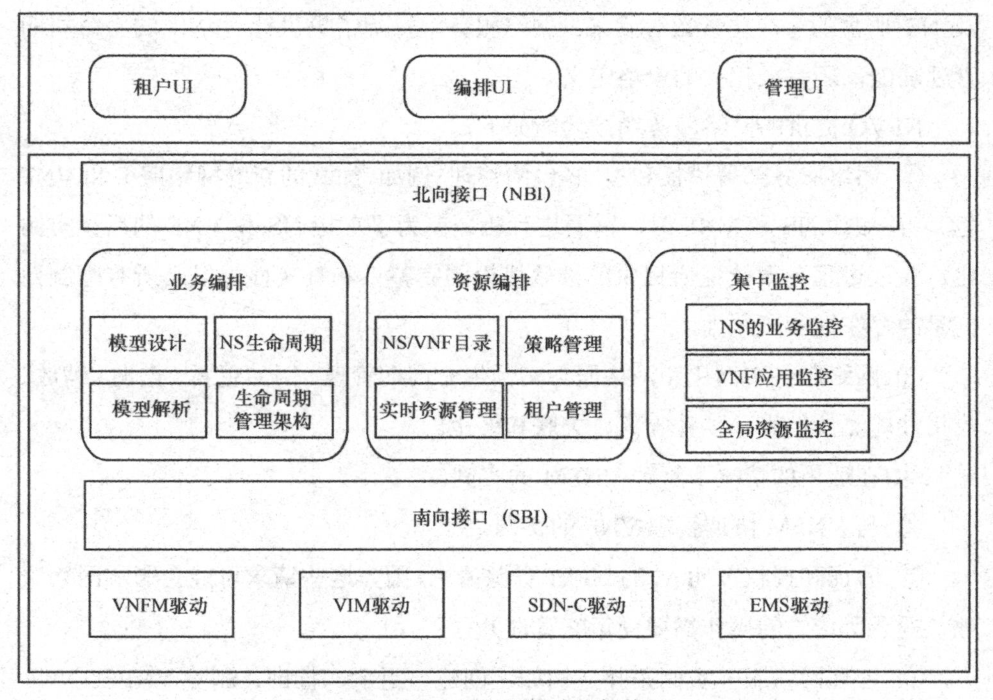

图 4-19　NFVO 的功能架构

业务编排负责业务模板设计、网络服务的生命周期管理等；资源编排负责实现跨多个 VIM 的 NFVI 资源的编排；集中监控负责对 NS 的业务、VNF 应用、全局资源等进行监控。总的来说，这 3 个模块联合起来指挥 VNFM 和 VIM 共同完成网络服务的生命周期管理工作。

业务的编排重在弹性，比如扩容、缩容、容器迁移、容错处理、服务发现等；资源的编排重在资源，主要是资源的管理与分配。

4.4.1 业务编排功能

网络服务编排主要是通过编排 NS 的模板结构，定义提供特定服务的虚拟网络拓扑，包括组成 NS 的 VNF、VNF 与 VNF 之间的虚拟链路（Virtual Link，VL）、VNF 之间的虚拟网络功能转发图（VNF Forwarding Graph，VNFFG）以及 NS 所需的客户化参数等元素。网络服务编排除了提供针对 NS 的生命周期管理功能，还完成相关的策略定义。

NFVO 提供的网络服务编排功能如下。

① 网络服务部署模板和 VNF 包的管理(例如,加载的新的网络服务和 VNF 包)。在加载 NS 和 VNF 时，需要进行验证。为了支持 NS 和 VNF 的后续实例化，验证过程需要验证所提供的部署模板的完整性和真实性，以及所有强制性信息的存在性和一致性。

② 网络服务实例化和网络服务实例生命周期管理，例如更新、查询、缩放、收集性能测量结果、事件收集、关联和终止。

③ 在适用的情况下管理 VNFM 的实例。

④ 与 VNFM 协调管理 VNF 的实例。

⑤ 验证和授权 VNFM 的 NFVI 资源请求，因为这些请求可能会影响网络服务（授予所请求的操作需要受策略管理）。

⑥ 管理网络服务实例拓扑（例如，创建、更新、查询、删除 VNFFG）。

⑦ 网络服务实例自动化管理。

⑧ 网络服务实例和 VNF 实例的策略管理和评估（例如，亲和性/反亲和性、缩放、故障和性能、监管规则、NS 拓扑等有关的策略）。

4.4.2 资源编排功能

资源编排模块主要负责网络资源池里的资源管理以及相关的策略管理，其中，资源管理通过NS模板，利用VIM虚拟资源和VNF自动化地完成网络服务功能的编排，实现NFVO对于VNF资源的预留和分配机制，并且提供统一的配置管理数据库。资源编排功能的主要职责如下。

① 对来自VNFM的NFVI资源请求进行验证和授权，因为这些可能影响在一个NFVI-PoP内或跨多个NFVI-PoP分配请求的资源的方式。

② 跨运营商基础设施域进行NFVI资源管理，包括给网络服务实例和VNF实例预留和分配NFVI资源，以及根据需要定位或访问一个或多个VIM，并在必要时将适当的VIM传送给VNFM。

③ 支持对VNF实例与NFVI资源之间关系的管理。

④ 网络服务实例和VNF实例的策略管理和实施。

⑤ 通过收集NFVI资源数量的信息，将NFVI使用记录与VNF实例相关联，收集VNF实例或VNF实例组的NFVI资源的使用信息。

接下来，我们通过介绍NFVO的几个基本功能来展示其工作原理：网络服务的实例化、NFV系统中的缩扩容、网络服务的更新。

1．网络服务的实例化

网络服务的实例化是指NFVO接收一个新的网络服务的请求之后开始创建该网络服务。

NFVO是网络服务实例化的单一访问点，它简化了与OSS的交互。在创建网络服务时，可能会出现以下几种情况。

① 此网络服务不需要VNF实例，即现有的网络服务包括所有需要的VNF实例。

② 所有需要的VNF实例可能都已经被实例化，在这种情况下，网络服务实例化只需要处理VNF实例的互联即可。

③ 一些VNF实例可能已经存在，一些需要被创建，而VNF之间的一些网络连接可能已经存在，只需要扩展即可。

我们用一个实例化的流程来说明网络服务的实例化的过程。

网络服务的实例化的主要步骤如下。

① NFVO接收一个请求，使用网络服务生命周期管理接口——实例化网络

服务，来实现一个新的网络服务的实例化操作。

② NFVO 验证，包括验证请求的有效性（包括验证发送方是否有权发出此请求）和参数。如果网络服务包含多个 VNFFG，则策略规则可能导致仅对给定的网络服务实例有效。

③ 对于网络服务中需要的每个 VNF 实例，NFVO 将与 VNF 管理器对其进行检查。使用 VNF 生命周期管理接口的操作查询 VNF 实例，如果存在满足需求的 VNF 实例，则将其作为网络服务的一部分使用。

注意：如果该实例不存在，则 NFVO 需要找到相应的 VNF 管理器并对其实例化。

④ NFVO 运行 VNF 互联设置的可行性检查。

⑤ 假设需要配置的 VNF 实例列表不是空的，那么 NFVO 将验证资源是否可以满足 VNF 实例化的请求，如果可以，则使用该操作保存它们，从而创建虚拟化资源管理接口来保留这些资源。

步骤③至⑤构成对请求的可行性检查。步骤③包括以下步骤：

- NFVO 请求 VIM 提供 VNF 互联所需的网络资源，并使用该操作创建虚拟化资源管理接口来保留这些资源。请注意，VNF 之间的一些网络连接可能已经存在。
- VIM 检查 VNF 互联所需的网络资源的可用性，并保留它们。
- VIM 将预订结果返回至 NFVO。

⑥ NFVO 通过 VIM 完成网络连接，从虚拟化资源管理接口分配资源或更新资源。

⑦ VIM 实例化了网络服务所需的连接性网络并且确认完成。

⑧ VNF 实例化。

⑨ 一旦所有 VNF 实例都可用，并且 VNF 还没有连接，NFVO 请求 VIM 将 VNF 连接在一起，从虚拟化资源管理接口分配资源或更新资源，包括如下：

- 请求 VIM 连接每个 VNF 的外部接口；
- 请求 VIM 将所需的虚拟化部署单元（Virtualization Deployment Unit，VDU）（VM）附加至网络服务的连接性网络中；

• VIM 将需要的 VDU（VM）连接至连接性网络并且确认完成，最后，NFVO 确认网络服务的实例化完成。

以上过程就是网络服务的实例化的详细步骤。

2. NFV 系统中的缩扩容

缩扩容的目的是提高系统的弹性，通过增加或者减少模块数目、虚拟机数目，扩展或缩减网元的处理能力，以达到动态分配网络容量、提高资源利用率的目的。

缩扩容可以包括：改变虚拟化资源的配置（例如增加或者减少 CPU），增加新的虚拟化资源（例如添加一个新的 VM），关闭和删除 VM 实例，或者释放一些虚拟化资源（缩小规模）。VNF 实例扩展通常是服务质量和需求产生差异引起的：当处理速率过低、不能满足服务要求时，就需要扩展容量；而如果当前资源利用率较低，为了不浪费资源，可以在不影响交付质量的情况下收缩容量。

缩扩容分为 VNF 的缩扩容和 NS 的缩扩容两种。

（1）VNF 的缩扩容

VNF 由多个软件组件组成，每个软件组件对应一个 VM。VNFM 根据 VNF 的负荷灵活增减各组件 VM 的数量，使 VNF 处理能力同业务负荷匹配。如图 4-20 所示，设定 VNF 弹性的上限为 70%，下限为 30%，当监控发现负荷达到 70%时，发出 Scale Out 指令，增加一个 VM，使 VNF 的容量负荷降低至 35%；当监控发现负荷低于或等于 30%时，发出 Scale In 指令，减少一个 VM，使 VNF 容量负荷提升至 60%。

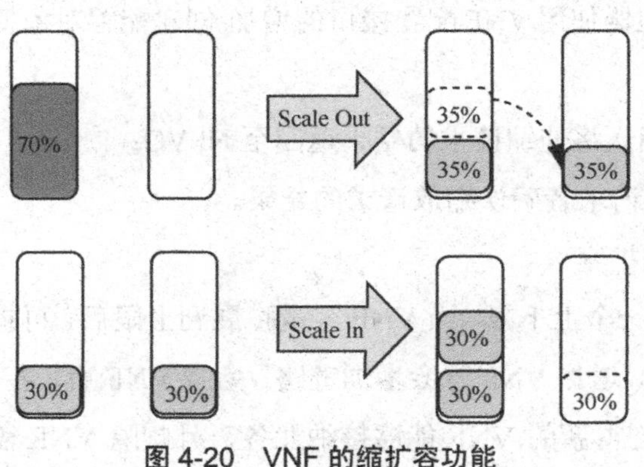

图 4-20　VNF 的缩扩容功能

VNF 缩扩容的过程如下：

① NFVO 接收来自发送方的缩放请求，例如，OSS 使用 VNF 生命周期管理接口来操作 VNF；

② NFVO 验证请求的策略一致性；

③ NFVO 找到与 VNF 类型相关的 VNF 管理器；

④ NFVO 在实际缩放之前，运行 VNF 缩放请求的可行性检查；

⑤ 如果步骤④已经完成，NFVO 使用缩放数据向 VNF 管理器发送缩放请求；

⑥ VNF 管理器执行需要的准备工作，具体为请求验证和参数验证，还可能包括修改/补充 VNF 生命周期特定约束的输入缩放数据，如果步骤④完成，VNFM 将跳过步骤⑥；

⑦ VNFM 调用 NFVO 资源变更，使用虚拟化资源管理接口进行资源的操作管理，即分配资源或更新资源等；

⑧ 使用虚拟化资源管理接口的操作来分配资源或更新资源，从 VIM 分配所需的变更资源（计算、储存和网络）的 NFVO 请求；

⑨ VIM 根据需要修改内部连接网络；

⑩ VIM 创建并启动所需的新计算和储存资源，并将新实例化的 VM 附加至内部连接网络；

⑪ 确认资源变更完成后返回 NFVO；

⑫ NFVO 向 VNFM 确认资源变更完成；

⑬ VNF 管理器使用 VNF 配置接口的增加/创建配置对象操作来配置缩放的 VNF；

⑭ VNFM 确认将伸缩请求的结果返回至 NFVO；

⑮ NFVO 向请求者确认缩放请求的结果。

（2）NS 的缩扩容

VNF 容量有一个上下限，当 VNF 容量扩展到上限后，再扩容需要通过增加 VNF 数量来实现，增加 VNF 就会增加链路。增减 VNF 后，各个 VNF 的路由需要被重新调整，使得新的 VNF 能够接纳业务，且删除 VNF 需要先隔离业务，链路资源需要与承载网管交互调配或释放，这个过程就是 NS 的缩扩容。

通过缩扩容功能，NFVO 可根据业务实际负荷情况，动态实现自动弹性伸缩，从而节约网络资源，抑制业务风暴。

我们接下来通过一个扩容示例来展示 NS 的扩容过程，如图 4-21 所示。

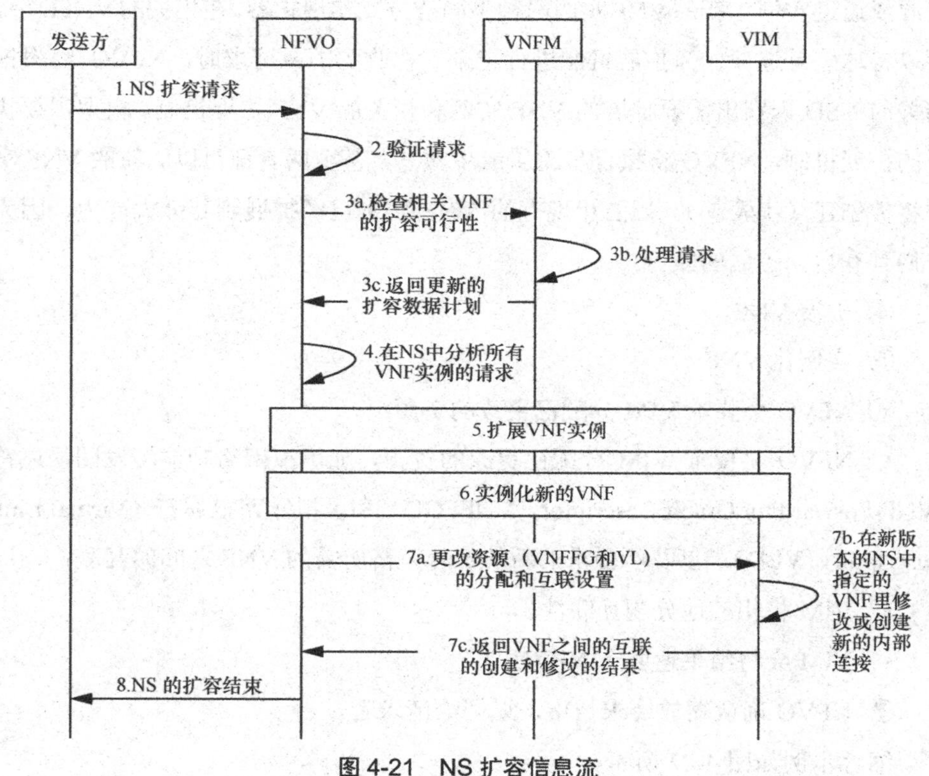

图 4-21 NS 扩容信息流

扩容示例过程如下：NS 已经被实例化，假设部署类型为 A（1×VNF-A+2×VNF-B）。网络服务可以基于自动部署的策略缩扩容到一个不同类型的网络服务部署中，如类型 B（2×VNF-A+2×VNF-B）。

VNF-A 需要实例化一个新实例，VNF-B 需要扩展这些现有的实例。

NFVO 是网络服务生命周期的单一访问点，简化了与 OSS 的连接。

① 发送方要求 NS 扩容为一种新的部署类型，这种类型已经在加载出来的网络业务描述符（Network Service Descriptor，NSD）中展示出来了。

② NFVO 验证请求的有效性（包括验证发送方是否有权发出这个请求），

并验证传递给技术正确性和策略一致性的参数。NFVO 将请求与 NSD 在 NS 目录中关联。

③ 扩容 NS 包括扩展其组成 VNF，VNF 可以通过向 VNF 实例分配更多的资源或通过实例化新的 VNF 实例两种不同的方式实现扩容。在相关的 VNFD 中，可以将这些首选项作为扩展机制进行记录。在收到扩展请求时，NFVO 将根据相关的 NSD 识别出需要扩展的 VNF 实例和相关的 VNF 扩展机制。根据需要执行的扩展机制，NFVO 将执行步骤④或步骤⑤，甚至两者都可以。新的 VNF 实例将被创建（步骤⑤），以防止现有的 VNF 实例已经扩展到其最大能力，因为它们具有自动扩展的能力。

④ 扩展 VNF。

⑤ 实例化 VNF。

⑥ NFVO 会要求 VIM 分配已更改的资源：

- NFVO 将要求 VIM 分配已更改的资源，如虚拟网络功能转发图描述符（VNF Forwarding Graph Descriptor，VNFFGD）和虚拟链路描述符（Virtual Link Descriptor，VLD），以及所要求的新的部署风格所需的 VNF 之间的互联；
- VIM 将相应地分配互联性；
- VIM 会将结果返回至 NFVO。

⑦ NFVO 确认缩放请求结束，返回给请求者。

缩容示例如图 4-22 所示。

缩容示例过程如下：假设已基于 NS 部署类型 B（2×VNF-A + 2×VNF-B）进行实例化。

NS 可以基于自动缩放策略（在 NSD 中）缩放到另一种不同的 NS 部署类型 A（1×VNF-A + 2×VNF-B）。

VNF-A 需要终止现有实例，而另一种 VNF-B，则需要在现有的实例中进行扩展。

NFVO 在网络服务实例中附加了扩展请求，该请求可能来自 OSS，其中包含接收 NS 实例缩放的订单。

NS 缩容过程如下。

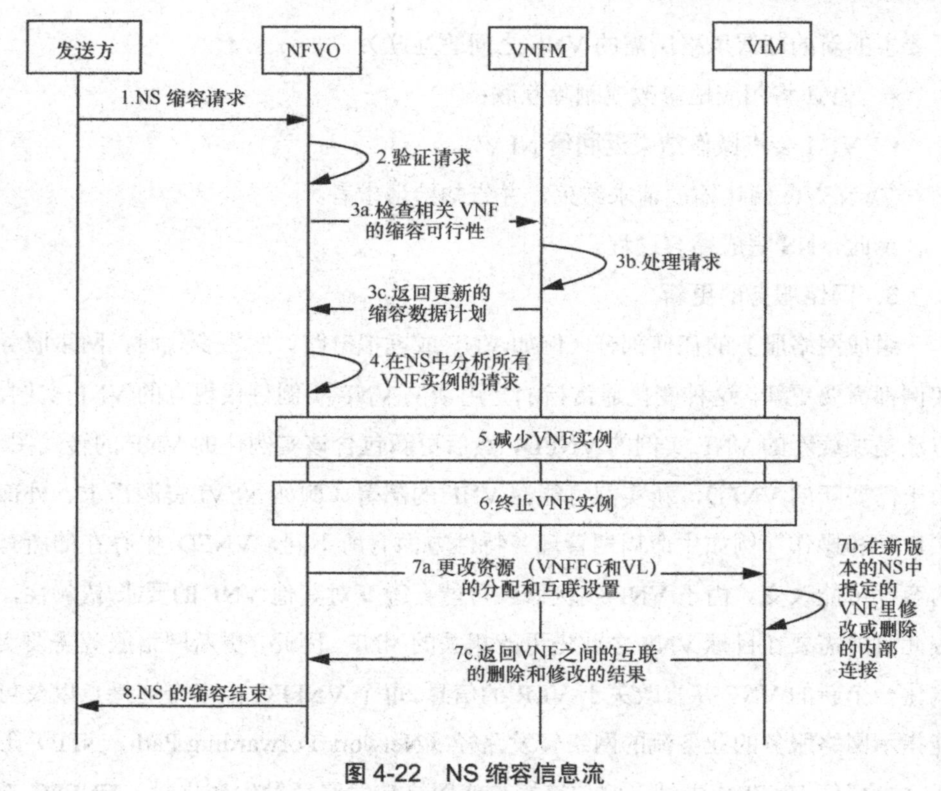

图 4-22　NS 缩容信息流

① 发送方请求 NS 缩放到新的部署形式，这种部署形式已经存在于预先加载的 NSD 中。

② NFVO 验证请求，包括验证请求的有效性（包括验证发送方是否有权发布此请求）以及验证通过的参数是否符合技术的正确性和策略的一致性。

③ 缩放组成 NS 的 VNF。VNF 可以通过以下两种不同的方式进行缩放：移除 VNF 实例中已经分配的资源或者直接关闭整个 VNF 实例；NFVO 根据相关的 NSD 识别需要的 VNF 实例来执行步骤④或步骤⑤或者都执行，如果已有的 VNF 实例已经缩小到其最小能力，则会终止（步骤⑤）。

④ VNF 实例缩容。

⑤ 终止 VNF 实例。

⑥ NFVO 要求 VIM 修改或删除需要更改的资源：

- NFVO 要求 VIM 修改或删除需要更改的资源（例如 VNFFGD 和 VLD

所要求的新的部署风格所需的 VNF 之间的互联）；

- VIM 将相应地修改或删除互联；
- VIM 会将操作结果返回给 NFVO。

⑦ NFVO 确认缩放请求结束，并告知给请求者。

至此，NS 完成缩容过程。

3．网络服务的更新

组成网络服务的任何部分（例如 VNF 或虚拟链路）发生变化时，网络服务实例都需要更新。这种变化通常指的是用新的 VNF 实例替代现有的 VNF 实例，方法是加载新的 VNF 实例的 VNFD，然后更新包含该实例化的 VNF 的转发图。由于需要新的 VNFD，新实例可能在 VNF 的部署（例如 NFVI 资源需求、外部接口）和操作（例如生命周期管理）特性方面有所不同，VNFD 中存在的所有内容都可能改变。由于 VNF 实例修改可能会改变对其他 VNF 的要求/依赖性，因此可能需要在目标 VNF 之前先更改相关的 VNF。因此，更新网络服务需要实例化一个新的 VNF 并修改关于 VLR 的信息。每个 VNFFG 由多个连接点以及可能指示网络服务的业务流的网络转发路径（Network Forwarding Path，NFP）形成。当任何 VNFFG 成员，例如连接点或网络转发路径发生变化时，VNFFG 都需要更新。因此，更新 VNFFG 需要修改 VNFFG 记录和更新 NFP。

图 4-23 显示了这种网络服务实例更新前后的对比图片。我们假设网络服务 A 中的 VNFX 在储存需求和外部接口方面被修改。为了适应已更改的储存要求，分配给 VNF Z 的资源将得到升级。

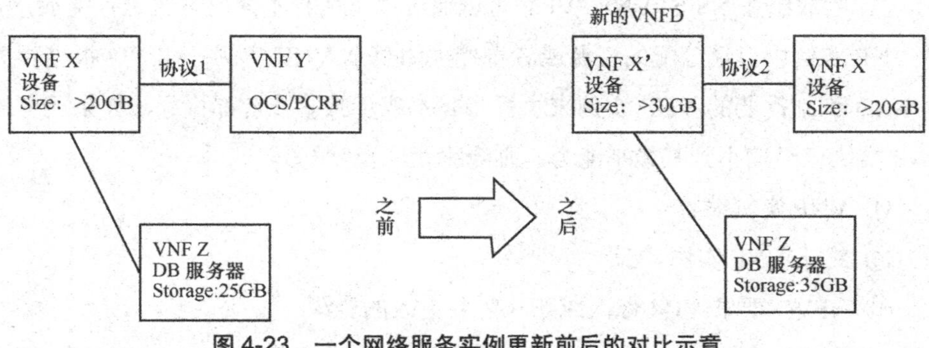

图 4-23 一个网络服务实例更新前后的对比示意

由 VNF 实例修改引起的网络服务更新的过程如图 4-24 所示。

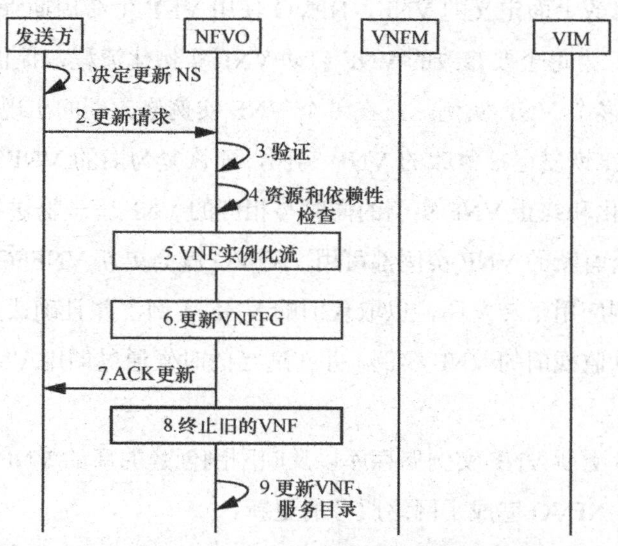

图 4-24 由 VNF 实例修改引起的网络服务实例更新

① 发送方通过修改一个或者多个组成NS的VNF实例来做出更新网络服务的决定。

② 发送方向 NFVO 发送更新请求以使用网络服务生命周期管理接口的更新网络服务操作来更新特定的网络服务实例。该请求包括以下几点：

- 标识需要更新的现有网络服务实例；
- 识别其实例（包含在网络服务中），需要更新的现有 VNFD；
- 检查对 VNF 的更新是否提供新的 VNFD。

注：如果提供新的 VNFD，则应在执行修改之前进行登记。

③ NFVO 验证请求，包括确认发送方是否有权发布此请求并验证通过的参数是否符合技术的正确性和策略的一致性。

④ NFVO 根据提供的相关 VNFD 识别相关的 VNF 实例，并分析或验证网络服务更新的影响，包括检查与其他 VNF 实例（例如基于版本、资源等）的依赖关系以及查询分配给它们的资源。当 NFVO 发现相关的 VNF 实例的能力不满足目标 VNF 的需求，如其版本过低时，NFVO 将创建一个 VNF 列表，来考虑

相关 VNF 的依赖关系并对其进行修改。

⑤ 为了修改上面定义的 VNF，NFVO 使用 VNF 生命周期管理接口的操作“实例化 VNF”为每个要修改的 VNF 启动 VNF 实例化流程，提供实例化数据。如果需要修改多个 VNF 实例，且在单个 VNF 实例修改期间出现错误，则需要采用回滚机制来恢复已被修改的 VNF 实例，即恢复为旧的 VNF 实例。这些过程需要在实例化和终止 VNF 实例的同时与相应的 VNF 管理器进行交互。

⑥ 一旦所有新的 VNF 实例都可用，NFVO 就会更新 VNFFG，其中包括将新的 VNF 实例应用于转发图，以取代旧的 VNF 实例，并且确认更新完成。

⑦ NFVO 监视旧的 VNF 实例，并在适当的时候通过调用 VNF 终止流程来终止它们。

⑧ NFVO 更新 VNF 实例储存库以反映刚刚创建的新的 VNF 实例。

⑨ 至此，NFVO 完成了网络服务的更新。

4.4.3 NFVO 面临的挑战

在以 NFVO 为中心的虚拟网络编排部署和管理的实践活动中，我们会遇到一些问题，这些问题需要在 NFV 网络大范围商用部署前得到解决，问题具体如下。

① 故障定位难度增加。分层解耦的虚拟网络相比传统网络引入了更多的网络功能模块和参与方，网络运行监控和故障定位复杂。传统网络的运行信息采集渠道集中，一般通过设备网管实现，并且故障直接定位到物理设备，责任清晰；而虚拟网络面临着物理资源层面、虚拟资源层面、虚拟网络功能层面等不同层面的故障定位问题，相应地，运行信息采集渠道除传统网管外，还增加了 VIM 渠道、VNFM 渠道和 NFVO 渠道，需要选择一个信息汇聚的节点对多个渠道的信息进行关联分析，确定出现问题的具体层次和原因，责任可能涉及多厂商，因此故障定位比传统网络更复杂，周期更长。

② 没有统一的虚拟资源的调度方式。对虚拟资源的分配和调度存在直接模

式和间接模式两种方式。直接模式是由 VNFM 直接对 VIM 提出资源操作请求的模式，间接模式即 VNFM 通过 NFVO 向 VIM 提出资源操作请求的模式。目前，无论在国际标准方面还是虚拟化产品方面，直接模式的支持力度都相对较好，可以实现快速部署和运维，但是很难实现三层解耦。从运营商的角度考虑，在统一的网络云资源池上构建多种业务场景的虚拟网络是 NFV 的典型场景之一，该场景需要统一管理资源池，为不同的虚拟网络分配资源，间接模式能够更好地保证资源的统一分配。

③ 接口和模板标准化程度不足。目前，国际标准对于相关接口和信息模型的定义尚未完成，各 NS 和 VNF 模板厂商也存在差异，导致 NFVO 每对接一个厂商的 VNFM 或者 VNF，都需要进行开发适配工作。

4.5 遍地开花的 NFV 应用

网络功能虚拟化自提出以来，就不断地为网络市场注入新鲜的活力，众多 NFV 项目也渐渐落地，应用于各个网络部署场景中。根据 IHS 公司对包括 NFV 硬件、软件和服务在内的全球的 NFV 市场份额的评估：2020 年，NFV 估值 15.5 亿美元。由此可见，虚拟化技术将会更多地走入市场，发展前景一片光明。我们可以想象，未来几年，专用服务器、路由器、交换机等设备可能将不再出现，家庭网络将不再需要繁杂的用户终端设备设置，只需云服务提供商轻轻一点，就可以实现网络接入，高效又便捷。网络功能虚拟化的发展势如破竹，各大网络公司也纷纷想抢占先机，争先恐后地投入 NFV 的市场中，NFV 在各个网络场景中遍地开花。

4.5.1 XaaS——向“服务”看齐

服务是一个多义词，通常是指一个实体为另一个实体提供帮助的行为，并且一般情况下需要付费或作为商业处理环节的一部分。NFV 的应用场景中，出现了 3 种面向服务的应用案例，分别为网络功能虚拟化基础设施即服务（NFV Infrastructure as a Service, NFVIaaS）、安全即服务（Security as a Service，SecaaS）和加密即服务（Crypto as a Service，CaaS）。下面，我们将分别介绍这 3 种应用场景。

（1）NFVIaaS

为了满足网络服务中的性能目标（例如时延、可靠性等）和监管需求，服务提供商需要将 VNF 实例运行在 NFVI 上，但在全球范围内，除了那些大企业，极少有服务提供商有能力部署和维护庞大的基础设施。市场需求推动生产力，于是，将 NFVI 以“服务”的形式提供给其他服务提供商的商业模式逐渐出现，并得到了广泛推广，我们称这种类型的服务为 NFVIaaS。对于 NFVIaaS 的提供商来说，它们将自身的 NFVI 以“服务”的形式提供给其他服务提供商使用满足了附加商业服务的需求，且直接支持和加速了 NFVI 的部署。同时，NFVIaaS 的模式也不仅限于两个服务提供商之间，在同一个服务提供商内部，一个部门的 NFVI 也可以通过“服务”的形式被提供给另一个部门。“服务”的消费者可以在 NFVI 上运行自己编写的应用程序，但不具备对底层基础设施的控制能力。

目前，云服务的概念被炒得火热，由于云服务具有动态易扩展的特性，与 NFVI 的部署需求相契合，因此，NFVIaaS 提供商也渐渐将“云化”作为 NFVI 的部署方案。在云服务中，聚集的资源指的是物理网络、储存和计算资源，在 NFV 模型中，其对应于 NFVI 中的计算、管理程序和网络域。NFVI 的计算节点位于 NFVI 接入点（NFVI-PoP），如中心局、外部工厂、专用设备或嵌入在其他网络设备或移动设备中。在一般情况下，这些基础设施的物理位置与云服务的性能是不相关的，但是许多网络服务具有一定程度的位置依赖性；同时，云化的 NFV 资源池包含了多租户的概念，也就是说，同一个资源池可以支持来自不同管理域或可行域的多个应用程序运行，具体如图 4-25 所示，支持多租户的 NFVIaaS 上不仅运行了两个来自不同租户的 VNF，还运行了各种不同的云服务应用。

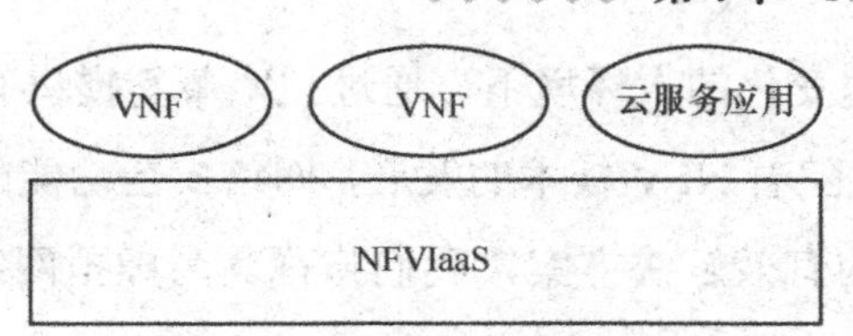

图 4-25　NFVIaaS 支持多租户

NFVIaaS 提供商提供服务时需要与消费者签订商业服务协议，并授权给消费者，这样才能保证服务模式的正常运转。如图 4-26 所示，2#服务提供商想要在其他服务提供商（比如 1#）的 NFVI 或云基础设施上运行 VNF 实例时，必须依赖一系列的商业服务协议。当 2#服务提供商与 1#服务提供商达成服务协议后，2#服务提供商就可以将运行在 1#服务提供商的 NFVI 上的 VNF 实例与运行在其自身的 NFVI 上的 VNF 实例集成起来，组成服务链，从而在整体上减少网络中资源的浪费。

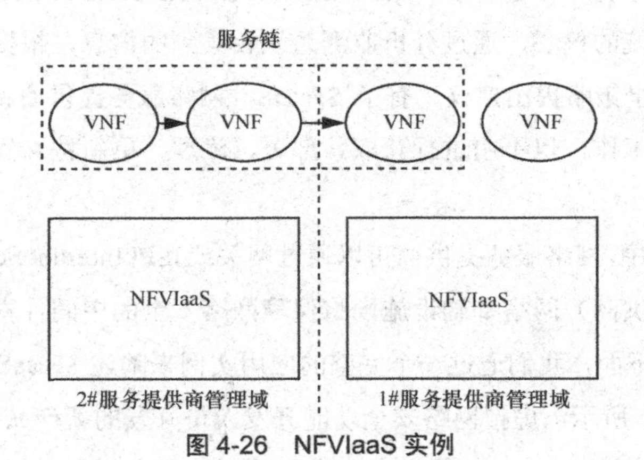

图 4-26　NFVIaaS 实例

（2）SecaaS

随着线上经济的发展，防范网络事故和网络犯罪已经逐渐成为提升企业竞争力的核心问题。网络犯罪率的上升、网络攻击的不断出现，迫使许多网络安全组织不断更新自身的网络安全和防御技术，这个过程十分耗费时间和精力，而且往往不能有效地应对不断涌现的新型网络的攻击和威胁。除此之外，应用带宽的不断增加、物联网的大量部署以及用户对网络依赖性的日趋加深，也为网络安全问题埋下了更多的隐患。

在网络威胁快速变化的大环境下，通过技术革新提供有效的网络防御的需求已变得十分迫切。随着 NFV 技术的发展，网络安全功能的虚拟化已成为解决网络威胁快速变化的有效解决方案，我们将称其为虚拟网络安全功能（Virtual Network Security Function，VNSF）。相比于现有的网络安全服务，VNSF 服务具有两点优势：首先，VNSF 提供了个性化的定制服务，通过各种特殊的 VNF，可以为网络中不同类型的安全威胁提供动态的、定制的解决方案；其次，VNSF 可提供对目标安全数据的监控功能，并将这些数据汇聚在网络中的特定位置进行智能的分析和管理。

VNSF 解决方案的核心思想是 SecaaS。SecaaS 模式有两方面的优势：一方面，分布式执行平台的 VNSF 提供的私人定制网络安全服务具有足够的灵活性和适应性，可以满足绝大多数用户的需求；另一方面，集中式的信息驱动设备——数据分析和修复引擎（Data Analysis and Remediation Engine，DARE）是整个监测系统的核心，通过分析监测系统收集到的信息，根据历史网络状态对当前网络安全策略提出建议。有了 SecaaS，网络服务提供商就可以摆脱繁杂的安全分析等工作，也不用进行获取、部署、管理、更新特殊安全设备等较为烦琐的工作。

在 SecaaS 中，网络服务提供商可以通过网关或 ISP（Internet Service Provider，互联网服务提供商）网络基础设施，将保障网络安全的中间件直接部署到用户本地网络中。下面，我们通过一个完整的应用实例来阐述 SecaaS 的整个工作流程。如图 4-27 所示，虚拟网络安全功能开发人员开发的新产品——VNSF，经过测试成功后部署到 VNSF 商店中。用户分析由运营系统或计费系统以及运营商的商业通道收集的数据，根据目前网络的运行情况，研究服务提供商提供的安全服务，并购买自己所需的安全服务。这些安全服务由不同类型的 VNSF 构成，部署在各个网络节点，监测和收集网络安全信息。当首次获取监测信息并经过初步检测后，VNSF 会将收集到的信息发送给 DARE。DARE 将根据用户的安全需求分析网络威胁现状，并向用户给出是否需要进一步部署安全服务的建议。用户根据反馈信息决定是否需要购买更多的 VNSF，以保证自己的网络安全。

目前，SecaaS 的服务模式还不完善，仍存在一些问题亟待解决。比如，用户之间的性能隔离问题还没有得到很好的解决，很可能埋下资源消耗型网络攻击（例如 DDoS 攻击）的隐患。随着 NFV 技术的不断完善，相信这些问题在不久的将来就会得到解决。

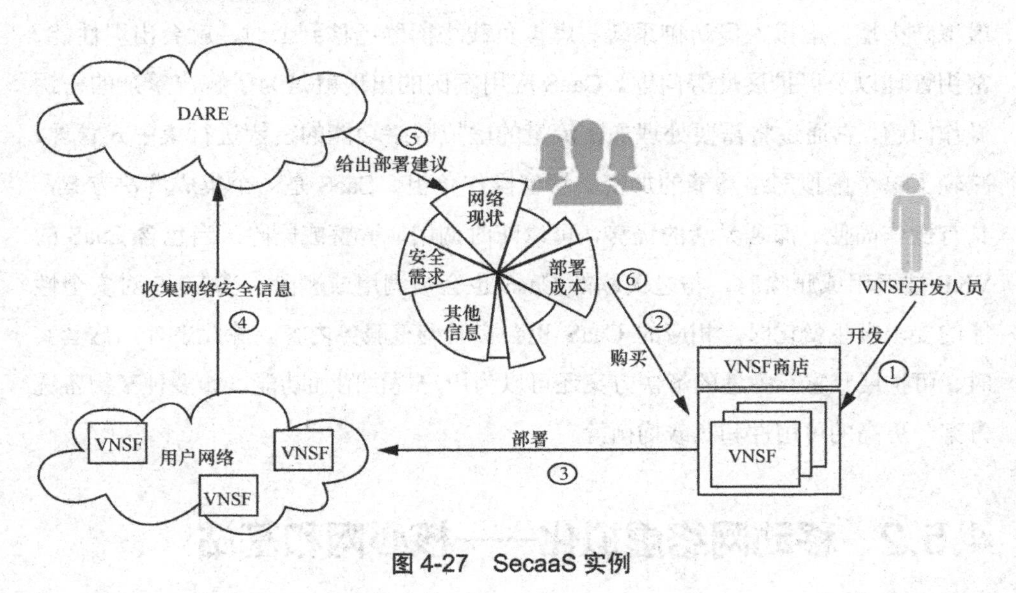

图 4-27 SecaaS 实例

产业界对网络安全的关注度很高，许多公司在不断地开发新型的虚拟化网络安全服务。瞻博网络公司提出了 vSRX 集成防火墙，以应对工作负载迁移到云中带来的新的安全问题。vSRX 虚拟防火墙可跨私有云、公有云和混合云提供可扩展的安全防护。vSRX 与 SRX 设备具有相同的功能，包括核心防火墙、先进的安全服务、自动化生命周期管理，可支持在高速变化的环境中部署和扩展防火墙的策略，可以提供高达 100Gbit/s 的处理速度，是业界速度最快的虚拟防火墙。到目前为止，vSRX 已经实现了对瞻博网络 Contrail、OpenContrail 和第三方软件定义网络解决方案的支持，并且可以与 OpenStack 等云编排工具集成。

（3）CaaS

早在几年前，只有大型的金融机构、商业集团和政府机关才会在网络中部署密钥协议，如安全套接层（Secure Sockets Layer，SSL）协定或 TLS 协定。而今天，SSL 无处不在，企业和云服务提供商使用 SSL 对网络中的绝大多数流量都进行了加密。然而，若将 SSL 部署到公有云或混合云中，则需要对网络流量采取更加严格的安全措施，这会引入一笔很大的开销。

另外，随着 NFV 技术的发展，一些重要的网络功能，例如防火墙、入侵防御系统、负载均衡器等都依据 NFV 的标准逐渐软件化、虚拟化。然而，当这些虚拟防火墙、虚拟入侵防御系统、虚拟负载均衡器迁移到云时，就会出现性能、密钥管理以及可扩展性等问题。CaaS 应用案例的出现就是为了解决繁杂的密钥操作问题，它通过将需要处理加密流量的虚拟网络功能的密钥进行集中式管理，减轻了单个虚拟网络功能的加密、解密操作负担。CaaS 是一个集成解决方案，具有操作简便、部署灵活的优势，可以随时调用、调整或删除。当包含 CaaS 的 VNF 被调用或删除时，与之关联的 CaaS 也会被调用或删除；当 VNF 对安全性能的要求发生变化时，相应的 CaaS 也会实时调整服务内容。除此之外，这套实时、可扩展且富有弹性的解决方案还可以为用户提供附加功能，如多种密钥备选方案、更高的可用性和负载均衡等。

4.5.2 移动网络虚拟化——核心网和基站

随着物联网、大数据、移动医疗等越来越多的业务的井喷式发展，移动数据流量一直保持爆炸式的增长态势，这给运营商网络带来了巨大的扩容和运维压力。但目前，移动网络被大量各种各样的专用硬件应用占据，导致设备的更新换代十分繁杂，且开发周期过长，进而影响了技术向市场的推进速度。因此，移动网络需要一个更加开放、灵活、高效的架构来解决目前困境，NFV 是不二选择。利用 NFV 技术将移动网络虚拟化实质上是将硬件基础设施和上层应用解耦，相较于目前移动网络中垂直式的应用部署，底层网络资源通过虚拟化具有可以被多种应用共享的优势。成熟的网络虚拟化技术可以灵活地调配网络资源，根据应用的负载要求，实现实时迁移、自动缩容和扩容等功能，从而极大地提高网络的灵活性和敏捷度。移动网络分为移动核心网和移动基站两部分，在本小节中，我们将分别介绍移动核心网和移动基站的虚拟化进程。

（1）移动核心网

移动核心网具有大量不同功能的硬件网络设备，因此最早被业界认为是最适合实现虚拟化的场景之一。通常情况下，我们将移动核心网称为分组演进核心网（也是 EPC 核心网）。传统的 EPC 的组成网元种类繁多，根据所执行的主要功能可以划分为三大类：控制面网元、用户面网元和用户数据网元。其中，控制面网元包括移动性管理单元（Mobility Management Entity，MME）/服务 GPRS 支持节点（Serving GPRS Support Node，SGSN）、策略与计费规则功能（Policy and Charging Rule Function，PCRF）单元，主要负责移动性管理、会话管理等业务，以控制信令交互为主；用户面网元包括服务网关（Serving GateWay，SGW）、PDN 网关（PDN GateWay，PGW），主要处理用户数据的交换与转发、计费数据处理等业务，同时接受控制信令控制；用户数据网元包括归属用户服务器（Home Subscriber Server，HSS），主要负责储存用户签约的静态数据，同时也接受控制面设备信令的控制。虚拟化的移动核心网利用通用服务器、交换机和储存设备部署网络应用，降低了组网的复杂度，在提高网络资源利用率的同时也降低了网络运维成本。由于通用服务器计算能力较强，因此，控制面网元在管理控制信令交互、处理状态转移时更加快捷和高效。

vEPC 的出现，不仅简化了网络运营商的运维工作，也提升了终端用户的网络使用体验。当请求移动网络服务的终端用户数量增加时，现有的移动网络性能不能满足用户的需要，此时，网络运营商将通过编排平台监测到 vEPC 资源不足的现象，继而将更多的资源分配给 vEPC，扩展 vEPC 的能力。而所有的操作对于终端用户是不可知的，终端用户丝毫不会感受到前一时刻网络中出现的拥塞，始终与移动网络保持良好的连接状态。当移动网络中的用户数量减少时，移动网络的能力就处于未充分利用的状态，此时，网络运营商就会通过编排平台降低 vEPC 的能力，减少分配给 vEPC 的资源，避免资源浪费。

由于传统移动核心网早已部署在网络中，根据实际运营现状，网络运营商将自由选择 NFV 的部署规模，从目前实践来看，基于 NFV 技术的虚拟移动核心网将会与非虚拟化的移动核心网并存。图 4-28 是虚拟化与非虚拟化在移动核心网共存的部署场景。运营商部署了一个完整的虚拟化核心网，同时也维持着非虚拟化核心网。虚拟化核心网可以用于特殊的网络服务或处理超出非虚拟化网络容量的流量。

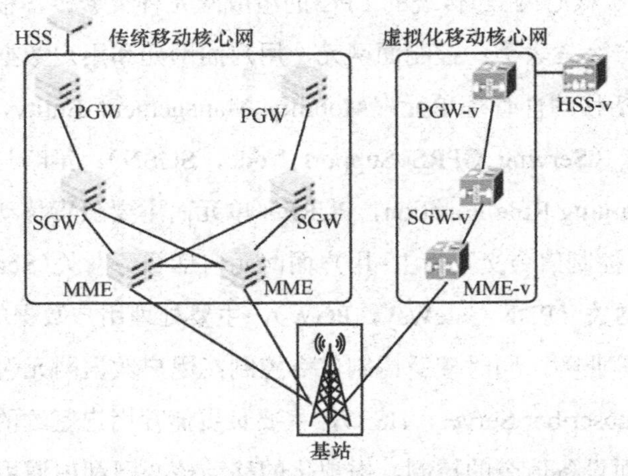

图 4-28　虚拟化与非虚拟化在移动核心网共存的部署场景

目前，产业界也出现了许多移动核心网的 NFV 解决方案。爱立信公司推出了 vEPC 解决方案，它是一个完整的端到端解决方案，支持不同网络功能组件通过联合部署，组成各种网络服务的场景。爱立信公司还提供 vEPC 解决方案与本地 EPC 的全面兼容，以及与其他网络设备、无线接入网（Radio Access Network，RAN）、供电系统和服务等周边系统的全面兼容。物理网络功能和虚拟网络功能可以实现无缝衔接，灵活分配负载。爱立信公司的 vEPC 产品自 2014 年第 4 季度开始投放市场，经过不断发展，实现了从 EPC 一体化的小型本地部署到大规模数据中心部署的转变，呈现出前所未有的可扩展性和灵活性。这意味着 vEPC 既可以部署在大型集中式数据中心，也可以分布式部署在无线网络内。据统计，爱立信公司的 vEPC 解决方案已经成功部署在 20 多个 NFV 商用系统中，爱立信公司也已经与 70 多个国家（地区）的 100 多家客户签订了部署合同。

（2）移动基站

随着手机和电脑等移动设备中新应用程序的不断出现，移动网络中的流量也呈直线上升态势。蜂窝网络出现后，人们对更高的数据传输速率、更好的服务质量、更快的无线接入的需求更加强烈。为了满足用户的需求，网络运营商不断更新设备，调整网络布局，为用户提供更优质的服务。然而，网络运营商发现，成本在不断增长，但利润却在不断降低，是什么原因造成这种现象的呢？网络运营商分析总投入成本时，发现RAN占据总成本的很大比例。大量的RAN节点，例如eNodeB（可以理解为基站），都是基于专用平台开发的，专用平台固有的开发周期长、部署周期长和运维周期长的特点，使得资本投入与收益严重失衡，要想改变这种局面，必须摆脱专用平台的限制。

NFV技术的出现使得移动基站的专用平台瓶颈有了解决的可能。NFV技术的思想是软硬件解耦，利用IT虚拟化技术将软件化的RAN节点迁移到标准的IT服务器、储存器和交换机上。软件化的RAN节点不仅可以添加动态资源分配和流量负载均衡等功能，还具有占用空间小、能耗低等优点，更易于运行和管理。

在虚拟化移动基站中，网络提供商可以通过虚拟机管理程序控制硬件资源的分配，灵活管理无线虚拟网络功能的资源扩展，这使网络利用率大大提升，同时，用户也得到了更好的网络体验。网络运营商在部署无RAN节点时，首先以最低标准分配专用硬件资源，并预留一定的可扩展空间。当连接到某蜂窝上的用户数量增加或流量需求增加时，虚拟化RAN节点将发挥它的扩展优势。网络运营商通过管理平台监测到硬件资源拥塞时，将采取增设无线接入节点的方式预防即将出现的网络拥塞。而在此过程中，终端用户始终与移动网络保持流畅连接，丝毫不会意识到网络中发生的拥堵，用户体验得到了保证。当网络中用户数量减少或流量需求降低时，移动网络中的资源就会闲置，得不到最大程度的利用，网络运营商通过管理平台监测到这一情况后会将空闲的硬件资源释放，等待新的硬件资源请求。

在一个RAN节点内部，专用硬件可能仍然存在，因为目前为止还不能通过软件完全实现所有的基带处理功能。除此之外，在虚拟化移动基站的过程中，还存在很多挑战：例如实时操作系统虚拟化的问题，因为无线信号的处理具有非常严格的实时性限制；还有资源的动态分配问题，虚拟化室内基带处理单元

（Building Baseband Unit，BBU）池之间的交互问题以及 I/O 虚拟化等问题。

产业界关于移动基站的虚拟化进程也有很多案例。Altiostar 公司是移动通信领域中首家 vRAN 提供商。Altiostar 的 vRAN 解决方案通过任意传输方式（这些传输方式可以是暗光纤、运营商网络、FTTx、微波或其他可利用的传输媒介）将智能远程射频头与虚拟化计算节点连接起来。这意味着在部署集中式无线接入网（Centralized Radio Access Netwerk，C-RAN）时不再受到网络规模的限制。另外，由于 RAN 基础设施资源非常宝贵，因此，在虚拟化 RAN 时，Altiostar 公司采用了基于开放源代码的可提供高可用性、超低延迟、大规模可扩展性和易维护性的运营商级 NFV 平台，并在 eNodeB 中实现了虚拟化的虚拟基带处理单元（virtual Base Band Unit，vBBU）。这种解决方案下的网络比目前的 RAN 更加强大，可在几秒钟内完成故障转移、实时迁移、异地备份等操作，应对各种突发情况。

4.5.3 CDN 的虚拟化

随着互联网的发展，用户在使用网络时对网站的浏览速度和效果愈加重视，但由于网民数量激增，网络访问路径过长，用户的访问质量受到严重影响。特别是当用户与网站之间的链路被突发的大流量数据拥塞时，对于异地互联网用户急速增加的地区来说，访问质量不良更是一个亟待解决的问题。如何才能让各地的用户都能进行高质量的访问，并尽量减少由此而产生的费用和网站的管理压力呢？内容分发网络（Content Delivery Network，CDN）诞生了。CDN 服务通常部署在网络边缘，如图 4-29 所示。CDN 利用缓存技术将网站内容缓存在网络边缘（离用户接入网最近的地方），CDN 在用户访问网站内容时，通过调度系统将用户的请求路由引导到离用户最近或者访问效果最佳的缓存服务器上，该缓存服务器为用户提供内容服务。相对于直接访问源网站，这种方式极大地缩短了用户和内容之间的网络距离，为用户提供了更好的网络体验。

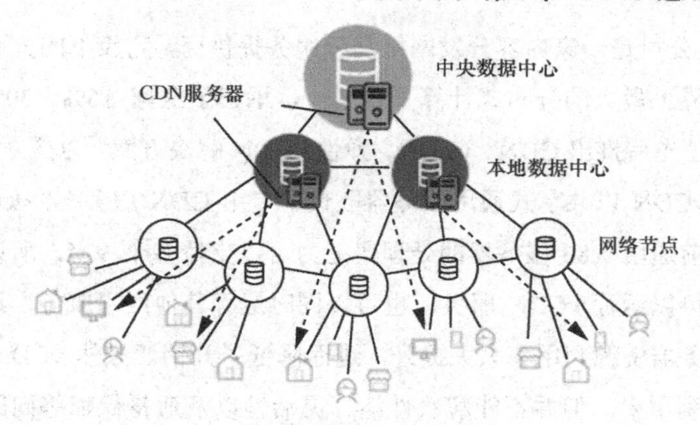

图 4-29 传统的 CDN

任何一种新事物，在给现有模式带来改进的同时，也必然存在一定的局限，CDN 也是这样。目前，CDN 提供商、CDN 运营商使用专用硬件为用户提供 CDN 服务，由于硬件资源的设计为高峰时满负荷，这些专用缓存资源在除高峰期外的大多数时间内未能得到充分利用。一般来说，周末晚上，用户的流量需求是一周内的顶峰，此时容易出现网络拥塞现象；而在上班时间，专用硬件设备和 CDN 服务器大多数处于闲置状态，但仍然需要消耗大量的电力资源和维护资源并会产生大量的热量。另外，专用设备应对突发流量的能力有限，例如直播需求，需要提前部署硬件资源才能保证直播视频的实时传输。依据目前 CDN 的部署方案，不同服务提供商部署的 CDN 节点是相互独立的，因此，CDN 整体容量的使用效率不高，尤其是在出现潮汐现象时，CDN 整体容量的利用率更低。

NFV 技术的出现让 CDN 看到了希望，软硬件解耦的思想让目前 CDN 出现的问题有了被解决的可能。CDN 的虚拟化是用通用 X86 服务器代替原有的专用缓存设备，用软件代替硬件实现的过程，简而言之，就是将 CDN 节点像虚拟应用程序一样部署在标准环境中。前面的内容提到，原有 CDN 只有在周末晚上时链路利用率较高，而在工作日的使用需求较少，但仍占据大量的资源。在 vCDN 中，工作日时，CDN 中的资源将会被动态分配给其他类型的 VNF 使用，通过 CDN 控制器的全局视角，总体资源可以被几个 VNF 共享，实现动态调用。另外，VNF 是以软件的形式存在的，具有灵活操作的特性，因此在内容分发过程中，如果新的要求出现，则可以通过软件的灵活部署予以应对。

Akamai 公司是一家内容分发网络和云服务提供商，它旗下的分布式智能边缘平台是世界上最大的分布式计算平台之一，承担了全球 15%～30%的网络流量。该公司曾先后推出 CDN、vCDN、弹性 vCDN 解决方案，以应对 CDN 中出现的问题。vCDN 以共享式通用服务器取代了专用 CDN 服务器，如图 4-30 所示。由于目前通用 X86 服务器的处理器能力可以支持多个 VM，所以，同一服务器上不仅可以运行 vCDN 服务，也可以同时运行其他网络服务，这种共享式模型使得服务器资源利用率大大提升，进而降低了开销。虽然 vCDN 提升了服务器资源的利用率，但并不能解决性能、灵活性以及质量保障等问题，于是，弹性 vCDN 应运而生。弹性 vCDN 在 vCDN 的基础上增加了快速扩展缓存和带宽资源的功能，换句话说，弹性 vCDN 能够更好地处理突发流量状况。例如，当突发性事件出现时，网络流量将会骤增，传统的 CDN 需要提前几周或几个月部署 CDN 方案予以应对，而弹性 vCDN 能够根据流量趋势扩展缓存大小，增加带宽资源，针对高峰期流量快速做出反应。但是目前的弹性 vCDN 解决方案通常使用手动干预进行操作，不够灵活，部署场景也局限于更高级别的数据中心，适用性不足。所以，vCDN 的发展任重而道远。

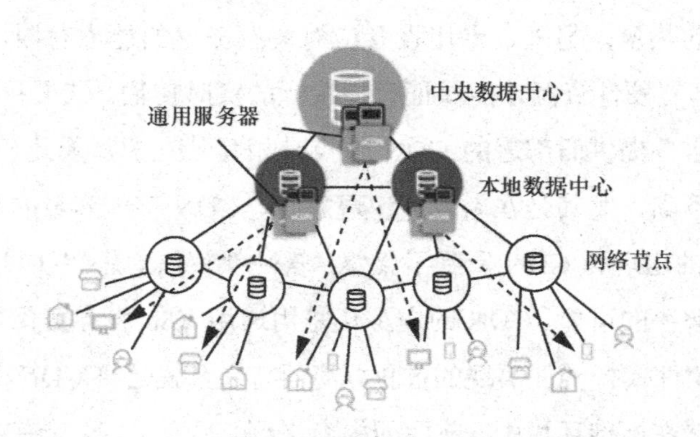

图 4-30 虚拟化 CDN

4.5.4 家庭网络的虚拟化

通过使用智能手机，你可以在千里之外对办公室和家里的情况一目了然；

办公室和家里的电器也可以任由自己控制，你可以在到办公室之前将计算机、空调开启，在回家之前遥控家用电器满足自己的需求……物联网的出现，使得这些曾经只存在于科幻电影中的场景变成了人们日常生活的真实写照。提到物联网，多数情况下我们会将焦点汇聚在“物”上，而忽略了“网”的重要性。实际上，物联网的出现和普及离不开网络的飞速发展。

传统网络运营商通过位于网络侧的DashBoard和位于用户侧的CPE为家庭网络提供服务。常见的CPE包括用于提供互联网接入和VoIP等服务的家庭网关（Residential GateWay，RGW）和用于提供多媒体服务的机顶盒（Set Top Box，STB）。如图4-31所示，每个家庭中都配备了RGW和STB，RGW接收所有的网络服务，并将公共IP地址转换为私有IP地址，然后发送到用户终端设备。其中，互联网服务需要通过RGW和宽带网络网关（Broadband Network Gateway，BNG）才可以接入，而VoIP和IPTV服务则不需要经过BNG，直接通过RGW即可连接家庭网络。

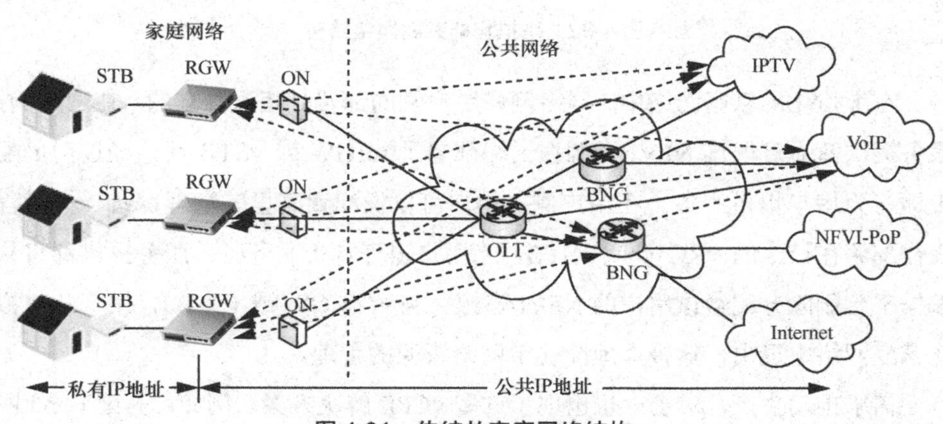

图4-31 传统的家庭网络结构

随着用户接入服务的日益丰富和接入带宽的增长，CPE的发展呈现出两种趋势：智能化和虚拟化。NFV技术的出现使得CPE的虚拟化成为可能，基于特定硬件的功能逐渐被VNF取代，使得网络功能的更新变得更加便捷。同时，网络接入带宽的增加（通常指光纤接入）和NFV技术的利用使得家庭环境的虚拟化变得更加便利，用户终端只需要对集中式、低成本、易维护的物理设备进行简单的物理连接即可实现家庭网络的所有功能。如图 4-32 所示，传统家庭网络中位于用户侧的 RGW 和 STB 设备被转移到网络侧的 NFV 云中，变成了虚拟家庭网关（virtual Residential Guteway，vRGW）和虚拟机顶盒（virtual Settop Box，vSTB）。低成本、易维护的二层转发设备被保留在用户终端内，起到连接用户侧和网络侧的桥接作用。

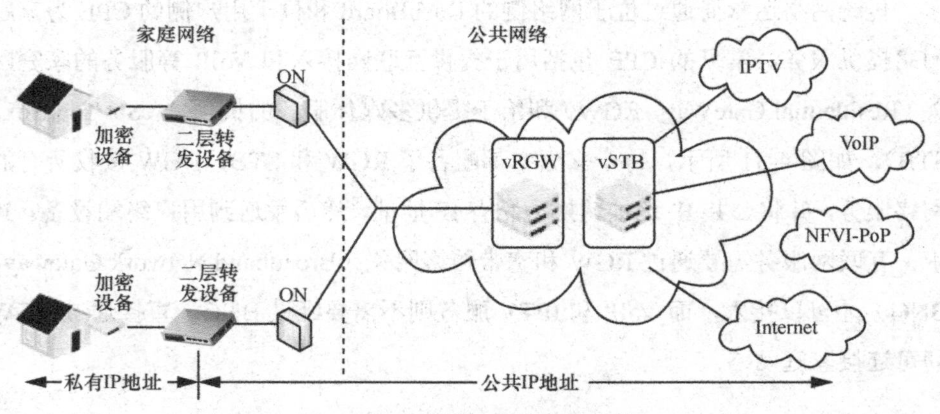

图 4-32　虚拟化的家庭网络结构

在虚拟化的家庭网络中，网络侧和用户侧的部署是相互独立的。在网络侧，服务提供商通过编排 NFVI 资源在云端部署了 vRGW 或 vSTB 后，经过简单配置即可为用户提供服务。在用户侧，用户可以像配置家里的物理设备一样远程操作部署在云上的 vRGW 或 vSTB。当用户退订宽带服务时，服务提供商将从编排平台删除分配给该用户的 NFVI 资源（例如 vRGW 或 vSTB），用户从虚拟化家庭网络中退出，这极大地简化了网络资源的管理。

需求推动生产，市场上也出现了许多 vCPE 解决方案。例如，美国 Benu 网络公司提出了虚拟化服务边缘（Virtual Service Edge，VSE）VNF，可用于 vCPE 驻地、小型企业网和服务提供商 Wi-Fi 3 种场景。在 vCPE 驻地的场景中，VSE 可以确保网络中每台设备的可视化和可控性，以及增值服务的交付。家庭用户可以通过云门户管理每个网络设备的策略，例如设置访问限制、控制网络带宽、订阅云服务等。在小型企业网的场景中，VSE 可以协助管理私人和访客的网络访问权限，进行网络控制，提供云服务。访客 Wi-Fi 可以自定义 Web 启动界面，例如社交账号登录或显示营销活动，以此帮助商业客户利用 Wi-Fi 获利。在服务提供商 Wi-Fi 的场景中，VSE 通过利用第二个 Wi-Fi-SSID 服务切片将 vCPE 驻地、小型企业网和室外 Wi-Fi 接入相结合，从而为服务提供商创造独立的移动体验。

尽管学术界和产业界在 NFV 的浪潮下不断努力革新网络部署，但在家庭网络的虚拟化进程中，我们仍面临诸多挑战。为了保证家庭网络虚拟化的平滑演进，网络管理功能都保持不变。即便如此，根据评估结果，家庭网络的虚拟化也需要数十万个虚拟设备的支持。假设为一个物理设备分配一个虚拟机资源，家庭网络的虚拟化所消耗的云端资源将难以统计，从而造成家庭网络难以扩展。因此，虚拟化设备与非虚拟化设备的共存是必要的，服务提供商也更倾向于根据目前可用的接入技术和终端用户的需求平滑部署虚拟化设备。

家庭网络的虚拟化过程相对于其他虚拟化实例来看，需要考虑的事情更多，过程也更为复杂。除了上述提到的问题外，还有已存在的管理系统与 OSS 技术的整合，用户的虚拟环境隔离，缓存内容的数据加密以及链路安全等问题，这些问题都有待进一步探讨。

参考文献

[1] ETSI.Network Functions Virtualisation-Update White Paper[EB/OL]. (2013-10-15).
[2] RAJENDRA CHAYAPATHI, SYED FARRUKH HASSAN, PARESH SHAH. Network Functions Virtualization (NFV) with a Touch of SDN[EB/OL]. (2016).
[3] Huawei. NFV 理论与实践[EB/OL]. (2018-03-06)[2018-10].
[4] Linux Foundation. Open vSwitch[EB/OL]. (2016)[2018-10].
[5] FD.io, The World's Secure Networking Data Plan[EB/OL]. (2018)[2018-10].
[6] LF Projects. Data Plane Development Kit[EB/OL]. (2010)[2018-10].
[7] Noteya Media. 2017 NFV Report Series Part 1: NFV Infrastructure (NFVI) and VIM[R/OL]. (2018)[2018-10].
[8] ETSI GS NFV-SWA 001. Network Functions Virtualisation (NFV); Virtual Network Functions Architecture[EB/OL]. (2014-12-01)[2018-10].
[9] 徐代刚，孟照星，刘学生. 面向未来网络运营的敏捷运维架构[J]. 中兴通讯技术，2016, 22(06): 56-60.

[10] Noteya Media.　2017 NFV Report Series Part 3: Powering NFV - Virtual Network Functions（VNFs）[R/OL]. (2017-05-25)[2018-10].

[11] Ericsson. 爱立信 vEPC 解决方案[EB/OL]. (2018-07-10)[2018-10].

[12] Altiostar. Altiostar 公司 vRAN 解决方案[EB/OL]. (2018)[2018-10].

[13] Akamai. Akamai: The Case for a Virtualized CDN (vCDN) for Delivering Operator OTT Video[R/OL]. (2017-09)[2018-10].

[14] ETSI GR NFV 001. Network Functions Virtualisation (NFV); Use Cases[EB/OL]. (2017-05)[2018-10].

[15] Business Wire. 美国 Benu 网络公司 VSE 解决方案[EB/OL]. (2015-05-20)[2018-10].

第 5 章

网络编排器：SDN/NFV 的指挥官

NFV 技术和 SDN 技术都需要一个编排系统统一管理和协调业务或者资源，即根据业务请求实现资源的自动分配和管理，以满足用户需求。由于运营商网络中异构物理网络系统的复杂性，编排在运营商网络中扮演着举足轻重的角色。目前，业界对编排的含义和范围还没有很明确的定义和划分，各个组织对其含义的理解也不一。本章将主要从编排器产生的背景、编排器的分类、编排器中涉及的关键技术、现有的主流编排器项目以及编排器的发展趋势和面临的挑战 5 个方面介绍 SDN/NFV 中的网络编排器。

5.1 网络编排器的前世今生

网络中的编排是指网络对服务器、储存设备、网络转发等进行资源分配和排列，以满足用户或管理员的需求。本节首先介绍编排器的产生背景，然后对现有的编排器进行分类，以更清晰地展示编排器在网络中的作用。

5.1.1 编排器的孕育

网络服务编排是自动编程网络行为的过程，网络服务编排的主要思想是将网络服务与网络组件分离，根据所提供的服务规范自动化配置网络。我们可以将网络的编排分为以下两类。

① 业务编排：负责自动编排业务所需的网络资源，即完成端到端的业务部署、扩展、更新等。比如，在业务的几个站点之间建立一个 IP VPN，或者向用户交付特定的防火墙和 IP/IDS（Intrusion Detection System，入侵检测系统）服务选项。

② 资源编排：主要负责网络资源池里的资源管理以及相关的策略管理，通过编排引擎自动化完成资源的创建和配置。比如，使用 OpenStack 管理服务器和交换机等资源。

传统网络的 OSS 能够完成上层业务的编排，但由于传统网络设备的封闭性，OSS 只能进行一些简单的管理和操作，业务的最终交付和底层资源的调配还需要网络管理员手动完成。随着网络的作用从用户间的简单通信发展到为用户提供各类定制化的业务，业务形式越发多样化，网络流量也随之大幅增加。传统网络的结构僵化、网络资源利用率低等缺点逐渐显现，传统设备封闭的编程能力和 OSS 受限的编排能力也使日渐增长的业务无法快速得到部署，这些业务需网络专业人员进行大量的手动配置和调测，CAPEX 和 OPEX 居高不下。

网络的转型成为必然趋势，编排器已成为网络转型中的关键技术。编排器的概念最早出现在云计算开源软件 OpenStack 中，是管理虚拟计算和网络资源的一套系统。随着 SDN 技术和 NFV 技术被引入电信网络，编排器的概念也出现在电信网络中。但当前多种网络技术共存，传统网络短期内不会实现全面转型，可能会在未来很长一段时间内处于传统网络技术、SDN 技术、专用硬件和通用硬件并存的状态，在此复杂的网络环境下，实现全网的业务编排将是编排器的长期发展目标。运营商和设备商纷纷加入筹划业务编排器的行列中，美国 AT&T 公司发布了基于 Domain2.0 的网络管理平台《ECOMP 架构白皮书》，中国移动等多家运营商、设备商和软件开发商合作共同启动了 OPEN-O 项目，OPEN-O 项目于 2017 年与 ECOMP 合并为 ONAP 项目。

5.1.2　三大主流编排器

如今的电信网络由新型数据中心和高速网络连接组成，部分电信网络功能由数据中心承载，以 NFV 技术为核心，实现网络功能的快速部署和灵活调整；节点间的数据交换由高速网络连接提供，以 SDN 技术为核心，自动化匹配业务调整所带来的链路调整需求。但是，单独的 NFV 管理编排和 SDN 编排都无法实现运营商最终业务的快速上线和调整，两者必须协调多个供应商的软件和硬件资源才能实现最终业务的快速上线和调整。因此，面向端到端业务编排与资源调度的跨域编排器（Global Service Orchestrator，GSO）应运而生。GSO 负责将端到端业务分解成由 SDN 编排器（SDN Orchestrator，SDNO）和 NFVO 负责的业务组件，并将其下发至对应的 SDNO 或 NFVO 中实现。接下来，我们将按照 SDNO、NFVO 和全局业务编排器的顺序详细介绍编排器。

1. SDNO

SDN 将传统网络设备中本地嵌入的控制逻辑提取到远端，并且通过开放的接口实现网络的可编程性，大大提高了网络部署的灵活性。应用程序通过控制器北向接口将各种网元功能按需部署到网络的任意位置。SDN 技术发展初期，业界的关注重点多放在控制平面与转发平面的研究和开发上。随着研究的日渐成熟，SDN 在数据中心网络、企业网络等场景中得到应用，更高层面的业务编排能力进入人们的视野。SDN 编排器需要实时获取网络动态信息，并根据动态变化的网络调整网络策略，部署网络服务。

SDNO 负责 SDN 域的协同工作，即负责 SDN 控制器和网元管理系统（Element Management System，EMS）联合管理的 SDN 或传统网络的网络连接以及网络虚拟化的管控。

SDNO 提供统一的网络连接编排、业务模型管理、网络模型管理、资源管理、性能监测控制、安全控制，以及统一的、端到端的、业务路径的拓扑呈现等功能，如图 5-1 所示。SDN 中通常存在很多个 SDN 控制器。建立跨域端到端的连接，一种方案是 SDN 控制器之间实现东西向的接口，但是这种方案复杂性高、耦合性强，难以构建大规模的网络；另外一种方案是 SDN 控制器提供标准的北向接口，提供基础的网络逻辑连接功能和拓扑视图功能，SDNO 根据业务需求和网络拓扑构建端到端的连接。这种方案并不要求整网全部都是 SDN，传统的网络也可以通过 EMS 抽象，提供类似 SDN 控制器的功能，只不过 SDN 控制器管理的网络动态优化能力更强，接入更加灵活，维护更加简单。

SDNO 实现跨域、跨层的网络业务的实时编排和资源的统一协同、自动化部署和运维，有效降低网络的开通、运维成本。SDNO 提供标准的北向接口、上层应用和编排协同，实现集中式的连接控制和拓扑管理，负责将面向用户和业务的连接需求转化为面向网络的连接需求，并将其下发到具体的 SDNO 和

EMS 中进行控制，实现完整意义的网络虚拟化，使网络更具弹性，降低网络的开通和运维成本。

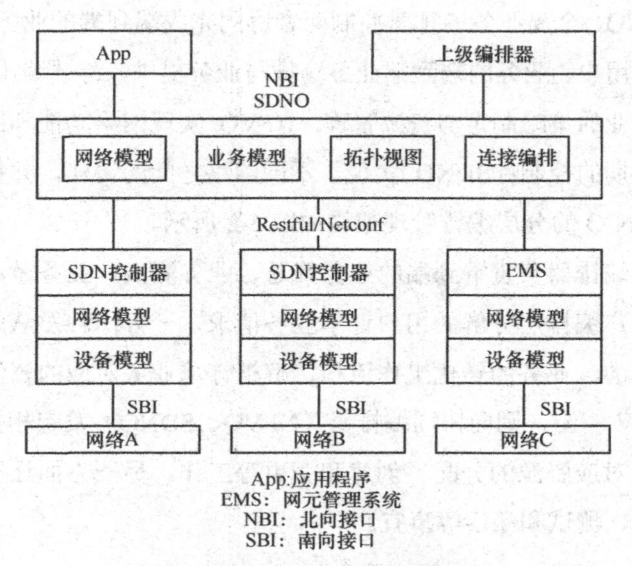

图 5-1　SDNO 在网络中的应用

2．NFVO

SDN/NFV 技术的出现和发展填补了传统网络中底层硬件资源开放性的不足，也为实现更大范围自动化的网络编排提供了可能。

NFV 技术侧重于 L4～L7 中网络服务的虚拟化，将网络功能从专用硬件中解耦出来，使其运行在通用服务器、通用储存和通用转发设备中，实现网络功能的灵活部署。在 ETSI 提出的 NFV 架构中，MANO 负责 NFV 网络的管理，由 NFVO、VNFM 和 VIM 3 部分组成。其中，NFVO 负责编排 NFV 网络的业务，处理网络管理员或者上层应用下发的业务需求。由于我们已经在前文中对 NFVO 做过详细的介绍，本节不再赘述。

3．全局业务编排器

全局业务编排器的概念最初由 OPEN-O 提出，是在 SDN/NFV 之上，负责把端到端跨域业务分解成多个由对应域内协同器负责实现的本地业务组件，并进行跨域资源调度的编排器。

此处介绍的全局业务编排器的概念可以扩大为所有能够统筹规划全局业务的编排器。具体而言，全局业务编排器负责端到端的业务场景，可被拆解为 SDNO 和 NFVO，全局业务编排器控制两者协同完成端到端的业务部署和控制，进而提供面向用户、业务的端到端业务编排与业务提供，跨域编排及资源协同，最终实现跨行业的策略制定与资源管理。NFVO 实现网络功能和网络服务的部署以及生命周期的控制；SDNO 实现了不同网络之间的协作，并控制数据的流量流向。OPEN-O 的分层编排管理架构如图 5-2 所示。

全局业务编排器负责端到端的业务开通、业务测试、业务激活等工作，主要处理来自用户编排层分解的用户订单业务请求，一方面触发从面向用户的业务到面向资源的、业务的转化工作流程，解析订单业务对应的资源模型，如果涉及 SDN/NFV 资源，则向协同编排器（NFVO、SDNO）发起相关请求，由协同编排器负责对应资源的分配、创建和变更等工作；另一方面还需要进一步完成业务的配置、测试和激活等事宜。

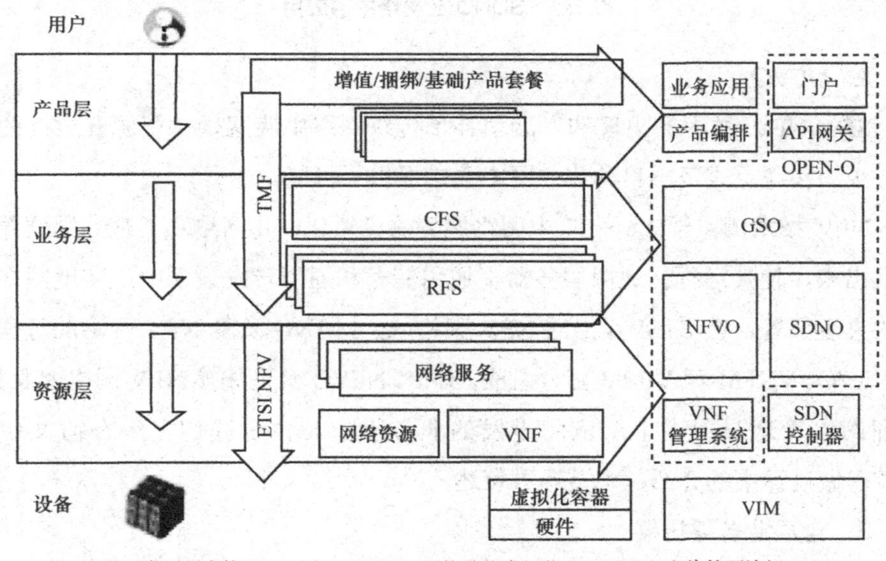

图 5-2　OPEN-O 的分层编排管理架构

GSO 通过强大的设计引擎实现业务封装，屏蔽底层业务实施细节，为用户提供简单易用的自助服务协调门户，以便用户可以自由选择服务和网络。

GSO 支持多厂商、多平台和多网络（虚拟和物理）的 E2E 设计和编排。GSO 中基于策略的闭环控制使网络具备了所有服务生命周期管理和保证的能力。GSO 还为外部系统提供了一个开放功能的统一接口，加速了服务创新和新服务的发布。

5.2 至关重要的编排器技术

5.2.1 业务模板：便捷的业务个性化定制

1. 业务模板简介

一个网络业务（NS）由多个 VNF、物理网络功能（Physical Network Function，PNF）及连接这些 VNF/PNF 所需的链路组成。这里需要指出的是，不仅 VNF 之间需要链路连接，VNF 和 PNF 之间，以及 VNF 与终端节点之间也需要链路连接。这是因为传统网络向 SDN/NFV 网络过渡的过程中，网络中的网络功能既存在传统的专有设备的形式，也存在 VNF 的形式，为实现两者之间的平滑过渡，就需要在网络业务的实现过程中考虑 VNF 与 PNF 之间的连接问题。

为描述一个 NS 及其相应组件，NFV MANO 中引入信息元素的概念，信息元素是实现一个 VNF 或 NS 的实例化和生命周期管理的信息集合。每个信息元素主要包含两类信息：描述符信息和记录信息。其中，描述符信息是 VNF 或 NS 实例化过程中的静态信息，包含在部署模板中；记录信息是指在 VNF 或 NS 实例化后，用以代表每个 VNF 实例或 NS 实例运行时的信息，包含在一条一条的记录中。信息元素包括 NS 信息元素、VNF 信息元素、PNF 信息元素、VL

信息元素和 VNFFG 信息元素。各信息元素之间的层次关系如图 5-3 所示。这里，我们仅详细介绍信息元素中的部署模板。

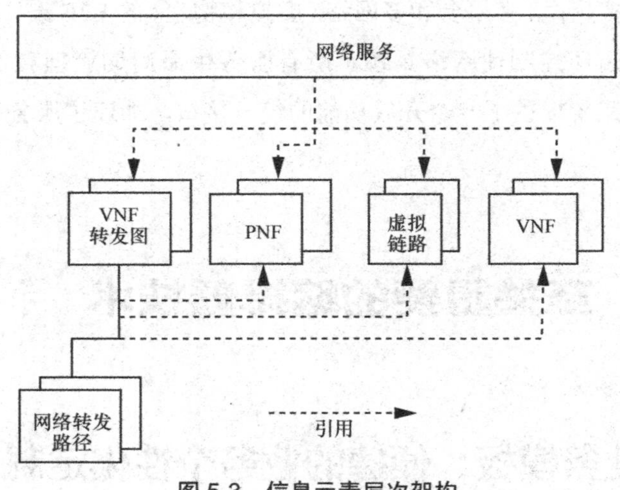

图 5-3 信息元素层次架构

NFV 中的部署模板全面描述了业务的部署和管理要求。按照 ETSI NFV 相关标准，NFVO、VNFM 和 VIM 等资源管理及协同功能实体把由抽象模型语言构建的部署模板作为输入，实现对 VNF 及 NS 的部署和管理。部署模板包括网络业务描述符、虚拟网络功能描述符、物理网络功能描述符（Physical Network Function Descriptor，PNFD）、虚拟链路描述符和虚拟网络功能转发图描述符。各模板之间的层次结构和图 5-3 所示的信息元素的层次架构是一致的，该结构主要通过在相应模板中引用其他模板而实现。接下来，我们将依次介绍各个部署模板。

NSD 位于 NFV 部署模板架构中的最上层，由一个或多个 VNFD、PNFD、VLD、VNFFGD 构成，它包含各种静态的配置信息，NFVO 可使用这些信息来实现对业务的实例化。此外，NSD 还描述了网络业务的相关策略和部署特性，其中，相关策略包括缩扩容、监控、安全、性能等，部署特性指不同部署规格下的性能要求。ETSI MANO 的标准文件对这些配置信息和业务的部署特性做了详尽描述，读者可参考以进一步了解相关内容。

VNFD 是 VNF 的部署模板，它规定了实现一个 VNF 所需的部署和操作行为上的要求。VNFD 主要用在 VNF 实例化和生命周期管理（VNFM）的过程中。VNFD 提供的信息也被 NFVO 用于管理和协调 NFVI 上的网络业务和虚拟资源。VNFD 还包括连接性、接口和关键绩效指标（Key Performance Indicator，KPI）方面的要求，NFV-MANO 功能块通过使用这些信息可以在其 NFVI 内的 VNFC 实例之间建立适当的虚拟链路，或者在 VNF 实例和其他网络功能的端点接口之间建立适当的虚拟链路。

PNFD 规定了与 PNF 相连的虚拟链路在连接性、接口和 KPI 方面的要求。当网络业务中包含物理网络功能时，NFVO 就需要使用 PNFD 创建 VNF 和 PNF 之间的链路。

VLD 是对每条虚拟链路的描述，它包括连接至该 VL 上的一个或多个 VNF 之间的拓扑及其他所需参数（例如带宽、QoS 等级等）。NFVO 可使用这类信息决定 VNF 实例的放置位置，以及负责管理虚拟资源的 VIM，也可以通过这些信息决定主机上各个 VNF 实例虚拟资源的分配情况。同时，该 VIM 或者其他网络控制器也可以使用这些信息创建合适的路径和 VLAN。

VNFFGD 部署模板引用 VNF、PNF 及连接它们的 VL 描述了一个网络业务或者部分网络业务的拓扑结构。此外，它还包括与 NFP 相关的策略信息（例如 MAC 转发规则、路由表项等）和连接点信息（例如虚拟端口、虚拟网卡地址等）。VNFFGD 中不包括 NFP 的相关元素时，适用于业务流的转发路径在运行时就被确定了（例如，跨越呼叫服务器的信令消息的路由）。需要指出的是：一个 NS 可能对应多个 VNFFG，一个 VNFFG 可能包含多个 NFP。图 5-4 展示了一个 NS 中包含两个 VNFFG 的示例，其中，VNFFG1 包含两个 NFP（NFP1 和 NFP2），VNFFG2 包含一个 NFP（NFP1）。

介绍完这些部署模板之后，你可能会好奇，这些业务模板如何在 NFV 中被使用呢？不同组织对业务模板有不同的描述，且业务模板结合的和实际应用也有所不同，因此，不同组织的业务模板在编排的方式上存在一定的差异。这里，我们仅简要介绍 ETSI MANO 的标准文件如何利用这些部署模板实现业务的部署和管理。

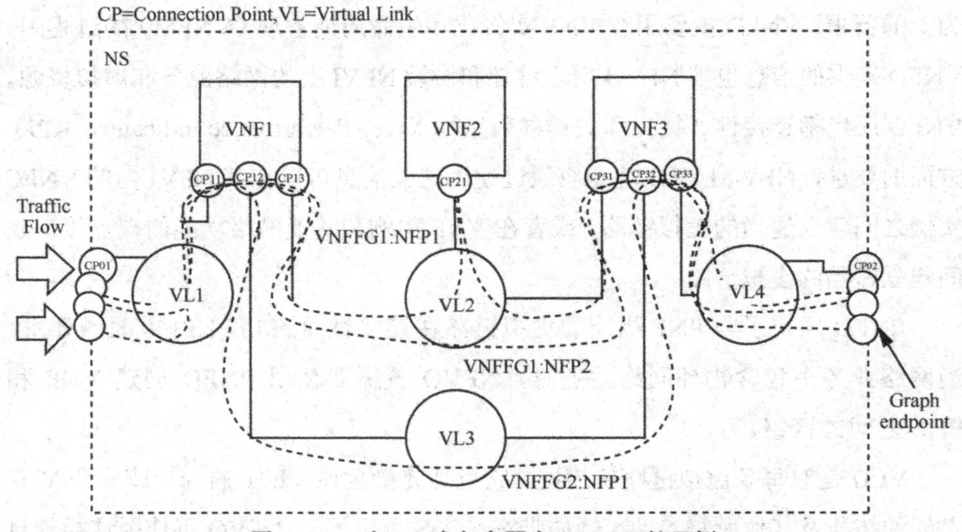

图 5-4　一个 NS 中包含两个 VNFFG 的示例

① 加载、验证和更新：NFVO 首先将所有部署模板加载到数据资源库的相应目录中。NSD、VNFFGD 和 VLD 加载到 NSD 目录中，VNFD 加载到 VNFD 目录中（作为 VNF Packet 的一部分），至于 PNFD 如何加载以及加载到哪个位置，标准文件中还尚未明确。在加载过程中，部署模板的完整性和真实性也会被验证。此外，这些目录中可能同时保存着不同版本的业务模板，所以，NFVO 需要实时地更新已部署的网络配置以匹配更新后的模板，至于何时更新则由外部的策略来触发。

② 实例化：在实例化的过程中，NFVO 或者 VNFM 从启动实例化操作的实体接收实例化参数。这些参数中包含用于标识将要使用的部署特性的信息，还有可能包含对已有 VNF/PNF 实例的引用。NFVO 或者 VNFM 通过这些参数实现用户自定义的 NS 或者 VNF 的特定实例。

③ 创建记录：实例化操作之后，基于业务模板中给出的信息和实例运行时的信息，NFVO 创建用于代表实例的记录，包括网络服务记录、VNF 记录、PNF 记录、虚拟链路记录和 VNFFG 记录。这些记录中提供的数据信息有可能被用来对 NS、VNF、VNFFG 和 VL 实例的状态进行建模。

2．典型的业务模板数据模型语言

目前，NFV 中业务模板的数据模型语言主要有分布式管理任务组的开放虚拟化格式（Open Virtualization Format，OVF）、结构化信息标准促进组织（Organization for the Advancement of Structured Information Standards，OASIS）的针对云应用的拓扑和编排规范（Topology and Orchestration Specification for Cloud Applications，TOSCA）、IETF 的 YANG 以及 OpenStack 平台中的 Heat，其中，OVF 和 Heat 主要针对互联网领域的云场景，TOSCA 和 YANG 针对虚拟化做了相应的说明和规范。

（1）TOSCA

TOSCA 是由 OASIS 发布的对复合云应用进行建模和实现云应用自动化部署管理的标准。换一种通俗易懂的说法就是，TOSCA 旨在完成两件事，一是用特定的规范化语言描述各种不同的云应用，二是实现这些应用程序的自动化部署和管理。

TOSCA 规范中定义的元模型描述了应用（也可以说是服务/业务）的结构层面和管理层面，从而引申出了 TOSCA 中最核心的两个概念——应用拓扑和管理计划。应用拓扑描述的是一个应用的结构层面，即该应用由哪些组件构成，各个组件之间的关系是怎样的。同时，各个组件还定义了编排引擎或者编排器的管理操作。因而，应用拓扑不仅是对应用组件及组件关系的描述，也是对该应用可执行的管理操作的描述。在此基础上，管理计划通过整合各个应用的管理能力，形成更高层次的管理任务，从而实现应用的自动化部署、配置和管理等。接下来，我们分别介绍这两者。

在 TOSCA 中，业务的结构层面由拓扑模板来表示，拓扑模板由节点模板和关系模板组成。这些模板将业务抽象成了由可部署的组件构成的有向图，即业务模板。业务的每一个组件都由一个节点模板来表示，组件和组件之间的关系则用一个关系模板来表示。节点模板和关系模板不仅定义了组件和组件关系的功能特性（或者说属性），还定义了能提供的管理操作。这里需要补充一点，节点模板和关系模板分别是节点类型和关系类型的实例。即，如果节点类型定义了组件的属性和相应操作，那么节点模板需要给属性赋予具体的值和实现这些值的操作。节点类型和节点模板的定义是相互独立的，同一个节点类型可以在同一个拓扑上实例化多次，也可以被其他节点类型引用。关系类型和关系模板之间也是类似的。

TOSCA 的业务模板与 NFV 部署模板之间存在着特定的映射关系。NFV 中的 NSD 可以通过 TOSCA 中的业务模板来描述；NFV 中的其他部署模板，包括 VNFD、VLD、VNFFGD、PNFD 则分别映射成 TOSCA 中不同类型的节点模板；VNFD 还可以通过使用具有可替换节点类型的另一个业务模板来描述。TOSCA 和 NFV 部署模板的映射关系如图 5-5 所示。

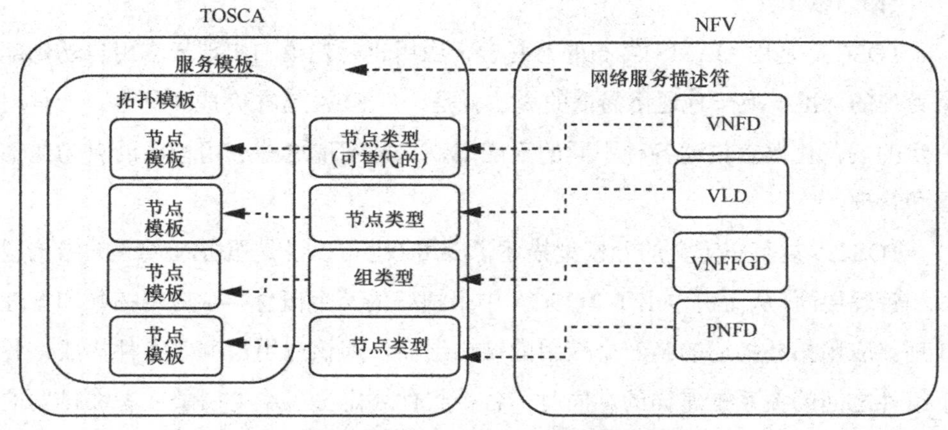

图 5-5　TOSCA 和 NFV 部署模板的映射关系

前文中我们提到，TOSCA 应用拓扑不仅描述了构成业务的组件和组件之间的关系，还描述了可对该业务执行的操作，这种管理功能体现了拓扑模型中的特性，是 TOSCA 实现自动化管理的基础。TOSCA 的管理计划将各个节点模板、关系模板整合到一起，形成了更高层次的管理任务。管理计划并不局限于管理某个节点或关系，还包括调用一系列来自不同节点、关系和外部服务的操作，因而基本可以覆盖 TOSCA 应用所需的所有管理任务。业务开发者和业务管理者将经常使用的管理任务以管理计划的形式表达，由管理计划自动执行，从而极大地减少了应用部署和管理过程中的手工参与。此外，TOSCA 并没有为管理计划的建模和执行引入新的语言，而是使用已有的标准化工作流语言，如业务流程执行语言和业务流程建模与标注等，TOSCA也因此具备了良好的移植性。

和其他业务模板描述语言相比，TOSCA具有的较为显著的两个优点是通用性和可移植性。通用性指TOSCA涵盖了一系列的应用场景，能够用于描述大多数的云应用；可移植性是指TOSCA适用于各种不同的云环境。此外，TOSCA的数据模型还映射了NFV中的部署模板。基于这些优势，TOSCA在很多项目中都得到了应用，因而也最被业界看好。

（2）Heat

OpenStack是云计算领域开源界的典型代表，一直走在云计算技术发展的前列。它是由Rackspace和NASA在2010年发起的。自发起以来，OpenStack得到了许多知名企业和组织的支持，如IBM、Rackspace、Red Hat和SUSE等，获得了业界的广泛认可和一致好评。与Amazon提供的公有云服务相反，OpenStack提供的是私有云服务，云服务提供商可基于OpenStack平台搭建自己的云环境。实际上，OpenStack就是一个云计算操作平台，它可以大规模地协调云，管理计算资源、储存资源、网络资源等基础设施。

为方便用户使用OpenStack提供的云计算资源，OpenStack开发了OpenStack Heat。它是一个编排复合云应用的服务，采用了业界流行使用的模板方式来设计或者定义编排。用户只需要打开文本编辑器，编写一段基于Key-Value的模板，就能够方便地得到想要的编排。为了方便用户的使用，Heat提供了大量的模板实例，这样，用户只需要选择想要的编排，即可通过复制及粘贴的方式完成模板的编写。Heat从基础架构、软件配置和部署、资源自动伸缩、负载均衡4个方面支持编排。Heat和OpenStack中其他组件的关系如图5-6所示。

Heat服务包含Heat-api、Heat-api-cfn和Heat-engine 3个重要组件，其架构如图5-7所示。其中，Heat-api组件实现了OpenStack天然支持的REST API。该组件将API请求经由高级消息队列协议（Advanced Message Queuing Protocol，AMQP）传送给Heat-engine来处理。Heat-api-cfn组件提供兼容AWS CloudFormation的API，同时也会把API请求通过AMQP转发给Heat-engine。

Heat-engine 提供协调各个组件的功能。

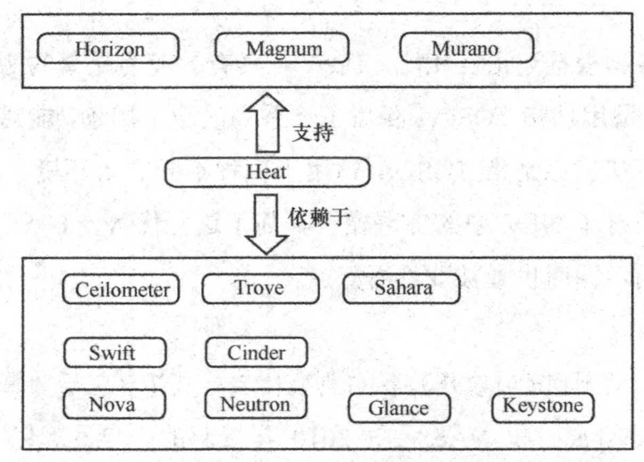

图 5-6　Heat 和 OpenStack 中其他组件之间的关系

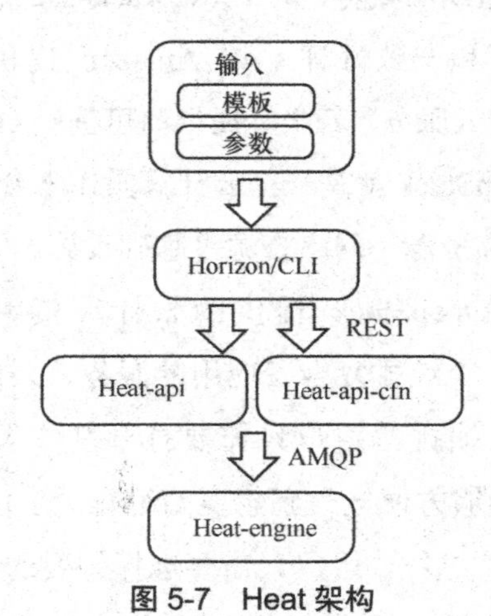

图 5-7　Heat 架构

Heat 使用业务模板处理云编排的流程为：首先，用户在 Horizon 中（或者命令行中）提交包含模板和参数输入的请求，Horizon（或者命令行）工具会把请求转化为 REST 格式的 API，然后调用 Heat-api 或 Heat-api-cfn，由 Heat-api 和 Heat-api-cfn 验证模板的正确性；接着通过 AMQP 将请求异步传递给 Heat-engine 来处理；Heat-engine 接到请求后，会把请求解析为各种类型的资源（每种资源都对应 OpenStack 其他的服务客户端），然后发送 REST 请求给其他服务，通过如此的解析和协作，最终完成对请求的处理。

Heat 目前支持基于 JSON 格式的内容转发网络（Content Forward Network，CFN）模板和基于 YAML 格式的 Heat 编排模板（Heat Orchestration Template，HOT）。CFN 模板主要为了保持对 AWS 的兼容性；HOT 是 Heat 自有的，资源类型更加丰富，更能体现出 Heat 的特点，也是 Heat 发展的重点。一个典型的 HOT 由下列元素构成。

① 模板版本：必填字段，指定所对应的模板版本，Heat 会根据版本进行检验。

② 参数列表：选填，指输入参数列表。

③ 资源列表：必填，指生成 Stack 所包含的各种资源，可以定义资源间的依赖关系，比如生成 Port，然后再用 Port 生成 VM。

④ 输出列表：选填，指生成 Stack 显示的信息，可以用来供用户使用，也可以用来作为输入提供给其他的 Stack。

由于 Heat 是从 Amazon 的 CloudFormation 借鉴而来的，因此，Heat 也存在与 CloudFormation 相同的问题，即业务模板都是基于 JSON 或者 YAML 格式的，缺乏可视化的、基于图形的云应用拓扑模板编辑界面。所以，尽管两者都给用户提供了模板库，但用户想要创建自己的模板依旧存在一些困难；此外，用户在 OpenStack Heat 上创建的模板仅适用于 OpenStack 的云环境，存在厂商技术锁定的问题。

（3）YANG

介绍 YANG 之前，读者可能需要简单了解一下与其密不可分的 NETCONF——一种基于 XML 的网络管理协议。它提供了一种可编程的、对网络设备进行配置和管理的方法。用户可以通过该协议设置参数，获取参数值，获取统计信息等。NETCONF 报文使用 XML 格式，具有强大的过滤能力，而且每一个数据项都有一个固定的元素名称和位置，这使得同一厂商的不同设备具有相同的访问方式和结果呈现方式，不同厂商之间的设备也可以经过映射 XML 得到相同的效果，这使得它在第三方软件的开发上非常便利。在这样的网管软件的协助下，NETCONF 功能会使网络设备的配置管理工作变得更简单、高效。该协议采用分层结构，分成四层：内容层、操作层、RPC 层和通信协议层。

YANG 是一种对 NETCONF 的操作层和内容层建模的数据建模语言，被用来为 NETCONF、NETCONF 远程过程调用、NETCONF Notification 操作的配置和状态数据进行建模。YANG 的规范中描述了 YANG 语言的语法和语义，YANG 模块中定义了数据模型如何以 XML 表示，以及 NETCONF 如何操作这些数据。

YANG 以模块作为一个基本的数据定义单元，每个模块都可以定义一个完整的内聚数据模型。模型的定义信息通常由数据类型定义和管理信息定义组成。而一个模块又可以细分为若干个子模块，模块之间可以相互引用。模块通过“include”调用子模块，用“import”调用外部模块。模块内部采用树形逻辑结构来组织数据。

YANG 具备良好的可读性和可扩展性，且设备侧和客户端都可以使用 YANG 进行建模。设备侧提供了 YANG 数据模型后，客户端可依据工具自动生成对应的访问模型代码，以节省开发工作量。此外，IETF 还针对 YANG 如何被应用到 NFV 的场景展开了研究，如利用 YANG 描述 VNF 模板、VL 模板等。但对于 NFV 的场景究竟采用哪种语言描述业务模板这一问题，大家的看法不尽相同。由于 YANG 与 TOSCA 的优势各不相同，所以也有人建议将两者结合使用，例如，用 YANG 定义和配置各个 VNF 的接口，用 TOSCA 描述云环境和 VNF 的实例化以及端到端的服务（包括 VNF 的创建、配置和链接等）。

（4）OVF

OVF 是打包和分发 VM 软件应用程序的开源标准，由 DMTF 的标准项目 VMAN 演进而来。该标准不依托任何特定的 Hypervisor 或处理器架构，因此，允许 Hypervisor 供应商和使用虚拟机技术的用户创建和使用不受专有格式影响的虚拟机设备，因而具备较强的可移植性和扩展性。

OVF 不仅限于单个虚拟机，还可以描述多个虚拟机及其关系。这些虚拟机可以打包为一个虚拟设备套件，全部包装在单个虚拟设备文件中，以实现更广泛的分布。虚拟设备的创建者可以对内容进行加密、压缩和添加数字签名等操作。

从文件系统的角度来看，OVF 不仅是一个文件，还是代表虚拟机元数据、虚拟磁盘、清单、证书和归档文件的所有文件的一个集合。其中，最为重要的文件是 OVF 描述文件，它是一个扩展名为.ovf 的 XML 文档。该文件包含元数据（包括虚拟机的名称、配置的内存、CPU、网络和储存设置及虚拟机的其他属性）和虚拟磁盘的位置。

OVF 标准自 2011 年成为 ISO/IEC 国际标准以来，得到了诸多厂商和一些开源组织的支持，包括 VMware、IBM、微软、JumpBox、VirtualBox、XenServer、AbiCloud、OpenNode 和 OpenStack 等。OVF 可实现虚拟机在不同平台间的迁移，这将有利于 NFV 的跨平台部署和资源的灵活调度。

5.2.2 资源分配：灵活实现按需供给

编排器之所以能进行资源分配得益于 NFV 技术所拥有的灵活特性，这使得编排器可以选择 VNF 部署的位置，选择为 VNF 实例分配资源的总量等。编排器所拥有的这种可进行资源分配的特性可以帮助运营商按需分配资源，并可根据底层网络的状况，灵活地部署业务、以优化业务的性能、节约能源等。编排器在进行资源分配时，主要完成两方面的工作：一是业务的优化重组；二是业务中 VNF 节点和虚拟链路的映射。编排器在完成这两方面的内容时，第一点主要由全局业务编排器，即 GSO 来完成，而第二点需要 GSO、NFVO、SDNO 配合来完成。

5.2.1 节介绍了业务模板的相关内容，业务通过业务模板被输入编排器中，编排器首先会根据业务模板中的业务需求，重新优化、重组业务的拓扑等。根据优化重组后的业务拓扑，编排器为业务拓扑中的 VNF 节点选择网络中的服务器进行部署，并选择 VNF 节点之间的路由路径，这就是“业务中 VNF 节点和虚拟链路的映射”所完成的功能。本节将对资源分配中的这两方面内容进行介绍，这两方面内容都是偏算法方面的内容，因此介绍上会比较偏学术风格，但我们在文中不会介绍具体的论文以及具体的算法。我们首先会简单地介绍问题的模型，然后再通过模型通俗易懂地介绍这两方面内容解决的问题是什么。

1．资源分配问题抽象

资源分配涉及的内容都是偏算法的，因此在第一步，我们需要对问题进行抽象建模，把资源分配问题变成数学问题，在抽象模型的基础上再去设计不同的算法进行优化。对资源分配问题的抽象主要分为两步：一是对业务进行抽象建模；二是对底层网络进行抽象建模。

5.2.1 节介绍的业务模板其实已经是对业务的一种抽象。在编排器中，一个业务对应一个 NSD，NSD 中主要包含 VNFFG、VLD、VNFD 等。一个 VNFFG 描述了一张有向拓扑图，该拓扑图中的节点为 VNF，连接线为 VL，每一个 VNF 节点和每一条 VL 的属性分别由 VNFD 和 VLD 来表示。因此，在资源分配的数学模型中，一个业务被抽象成了一张有向拓扑图，该拓扑图中的节点和线都具有一定的属性。图 5-8 展示了一个业务拓扑的抽象表示示例，我们可以看到，在该有向拓扑图中，不同类型的 VNF 之间的连接线为虚拟链路，每条虚拟链路有带宽的需求。

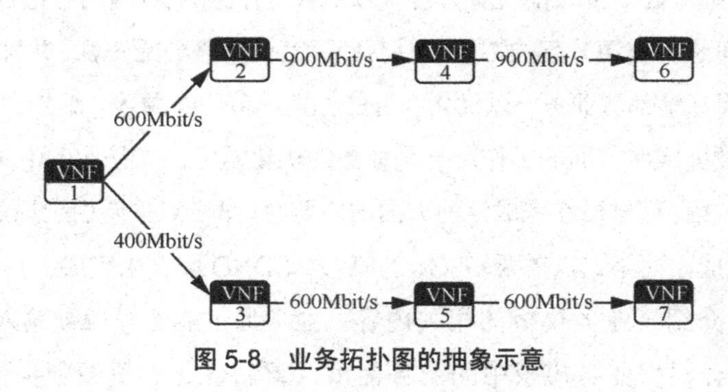

图 5-8　业务拓扑图的抽象示意

在完成了对业务的抽象表示后，底层网络也需要被抽象表示，底层网络也可以被抽象成为一张拓扑图，不过，由于底层网络中的链路一般可以双向传递数据，因此底层网络被抽象成为一张无向的拓扑图，图中的节点和链路具有某些属性。图 5-9 展示了底层网络的抽象示例，我们可以看到，在该无向拓扑图中，节点为服务器节点或者交换机节点，节点中的数字表示该节点的容量，即可以启动 VNF 实例的数量，数字 5 表示该节点最多可以启动 5 个 VNF 实例，0 表示该节点是交换机节点，不能用于启动 VNF 实例。图中的链路为实际的物理链路，每条物理链路有最大带宽限制。

需要注意的是，图 5-8 和图 5-9 中展现的只是一种非常简单的业务和底层网络的抽象示例，只是为了说明业务优化重组和业务映射。在实际应用中，业务和底层网络的抽象比较复杂，节点和链路的属性都比较丰富。

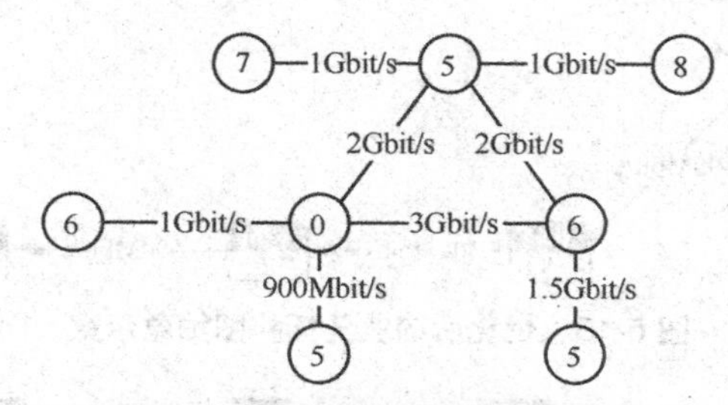

图 5-9　底层网络拓扑图抽象示意

2. 业务优化重组

网络运营商通过业务模板从编排器输入业务，编排器收到该业务模板后，会根据业务模板中的内容对业务进行重组和分配，以优化业务的性能和减少该业务的资源占用。我们基于图 5-8 所示的例子，描述业务优化分配完成的功能以及它的意义所在。编排器会预置一些优化算法，对业务进行优化重组。优化后的业务拓扑如图 5-10 所示。我们可以看到，业务拓扑图中的 VNF 节点位置发生了改变，而且虚拟链路的带宽需求也发生了变化。这是因为，在该业务中，VNF-2 和 VNF-3 会对流量进行整流，使得流量增多 50%，因此，我们将 VNF-2 移到了拓扑图的尾端，这样整流发生的时机靠后，这样做带来的好处是节省了虚拟链路的带宽占用，而且 VNF-4 和 VNF-6 从处理 900Mbit/s 流量减少到处理 600Mbit/s 流量，耗费的计算资源也减少了。VNF-3 也会对流量进行整流，为什么没有将其移到拓扑图的尾端呢？这是因为不同的 VNF 之间可能存在相互依赖的关系，在该业务中，流量必须先经过 VNF-3，才能经过 VNF-7，因此 VNF-3 只能放置在 VNF-7 之前。

3. 业务拓扑映射

在完成了对业务的优化重组后，接下来，编排器会完成对业务拓扑的映射。如图 5-11 所示，业务拓扑映射完成的功能是决定业务拓扑中 VNF 节点的部署位置和 VL 的映射路径。编排器通过合理的业务拓扑映射，可以降低业务端到端的时延，提高底层网络中资源的占用率。

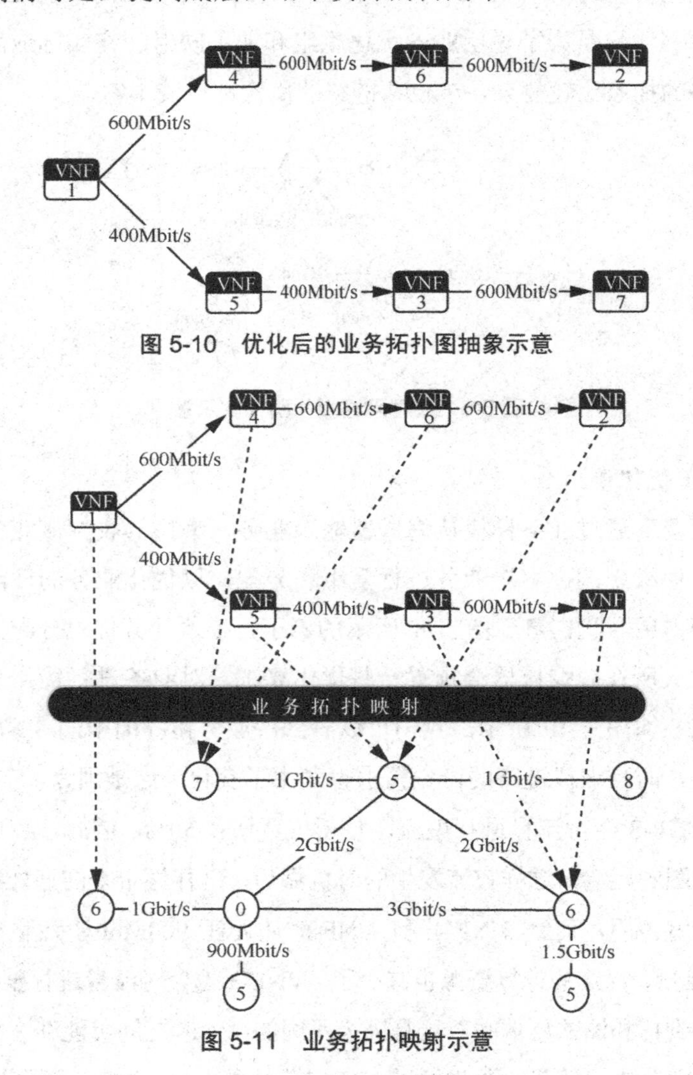

图 5-10 优化后的业务拓扑图抽象示意

图 5-11 业务拓扑映射示意

业务拓扑映射纯粹是一个数学问题。目前，论文中的算法可以分为 3 种。第一种是基于 0-1 规划、整数规划、混合整数规划等模型，利用现有计算工具，例如 CPLEX 等，求解最优的业务拓扑映射。这种方法虽然能求解到最优解，但是受限于问题的规模，当底层网络拓扑比较大时，计算最优解非常耗费时间，或者根本无法求解，因此实用性较差。第二种方法是基于搜索的算法，计算次优的业务拓扑映射。这种方法在可扩展性上优于第一种方法，在大规模情况下可以通过多次的迭代逼近最优解，但是该方法不能保证得到最优解，多数情况下将得到次优解。第三种方法是设计启发式算法，启发式算法是基于经验和直觉构造的算法，通常因问题而异，计算复杂度较低，优秀的启发式算法可以得到接近于最优的结果。因此，笔者认为，启发式算法是业务拓扑映射算法中最好的选择。

5.2.3　业务验证和部署：业务交付许可证

要实现用户提出的业务请求，我们首先需要对业务进行建模，然后根据建模结果分配资源，接下来对业务进行验证，以确保业务在实际部署之后能够满足用户和网络管理员的各项要求，再接着便是将业务部署到物理基础设施之上，最终完成业务的顺利交付。

1．业务验证

在 NFV 中，VNF 或者 VNFFG 的不完整或不连续配置可能导致基础设施崩溃。此外，NFV 与 SDN 的融合增加了网络路由和资源分配的动态性，导致网络业务更容易出错。因此，运营商在将业务进行实际部署之前对网络业务进行验证，以保证他们的要求和相关的网络属性能够被正确地执行。接下来，我们探讨业务的哪些属性需要验证以及如何验证。

（1）关键属性

在网络业务实际部署之前，运营商需要对网络业务的以下关键属性进行验证。

1）NFV 架构中网络业务组件间的依赖性

在 NFV 中，一个端到端的网络业务的实现需要多个 NFV 功能模块的相互协作，如 NFVI、VNF、MANO，还有 SDN 控制器和交换机等。这些组件之间有着复杂的依赖关系，这导致网络业务在实现的过程中更加容易出错。

2）在VNFFG中无环路

VNFFG中应该避免出现无限循环结构。为此，一是需要事先检查构建在VNFFG上的转发路径（即数据包实际经过的物理路径）；二是需要在网络业务部署之后进行被动验证。这是因为网络配置可能会随流量的动态变化而发生改变，因此，转发路径中环的形成可能难以预防，所以除了事先检查，网络业务在部署之后的被动验证也十分必要。

3）VNF实例间的负载均衡

NFV中为实现一些既定的任务，各个网络业务节点可能存在数量不等的同一类型的VNF实例。这些网络业务节点的资源使用情况不尽相同，所处的网络状况也有差异，因此，在给各个节点上的VNF实例分配处理任务时，既要考虑各个节点的资源使用情况，也要考虑全局的网络状况，以更好地实现VNFFG在全网范围内的负载均衡。

4）策略和状态的一致性

VNFFG中针对特定用户的策略可能是动态变化的。策略发生变化后，新的策略应该及时被重新配置到各个业务节点中。如果重新配置的过程稍有滞后，不同业务节点之间的策略可能就会不一致。此外，在某些情况下，尤其是对VNF或网络业务进行缩扩容时，各业务节点上的VNF实例的状态信息可能存在冲突或者不一致的情况，这也是需要验证的重点之一。

5）性能

对网络业务的性能验证是保障业务质量的重要举措。需要验证的性能指标包括丢包率、时延、抖动、带宽、可用性等。在VNFFG中，VNF实例可以位于不同的业务节点上，这些业务节点上的负载状态和网络状况各不相同，因此，该VNF FG的整体性能很大程度上取决于各个业务节点的性能。因此我们可知，识别出各业务节点中负载过重的节点及链路中网络拥塞较为严重的瓶颈链路，以进一步实施缩扩容，有助于提升端到端的业务的整体性能。

6）安全

如何验证VNFFG中的安全漏洞是另外一个重要的问题。例如，一些VNF（如NAT）可以修改或更新数据包头或载荷，如何保证经过这些VNF的流的完整性；如何避免业务节点受到拒绝服务攻击（Denial of Service，DoS）；如何识别出业务节点上未经授权的 VNF 等。

综上所述，我们需要验证的业务属性包括 3 个方面：可达性方面（转发路径中无环路、无黑洞等）、性能方面（带宽、时延、丢包率等）和安全方面（认证、授权、无流量泄露、可防攻击等）。

（2）验证方法

目前，对网络业务的验证方法主要有静态检查网络配置文件和数据平面的状态信息，实时向网络发送探针以及基于 SDN 的被动测量方法等。其中，第一种方法通常用于验证业务的可达性，即确认终端用户对该业务的请求经过多条转发路径后是否能够到达指定目的地，以顺利获取该业务；第二种方法包括 Ping、路由追踪等，既可用于测量网络的可达性，也可用于测量网络业务的实时性能，如带宽、时延等；而基于 SDN 的被动测量方法则是在 SDN 交换机中安装一些规则应用，然后交换机可根据这些规则自动搜集与性能相关的信息，如丢包数、数据包或字节数等。该方法多用于对网络性能的测量。

以上方法虽然具备一定的有效性，但也存在很大的局限性。例如，对于复杂度较高、规模较大的网络来说，通过分析交换机、路由器或中间件的配置信息的方法耗时较长，且网络是动态变化的，用静态信息作为判断的依据可能不准确。而采用 Ping、路由跟踪等监测的方法则只有在事件发生后才起作用，没法实现事先预测。

如何在业务部署之前保证业务能满足要求且随着网络的动态变化依然能够满足要求呢？受计算机领域形式验证的启发，许多学术研究团队将之应用于网络领域，典型代表包括斯坦福大学、微软研究、AT&T 实验室等。计算机领域的形式验证是指计算机硬件（特别是集成电路）和软件系统在设计过程中，根据某个或某些形式规范或属性，使用数学的方法证明自身正确性或非正确性。该方法使用数学推理的方式验证设计者的意图是否能够在实现中得到贯彻。由于该方法能够从算法上穷尽检查所有随时间可能变化的输入值，得到所有可能产生的结果，因此，在很大程度上保证了验证结果的准确性和可靠性。而在网络领域，研究者们把网络看成一个软件，先输入信息（某个地点向网络中发送的数据包和网络设备的配置信息），然后根据这些输入信息进行相应的操作（通过转发规则执行），之后输出结果（如丢弃、修改、沿着某条路径转发或者发送到某个端口等）。网络的形式化验证方法为：先建立一个网络的形式化模型，该模型代表了数据可以通过网络传输的所有方式，然后利用该模型验证这些所有可能的方式是否都与业务设计者的意图相匹配。利用形式化验证的方法对网络业务进行验证，能有效地解决因网络复杂度较高和规模较大以及网络动态变化带来的问题。

2．业务部署

业务部署是将业务在物理基础设施上实现。概括地说，网络业务的部署分为两个步骤，一是将构成该网络业务的 VNF 在业务节点上进行实例化，二是引导流量按照指定的顺序依次通过各个业务节点。

（1）VNF 节点实例化

对一个 VNF 进行实例化的详细步骤如图 5-12 所示。

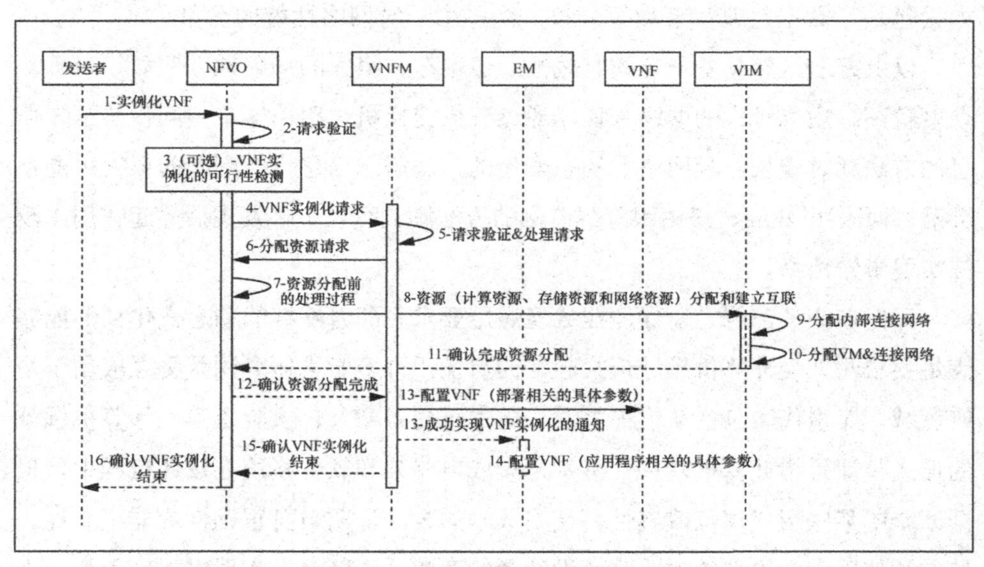

图 5-12　VNF 进行实例化的过程

①请求验证：NFVO 从发送者（通常为 OSS 或者 VNFM）处收到一个 VNF 实例化的请求，然后验证该请求，以确认该请求的有效性，即确认该请求是来自经过

授权的发送者。

②可行性检测：NFVO 验证请求后，如果该请求是有效的，则进行 VNF 实例化的可行性检测，即检验资源的可用性及资源请求的合理性。

③实例化请求处理：NFVO 向 VNFM 发送 VNF 实例化的命令，VNFM 对命令的有效性进行验证后处理请求，然后向 NFVO 发送分配资源的请求。

④资源分配预处理：NFVO 验证用于 VNF 资源分配的参数是否有效，选择部署该 VNF 实例的位置，进行依赖性检测。

⑤资源分配：NFVO 向 VIM 发送资源分配命令，VIM 执行资源的分配过程并建立网络连接，完成之后，向 NFVO 发送资源分配完成的确认消息。

⑥配置：NFVO 向 VNFM 发送确认资源分配完成的消息后，由 VNFM 和 EM 完成对 VNF 的相关配置。

⑦实例化结束：配置成功后，VNFM 向 NFVO 发送实例化结束的通知，NFVO 再向实例化请求的发送者发送该通知。至此，整个 VNF 实例化的过程就完成了。

（2）流量引导

NFV 中的流量引导，即让数据流按照指定顺序通过一系列的 VNF。由于传统网络中网络设备的专用性，流量引导复杂且易出错。将 SDN 引入底层网络可为网络管理者提供更加灵活的流量引导方式。

利用 SDN 的集中控制优势，Dilip A. Joseph 等人提出了一个名为“Player”的具备策略感知的交换层来引导流量。Player 由互相连接的可感知策略的交换机 pswitch 组成，这些交换机强制流量按照指定的顺序通过相应的中间件。采用 Player 引导流量的步骤为：当一条流量到达时，pswitch 就会将这条流量与流量表中的规则进行匹配，以确定这条流量属于哪个网络业务以及它的位置；然后，pswitch 会将匹配结果封装到这条流量的 MAC 地址域中，以将该信息传递给下一个网络功能。

除了 Player，还有一种由 IETF 提出的网络业务头（Network Service Header，NSH）的流量引导方式。NSH 是指添加到原始数据包中包含业务路径信息及一些可选元数据的包头。它的基本思路是在这个包头中用一个全局的业务路径指示符代表该业务指定的路径，用一个业务索引标明数据包当前在整条业务链中的位置，即该数据包已经经过了这条业务链中的多少个 VNF。

5.2.4 自动化运维：为业务保驾护航

运维是业务运营中的维护，主要负责维护业务运营的稳定性，确保用户 24 小时不间断地使用服务。运维也是编排模块中必不可少的一个功能，在业务的生命周期中，我们可以大概划分出“开发阶段”和“运维阶段”，开发人员完成代码开发、测试验收通过后，交付到运维人员手中，自此开发阶段完成，之后的阶段即成为业务的运维阶段。运维阶段主要是保障业务的可靠性和性能，还负责数据中心资源的分配，为重要的服务预留资源。

本节对自动化运维的介绍包括运维的发展史、自动化运维的必要性、自动化运维的内容以及自动化运维的未来。

1．网络业务运维的发展和演进

网络业务运维主要是指对业务运营情况的监控和管理，从而进行类似于故障检测、排除、恢复、缩扩容、升级更新等操作。我们可以将运维技术的发展分为 3 个阶段，如图 5-13 所示。

传统的运维对业务运行故障的检测和排除都是按照被动的方式进行的，因此，我们所追求的可靠性、稳定性和可恢复性并不能完全得到满足，这是网络运维第一阶段所面临的问题。

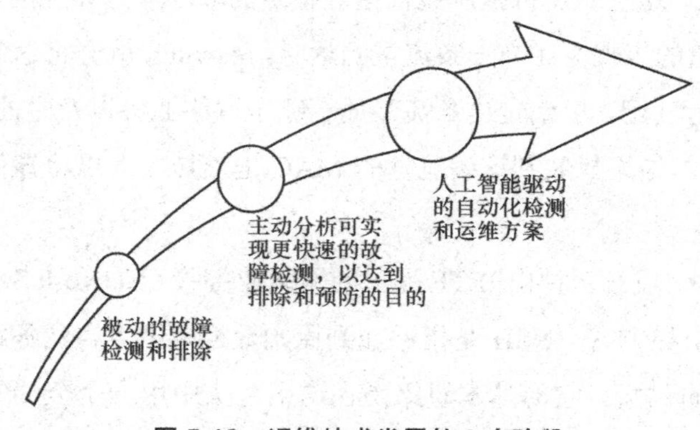

图 5-13 运维技术发展的 3 个阶段

这些年来，运营商引入更多的主动式运维工具对用户和网络数据进行分析以确定潜在的网络性能问题，争取在用户意识到这些问题之前就能提前检测出问题，并且及时解决问题。化被动为主动是网络运维第二阶段的突出特点。

这两个阶段都属于非自动化的运维时期，响应时间较长，很难保证服务质量，因此，网络运维下一个阶段就是通过人工智能技术自动检测和纠正问题，此阶段的运维系统具备数据核心（大数据储存，所有运营中的数据都会按照关联关系集中储存），以及根据数据进行分析和判断，进行自我决策和执行操作的能力。在网络组件的某些性能指标超过特定阈值时，运维系统会提供自动化响应。这种自动化运维系统可以应用于更加复杂的网络，并且极大地减少了人为干预。

2．自动化运维的必要性

毫无疑问，下一代网络架构将会变得更加复杂，因此，运维团队需要大量的时间、精力和专业知识支持，以维护这些复杂的网络。目前，运维人员的大部分时间都用来进行一些重复性的工作和手动更改网络配置的工作，以对网络日常运行进行实时监控与维护，保证网络的稳定运转与畅通，保障各项业务及其相关信息系统正常运行，这种运维方式存在明显的弊端。

（1）运维人员被动维护、效率低

在运维过程中，只有当业务已经发生并已造成影响时运维人员才能发现和着手处理，这种被动的“抢救”不但使运维人员终日忙碌，也使运维质量很难得到提高。目前，绝大多数企业的IT运维人员花费了大量的时间和精力处理一些简单且重复的问题，并且由于故障预警机制不完善，运维人员往往只能在故障发生后或报警后才会进行处理。

（2）缺乏一套高效的运维机制

随着网络的日益复杂，网络故障的类型越来越多，故障源越来越难以定位。比如，NFV将软硬件解耦之后，故障种类明显增多，出现故障时，由于缺少自动化的运维管理机制和统一的数据库，根本原因很难被快速、准确定位，相应的人员无法及时进行修复和处理；或者在找到问题后缺乏流程化的故障处理机制，而在处理问题时不但欠缺规范化的解决方案，还缺乏全面的追踪记录。

（3）缺乏高效的运维工具

随着 SDN/NFV 技术的发展，网络结构日趋复杂，各种各样的网络设备、服务器、中间件、业务系统等让运维人员难以从容应对，有时会严重影响企业的正常运转。出现这些问题的部分原因是企业缺乏事件监控和诊断工具等运维工具，因为在没有高效的技术工具的支持下，故障很难得到主动、快速的处理。

总之，由于运维工作中的大多数任务都是劳动密集型的、需要手动实现的，配置错误成为网络中出现的大多数问题的主要原因。因此，我们需要自动化的精确运维来消除人为错误，缩短响应时间，提高系统的稳定性。网络的自动化运维是网络发展的必然趋势。

3. 自动化运维的具体内容

运维已经在风风雨雨中走过了十几个春秋，如今它正以一种全新的姿态——自动化形式出现在我们面前，这是网络技术发展的必然结果。目前，电信网络的复杂性已经在客观上要求运维必须实现自动化。运维管理的自动化是指将日常网络运维中大量的重复性工作由过去的手动执行转为自动化操作，从而减少乃至消除运维中的滞后，实现“零滞后”的网络运维。

简单地说，自动化运维是指基于流程化的框架，将事件与网络业务流程相关联，被监控的系统一旦发生性能超标或宕机，会触发相关事件以及事先定义好的流程，自动启动故障响应和恢复机制。自动化工作平台还可以帮助运维人员完成日常的重复性工作（如备份、杀毒等），提高运维效率。同时，运维的自动化还要求能够预测故障，在故障发生前能够报警，提醒 IT 运维人员在故障发生前便消除故障，将损失降到最低。此外还有网络资源的优化使用，比如缩扩容、VNF 实例迁移等，这些措施可使系统的可用性更高。接下来，我们通过几个具体的运维实例介绍自动化运维。

（1）故障检测及定位

NFV 的引入一方面带来了资源共享、网络快速部署的优势，另一方面也带来了新的问题：网元及业务的故障检测和分析的难度会增加。当 NFV 出现故障后，故障信息可以是几个不同的故障源，如物理资源故障（即与 NFVI 的物理计算、储存和网络相关的故障）、虚拟资源故障（如与虚拟化层或与 VM 相关的故障）和应用故障（即与VNF应用软件及与功能相关的故障）等。因此，NFV网络中的故障种类与故障数量也随之急剧增加。

同样，SDN也带来了这样的问题。当SDN业务部署完成后，运维的对象从传统网络的一张物理网络变为业务网络、逻辑层网络和物理网络，传统的运维手段缺少对业务网络和逻辑层网络状态的监控，一旦应用出现问题，故障难以界定。此外，海量租户业务的不断上线与变更，使得网络随之动态调整，人为逐一排查的方式无法快速定位故障。因此，如果不利用自动化手段是无法保障网络的可靠性的。

我们知道，电信业务的故障检测时间一般要求在秒级，传统的运维方式对故障信息缺乏统一的管理，无法对告警系统进行反馈优化，致使误报、漏报频出，很难达到电信级的业务需求，这时，我们需要一个强大的、快速的、精准的自动化运维系统进行故障检测，以保证服务质量和系统的可靠性和稳定性。

自动化运维主张智能分析，即通过全网数据统一分析处理，如果用户业务发生故障，运维方案能够及时地定位物理网络的问题节点以及断口；另外，自动化运维将常规运维模式中的被动运维转变为主动调优，某些告警可以直接触发预定义的运维操作，自动调度运维操作以消除告警，例如，文件系统空间已满，则可以预设清除日志的操作，降低告警处理工作量，这样，告警处理的及时性极大地提高了，系统故障影响业务的风险降低了。

自动化运维实现了精确的故障检测，避免了告警风暴，减少了无效告警，降低了运维压力。

（2）自动化愈合

在故障处理流程中，大部分网络运维只包括故障检测和定位，而基于SDN/NFV的自动化运维体系提出了自愈合、自恢复的故障处理理念，通过定义服务的健康检查规则以及恢复的动作，有效地提升服务的可用性，提升运维管理水平。

NFV将软件功能与传统专用硬件分离，采用通用的硬件，当硬件出现故障时，软件会自动转移到备份的硬件上，网络不再中断，真正实现了高可靠的网络。具体而言，硬件发生故障时，VM转移到备用硬件上，即将软件重新置于通用硬件上，维持服务的连续性。当 VM 出现故障时，重建 VM 即可。目前，NFV 的自愈机制还处于人工自愈的阶段，网络最终将实现全自动自愈。全自动自愈是指当故障出现时，自动化运维系统可以使故障使其自动消失，而不需要人为干预管理。全自动自愈过程如图 5-14 所示。

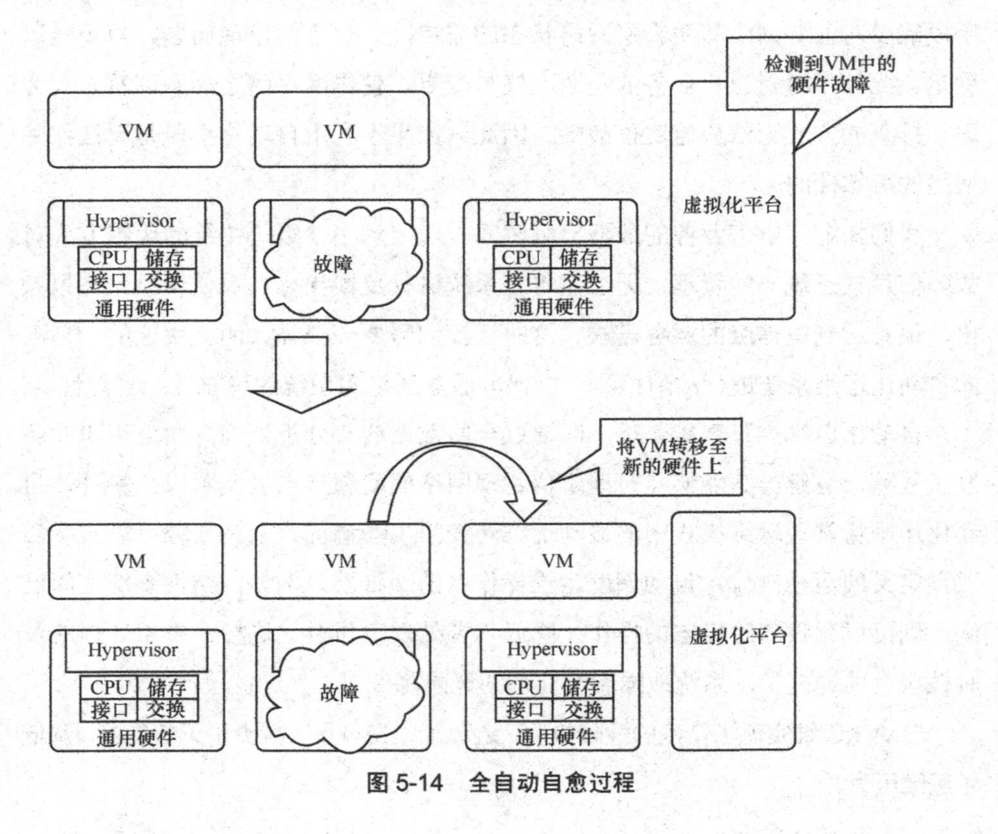

图 5-14　全自动自愈过程

（3）自动化缩扩容

缩扩容的目的是提高系统的弹性，通过增加或者减少虚拟机数目，改变虚拟资源的配置（例如内存、CPU 和储存），以达到动态分配网络容量，提高资源利用率的目的。扩容一般是在某些服务节点负荷较重或者峰值需求期间，为了保证服务质量而进行的，而缩容是在服务节点空闲时，为了节约资源而进行的，即在不影响服务质量的情况下关闭某些闲置的虚拟机来节约成本。传统的缩扩容方案是被动的，即出现了违背服务等级协议（Service Level Agreement，SLA）

的情况时，运维人员才进行扩容，因为虚拟机的启动和复制都需要一定的时间，因此，被动的缩扩容机制会导致较明显的服务质量的下降。

自动化运维中的缩扩容机制通过提前预测流量趋势，检测虚拟机的资源利用情况而主动做出缩扩容的动作，从而避免了服务质量的下降。具体来说，运维系统检测到某个虚拟机节点的资源利用率超过提前设定的阈值（如80%）时，就会触发扩容策略，系统会自动复制该虚拟机并且启动新的虚拟机来均衡该节点上的流量。

自动化运维通过资源预留和主动检测实现了缩扩容的自动化，在不影响用户服务体验的同时提高了系统的稳定性和可用性，提高了资源利用率。

（4）VNF实例迁移

VNF实例迁移是指允许实时操作中的虚拟机从一台服务器重新部署到另一台服务器，而不会造成服务中断。为了保持 VNF 内部流量的连续性，需要对VNF实例进行即时的快照/克隆，包括进程、内存内容（甚至是储存）。VNF实例的迁移属于有计划的运维工作，例如，当一台服务器需要升级/更换时，就需要进行VNF迁移。VNF迁移解决了NFV和SDN部署中出现的负载失衡问题。在VNF迁移中，我们需考虑以下几个问题。

① 迁移的时机：何时进行VNF迁移，如何确定迁移触发的条件。

② 待迁移的VNF的选择：系统触发迁移条件后，如何选择待迁移的VNF。

③ 迁移的目的节点的选择：系统选择待迁移的 VNF 后，如何选择迁移的目的节点。

④ 迁移的路径选择：系统确定了待迁移的 VNF 与目的节点后，如何选择迁移的路径？

以上4个问题造成VNF实例迁移的复杂性，因此，如果人为进行VNF实例迁移决策，通常需要遵循一套繁杂严格的管理流程，这就带来了时间和成本上的双重开销，并且会因为手动操作引入系统性风险。自动化运维通过制订好的策略不仅降低了运维人员手动操作的风险，提高了运维的可靠性，让管理操作变得更加简便，提高了灵活性，还降低了运维管理的成本和故障导致的开销。

4．基于 SDN/NFV 的新型运维体系的发展方向

就目前的状况来看，SDN/NFV 的网络运维面临的最突出的几类问题分别如下。如何进行故障溯源：在网络故障发生后，快速定位故障并排除故障。如何使网络资源得到最优使用：动态调整资源，提升资源利用率，并使用户体验达到最优。如何保证网络安全。未来，基于 SDN/NFV 的新型运维体系将着重解决如下 3 个问题。

① 从专用封闭设备（专用硬件+软件紧耦合）向软硬件分层运维转变，以分层协同的方式监控网络并进行故障处理，提高故障溯源的能力。传统电信设备采用软硬件一体的方式，由 EMS 统一管理。引入 NFV 技术后，网络运维团队面临转型，可能需要分层构建运维团队，同时需跨层协同运维；设备软硬件实现解耦和分层管理，仍由 EMS 统一归口；但通用硬件层由 VIM 负责运维管理，虚拟化网络功能由 VNFM 负责运维管理。网络被分层管理后可以精确定位不同层的故障，并基于策略实现故障修复或故障自愈。

② 传统运维流程向软件定义的按需服务转变，业务开通流程强调自动编排、敏捷上线，实现资源的自动部署、动态调整和优化。传统业务的开通采用人工配置、工单流转的方式，开通时间以天甚至月计，难以满足用户快速开通业务的要求。以引入 SDN/NFV 技术为契机，网络可以重构业务开通流程，通过业务编排器实现业务所需网络资源的自动编排，通过 SDN 控制器实现配置的自动下发，从而将业务开通时间缩短至小时级甚至分钟级。传统的运维流程面向电信专用设备，网络调整需人工进行，网络扩容周期长，难以对客户的需求进行快速响应。引入 SDN/NFV 技术后，网络功能以软件的形式根据用户的需求快速部署，实现快速缩扩容及 VNF 实例迁移，并可支持对网络的快速配置和调整，实现软件定义的按需服务和资源的动态调整，这样不仅提高了服务质量，还降低了成本。总之，SDN/NFV 技术使网络体系更加灵活，为自动化运维提供了良好的资源管理架构。

③ 从事先预防转向威胁建模、持续检测和快速响应。网络虚拟化之后面临着比传统电信网络更严峻的安全挑战。现有的安全技术以防御为主，采用的是传统的防火墙、入侵防御系统等。未来，除了加强传统的安全措施外，还需要在开发流程中引入威胁建模、自动安全扫描、安全功能性测试等安全实践，从而降低安全风险，缩短安全问题的反馈周期。另外，网络还可借助人工智能技

术，开展相关智能化的防御工作，例如智能识别恶意流量、系统漏洞等，通过对攻击行为的持续检测，快速响应安全事件，从而降低损失。

运维自动化的价值在于将运维人员从烦琐的、容易发生人为事故的工作中脱离出来，做更有价值的业务运维和服务运维。所以，我们期待运维自动化能减轻运维系统的压力，让系统更好地为我们服务。

5.3 “百家争鸣”的网络编排器

随着NFV技术的快速发展和持续升温，越来越多的公司和组织开始投入其中。编排器是NFV最核心的一部分，相关公司及组织在编排器方面开展了很多相关的项目。这些项目种类繁多，也各有特点，本节介绍了一些主流编排器的架构和特点。

5.3.1 电信随选网络中的编排器

2016年7月，中国电信正式发布CTNet2025网络重构计划，加快推进网络智能化、业务生态化和运营智慧化的发展。打造“随选网络”能力是中国电信网络重构和战略转型的关键举措，中国电信通过引入SDN技术、NFV技术和云计算技术为用户提供“可视”“随选”“自服务”的全新网络体验。

中小型企业长期以来都是电信运营商服务的重要用户群体。中国电信提供的面向中小型企业的随选网络系统可以大幅降低中小型企业的用网成本，并可以为中小型企业提供高品质的云计算、物联网、防火墙、企业办公等综合的信息化应用服务。

具体来说，面向中小型企业的随选网络系统可以实现的主要功能有：一是用户自主服务，实现业务的快速开通发放；二是灵活配置，按需调整带宽和路由；三是根据需求快速加载防火墙、深度包检测（Deep Packet Inspection，DPI）等增值业务；四是云网的一站式订购和云接入服务。

编排器作为随选网络的核心组件，向上通过 RestAPI 接收上层应用下发的业务请求，向下通过 NETCONF 等协议把接收的业务请求转化成原子操作下发给控制器。编排器的两大核心功能是业务编排和网络协同。编排功能是指可以根据用户需求，对控制器请求的业务资源进行统一编排并生成新的业务。协同功能是指编排器可以统一地协同调度电信网络中的多厂商控制器，并生成复杂的业务。

针对随选网络业务的配置跨域性、组网环境多样性、设备复杂性等业务特点，中国电信将随选网络中的编排器架构划分为功能编排层和跨专业协同编排层，如图 5-15 所示。

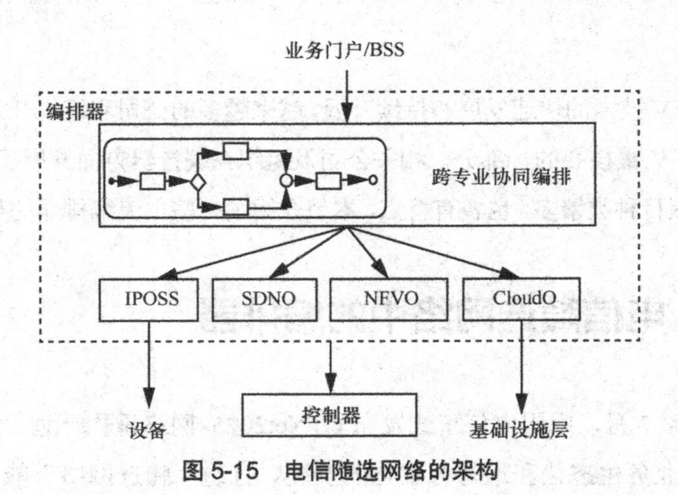

图 5-15　电信随选网络的架构

其中，功能编排层包括亚信 IP 综合网管系统（IP Operation & Support System，IPOSS）、SDNO、NFVO、Cloud-O 4 个组件。IPOSS 负责对接传统网管系统，下发传统网络设备的相关配置；SDNO 负责对接 SDN 控制器，下发 SDN 端到端的配置；NFVO 负责对接 VNFM 及 VIM，按照业务需求管理 VNF 生命周期以及底层硬件及虚拟化资源；Cloud-O 负责对接云管理平台，实现主机资源的创建、释放、配置和监控，以及实现镜像管理、网络管理、云主机创建、SaaS 等功能。

跨专业协同编排层实现两个主要功能，一是业务需求分解，二是业务需求实施。业务需求分解是指将客户的业务需求按照功能编排层的划分粒度进行划分，将业务需求分解为各个专业及各个管理域的配置需求。业务需求实施是指按照业务逻辑和处理流程分别调用各个功能编排层模块完成端到端的业务配置。

从软件设计架构来说，编排器的设计思路是构建原子化、低耦合、可自治的核心服务集，通过能力编排引擎和微服务构成的总线流程化地组合服务。每一种业务场景对应一种核心能力的组合。能力编排引擎支持按照一定的时序进行原子能力的组合，从而形成目标业务场景。跨专业协同编排层在设计上，可以引入适配器层实现对各专业南向设备接口的统一适配和抽象。核心服务集把一个具体操作下发给底层设备时，不必关心该设备的厂商、技术路线、类型，只需要通过抽象出的统一接口实现。

随选网络利用上述的编排器为中小型企业提供了一站式的便捷网络服务。随选网络可以基于 SDN/NFV 技术构建面向中小型企业的生态服务平台，提供中小型企业所需的各种通信服务。同时，随选网络具有很多可扩展的业务场景，并且可以整合多种网络统一呈现给用户。

5.3.2 ECOMP

ECOMP 是 AT&T 的 SDN/NFV 设计的核心，是 AT&T Domain2.0 项目中的业务编排器，聚焦于应用云计算和网络虚拟化技术为用户提供服务，以减少 CAPEX 和 OPEX，并极大地提高系统的自动化运维水平。ECOMP 于 2016 年 3 月发布，旨在增强业务编排器的控制、编排、管理、策略能力，AT&T 同时还发布了 ECOMP 相关的白皮书，阐述了 ECOMP 的架构和模块构成。2016 年 7 月，AT&T 宣布与 Linux 基金会合作，将 ECOMP 全部代码的开源托管在 Linux 基金会的平台上，此举旨在推动 ECOMP 成为 SDN 和 NFV 的标准，获得了极大的关注。

ECOMP 在设计上有两大功能框架：其一是业务的开发设计框架，负责业务的上线，通过定义业务的模型来描述业务，模型包括不同流程和策略，如规则集用于控制行为和业务流程的执行，基于模板的业务功能支持在整个业务生命周期中开发新功能，扩大已有的功能和提升操作；其二是运行执行框架，负责业务的分发和资源生命周期的管理，运行执行框架是一个闭环框架，通过监控业务行为完成对业务的自动化运维。

ECOMP 具体分为七大模块，如图 5-16 所示。网络服务的设计模块（AT&T Service Design and Creation, ASDC）以模型的方式创建和管理网络业务，包含模拟设计和仿真工具、设计模板、资源列表等。业务编排模块（Master Service Orchestration, MSO）的首要任务是部署端到端的业务实例，由策略驱动以按需自动的方式进行业务的实例化，并以弹性伸缩的方式管理业务需求。数据收集分析模块（Data Collection, Analytics and Events, DCAE）是负责数据收集、分析的模块，提供实时的底层环境中各种数据的收集和分析功能，当检测到数据满足某个特殊条件时，会触发相应的事件，负责处理该事件的进程，并且根据策略规则采取相应的响应动作，采集的数据可能会被储存以支持更进一步的分析；平台上的应用可以根据数据调整策略，以提供更好的服务。数据收集分析模块为系统提供了反馈，为自动化运维提供数据，同时实现服务设计、策略的动态调整，以提供更好的业务体验。策略模块在（Policy）ECOMP 自动化管理愿景的落实中占据了重要的角色，整个平台是基于策略驱动的，策略通过抽象的方法以简单的方式管理并实现对复杂的机制的控制，改变某一业务时，只需要修改业务的策略模板，降低运维的复杂性即可。活动和可用清单（Active and Available Inventory，A&AI）模块在 ECOMP 中是负责资源、业务、产品及其相互关系事实视图的组件，并为其他模块和用户提供数据查询的 API，A&AI 模块中全局的关系视图对于形成分布式域内数据的聚合视图是十分关键的。SDN 和应用控制（SDN & Application Controller）模块直接与底层的云计算平台和 SDN 交互，执行配置策略，控制分布式组件和网络的状态。ECOMP 没有采用一个统一集中的控制器，而是使用了 3 个不同类别的控制器管理指定的控制域，如云计算资源管理控制器、网络控制器和应用控制器。Portal 是 ECOMP 的可视化管理界面，通过基于公共角色的菜单或仪表盘提供对业务的设计、数据分析和运维控制/管理功能的访问入口。Portal 架构提供了一些 Web 化的功能，包括应用上线和管理、集中访问管理、仪表盘以及内置应用组件等。同时，Portal 还开放了 SDK 以提供业务控制层面、API 控制层面、UI 控制层面的内置能力，Portal 提供的工具和技术可支持多个开发团队遵循一致的要求进行 UI 开发。

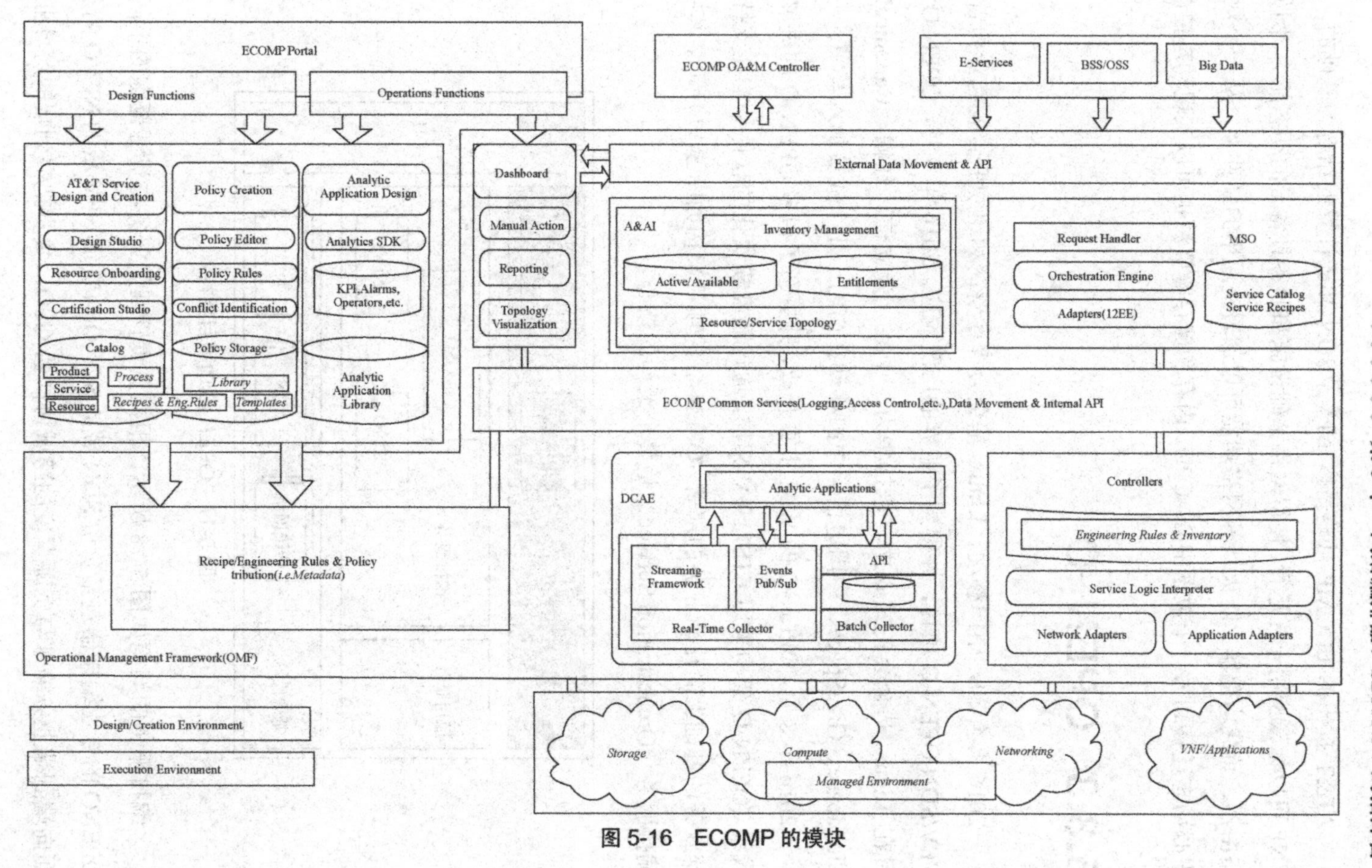

图 5-16　ECOMP 的模块

AT&T 提出的 ECOMP 战略是以 NFV、SDN 和云计算的结合为基础的，使 VNF 可以像云应用一样运行，使得网络基础设施和业务具备云的动态能力，例如，路由器、负载均衡器、防火墙等网络功能可以部署在通用的硬件上，从一个数据中心动态迁移到另一个数据中心，CPU、内存和储存等资源也可以实现动态控制。

5.3.3 OPEN-O

2016 年年初，中国移动、Linux 基金会等运营商和组织联合发起业内首个 NFV/SDN OPEN-O 项目，并得到了业界的广泛响应。2016 年 6 月，OPEN-O 项目在 Linux 基金会正式成立，包括华为、中兴、爱立信、红帽、Canonical、Cloudbase、GigaSpace、中国电信、中国移动在内的十几个成员加入其中。

2016 年 8 月，OPEN-O 的 Wiki 主页开放，并更新了很多 OPEN-O 的进展和成果。OPEN-O 架构采用 ETSI NFV 架构，通过高度模块化的软件结构在支持传统业务的基础上简化新业务的部署。OPEN-O 的项目架构如图 5-17 所示，其中，编排服务（Orchestration Service）是整个架构的核心。

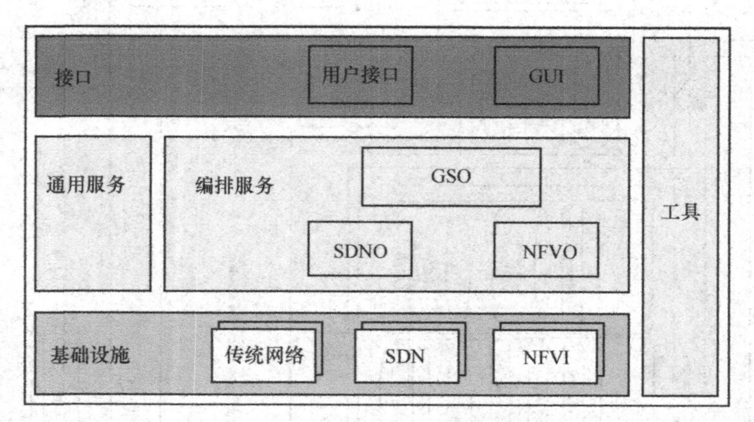

图 5-17 OPEN-O 的项目架构

编排服务的架构如图 5-18 所示，根据负责管理的业务与资源范围的不同，OPENO 的专业编排器包括负责 SDN 域的 SDNO 与负责 NFV 域的 NFVO 两类。面向端到端业务编排与资源调度的跨域协同器 GSO，负责把端到端的跨域业务分解成多个由对应域内的专业协同器负责实现的本地业务，同时还要进行跨域的资源调度。

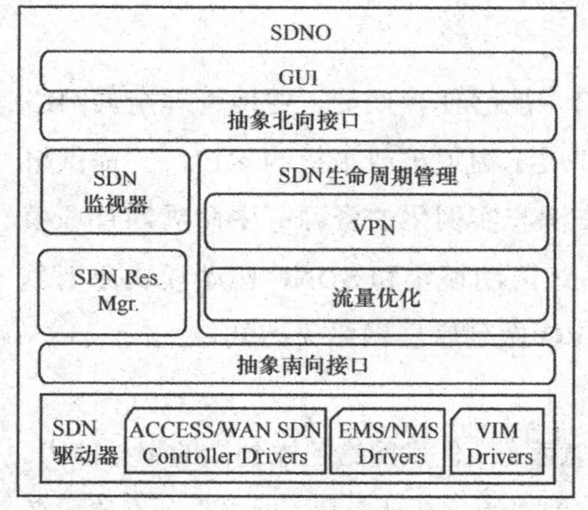

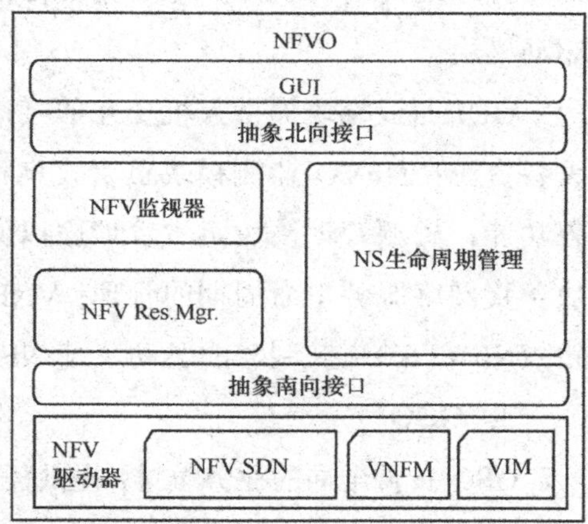

图5-18 OPEN-O项目中编排服务的架构

1．SDNO

SDNO负责SDN域的协同工作，即负责SDN控制器和EMS联合管理的SDN或传统网络的连接以及网络虚拟化的管控，主要包括GUI面板模块、抽象北向接口模块、网络监测模块、资源管理模块、生命周期管理模块、抽象南向接口模块以及网络驱动模块等。

GUI面板模块面向管理员，提供灵活、全局资源的管理；抽象北向接口模块负责与SDNO中的GUI面板模块或者GSO交互；网络监测模块负责通过南向接口获取底层SDN或传统网络的实时流量、拓扑连接情况等网络状态信息并储存相关信息；资源管理模块负责管理基础网络资源，维护资源目录；生命周期管理模块负责网络连接服务的生命周期管理，包括E2E配置、L3VPN/L2VPN/VXLAN/IPSec/VPC等相关配置、服务链配置以及基础网络连接服务目录的维护等；抽象南向接口模块与 SDNO 中的网络驱动模块交互，将 SDNO 中的信息处理结果下发给底层设备；网络驱动模块将设备商专有的接口整合为通用的南向接口，使 SDNO 可管理任何设备组成的任意类型的网络。

2．NFVO

NFVO 参考 ETSI NFV MANO 的架构，负责对 VNF 组成的网络服务提供编排能力，主要包括 GUI 面板模块、NFVO 监测模块、资源管理模块、生命周期管理模块、VNFM 驱动模块以及 SDN 控制器（SDN Controller，SDNC）驱动模块。

GUI 面板模块提供人机交互的接口，能够使管理员方便地管理全局网络设备资源；NFVO 监测模块负责收集和展示虚拟机或主机的 KPI，并提供报警功能；资源管理模块负责管理虚拟资源和实例化的资源；生命周期管理模块负责网络服务生命周期的管理；VNFM 驱动模块和 SDNC 驱动模块分别负责 VNF 和 SDN 控制器的驱动，使 NFVO 做到底层网络无感知。

3．GSO

GSO 负责全局的业务编排，提供任意服务、任意网络的端到端的编排能力。GSO 可以看作是在 SDN、NFV 技术之上创建的一个抽象层，用来表示网络服务端到端的模型。该抽象层内部包括 3 层抽象内容，如图 5-19 所示。

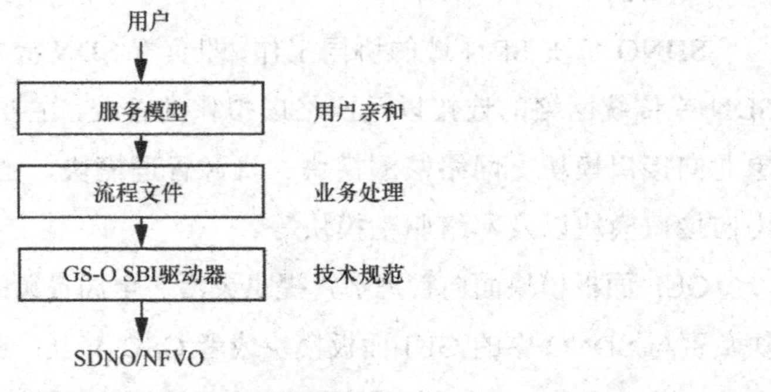

图 5-19　GSO 流程抽象示意

GSO 北向接口（GSO NorthBound Interface, GSO NBI）将端到端的网络服务抽象为模型或模板的服务模型提供给用户；流程文件描述业务逻辑；南向接口（SouthBound Interface，SBI）驱动器负责将上层命令翻译为 SDN 或 NFV 能够接受的命令。

OPEN-O 项目的目标包括：使运营商能够充分利用 SDN/NFV 的优势，并拥有多域、多位置以及端到端的服务部署能力；采用通用信息模型以及 TOSCA/YANG 数据模型保证网络和服务的可扩展性；为 VNF 设备商提供通用平台，简化和加速 VNF 上线的过程、更新的过程和部署的过程；增强整个网络中的服务生命周期管理，通过模型驱动的自动化管理实现资源重用和增量式更新；提供 SDN、NFV 和传统网络的抽象能力等。OPEN-O 是业界首个以实现 SDN/NFV 端到端业务自动编排为目标的开源参考平台，旨在提供面向 SDN/NFV 的顶层的编排能力。

5.3.4 ONAP

2017 年 2 月，中国移动和 AT&T 宣布将 ECOMP 和 OPEN-O 项目合并为 ONAP，这是试图克服新软件和虚拟化技术带来的互操作性挑战的重要开源计划之一。

ONAP 融合了 ECOMP 和 OPEN-O 的现有功能，是一个为 VNF、SDN 以及构建在这两项基础设施之上的高级服务提供设计、创建、协调、监控和生命周期管理等功能的软件平台。ONAP 还为这些功能提供了在动态实时云环境中自动化的、策略驱动的交互能力。ONAP 不仅是一个运行平台，还可以运用图形化设计工具创建新的功能或服务。ONAP 利用云计算和网络虚拟化提供的服务可实现更高的开发效率和更加自动化的运营，从而加速了服务提供商新业务的部署，并降低其运营成本。

2017 年 11 月 16 日，ONAP 发布了首个版本，名为 Amsterdam。这个版本着重支持 3 种网络功能和服务：虚拟防火墙（vFW）、虚拟客户端设备（vCPE）、在虚拟演进分组核心（vEPC）上运行的 LTE 语音服务。由于 ONAP 的首个版本主要集中合并 ECOMP 和 OPEN-O 的大量代码，因此其仍然缺乏稳定性。但是，目前已经有大量的运营商和企业加入 ONAP 中，并开始贡献力量。ONAP

的第二个版本 Beijing 已于 2018 年上半年发布。与此前的代码整合不同，第二个版本将重心转移到平台和功能上。Beijing 版本使整体平台更加成熟和稳定以及可支持多种端到端用例。

ONAP 由很多子系统构成，架构如图 5-20 所示，大体分为两部分：设计时框架以及运行时框架。设计时框架是一个集成开发环境，包含用于定义和描述可部署资源的工具、技术和库。设计时框架用于支撑新功能的开发、现有功能的扩展以及在服务整个生命周期内的运营功能的强化。运行时框架使用闭环的、策略驱动的自动化方式来降低运营成本，并为组件和工作流程的构建、放置、执行和管理功能提供内置的动态策略执行能力。

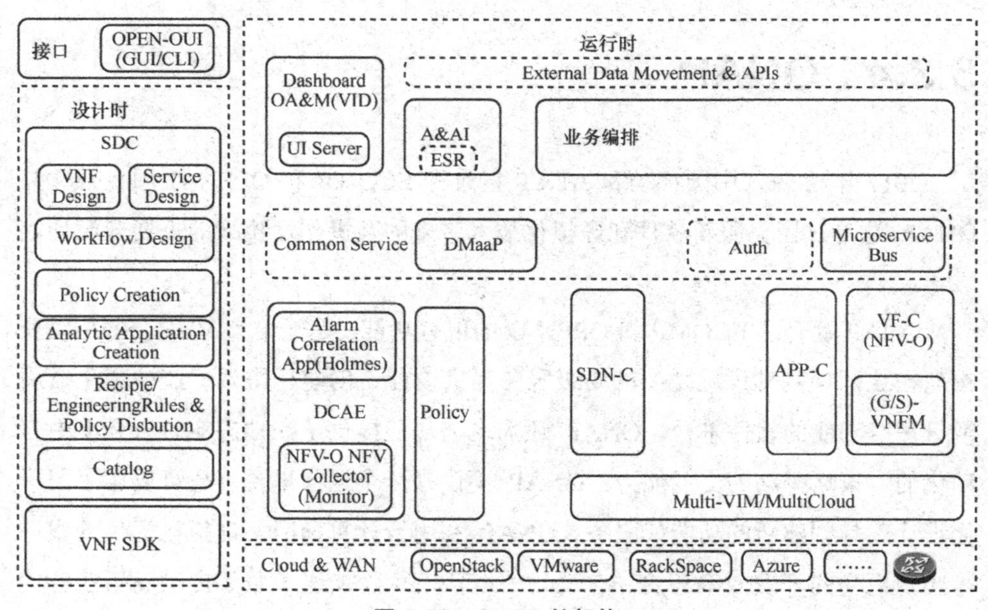

图 5-20　ONAP 的架构

“业务设计和创建（Service Design and Creation，SDC）”部分是 ONAP 的可视化建模和设计工具，它用于创建内部元数据，描述所有 ONAP 组件在设计时和运行时使用的各种资源。Catalog 是 ONAP 中所有 VNFD 以及网络服务模板的集合。SDC 通过管理 Catalog 的内容和它们的组合方式全面定义如何及何时在目标环境中实例化 VNF。具体来说，SDC 通过 Catalog 中的内容逻辑组合、工作流定义和 VNF 实例配置参数来定义 VNF 的部署、激活和生命周期管理。

闭环自动管理平台(Closed Loop Automation Management Platform，CLAMP)包括跨设计时和运行时两大部分，用于设计和管理控制回路。CLAMP 采用闭环的控制方式，完成运行时的网络服务参数的更新等。CLAMP 需要通过与其他系统交互完成部署和执行控制回路。例如，CLAMP 将控制回路的设计发送给 SDC，并将资源与控制回路设计管理起来。CLAMP 同时向 DCAE 请求微服务实例来管理闭环流程。CLAMP 还会在策略引擎中创建多个用于管理闭环流程的策略。总之，CLAMP 管理 VNF 以及 ONAP 组件本身复杂的生命周期，它将提供设计、测试、部署和更新控制回路自动化等多种功能。

Policy 是负责维护、分发和操作 ONAP 规则集的子系统。这些规则被我们用于 ONAP 的控制、编排与管理功能。Policy 为策略的创建和管理提供了一个逻辑上集中的环境。这种集中的环境有助于创建和验证规则、识别策略重复、解决策略冲突以及按需添加策略。Policy 支撑基础架构、产品和服务，同时也是自动化和安全性的保障。

“活动和可用库存（Active and Available Inventory，AAI）”模块是提供可用资源和服务及其相互关系实时视图的子系统。AAI 不仅可观测可用的和已分配的资源列表，还会持续观察这些资源之间的最新情况，同时还包括它们与 ONAP 其他组成部分的相关性。AAI 子系统使用图形化数据表示储存资源之间的关系，主要利用图遍历资源之间的依赖关系链。

DCAE 子系统与其他子系统一同从部署环境中收集性能、使用情况、设置等数据，然后将这些数据提供给相关部门进行分析及应用，若检测到异常或重要事件则会触发对应的处理操作。DCAE 提供了检测网络中异常情况的能力，例如故障的自愈以及动态容量调整等。不仅如此，DCAE 收集到的数据还可以用于与业务相关的更高级的决策方面。

MSO 是 ONAP 中非常重要的一个子系统。ONAP 需要根据业务和策略安排任务以协调环境中各种资源的创建、分发、删除等。MSO 就是负责这个功能的组件。MSO 是一个顶层的管理编排子系统，此外，MSO 还需要辅助底层控制器完成简单的编排。MSO 负责 VN 配置、迁移和重部署，以支持全面的端到端服务的实例化、管理和操作。MSO 一般处理的是由其他 ONAP 组件或 BSS 层生成的服务请求，MSO 按照 SDC 中设计的流程处理服务请求。这些请求以及操作的交互一般都是经过通用 API 完成的，非常有助于系统的兼容性和可扩展性。以一个新服务的建立为例，这个请求经过 MSO 分析后会经过确定服务布局、寻找符合服务请求参数的控制器、查询容量等多个步骤。如果现有控制器不存在或是容量受限，MSO 可以重新实例化一个控制器并且下发业务逻辑。总而言之，由 MSO 主导各控制器配合的编排系统是整个系统负责资源协调的核心。它主要完成服务交付和实现服务的更新、生命周期管理、控制器实例化、容量管理等功能。大多数子系统都需要与 MSO 通信来提供运行所需的资料或是受 MSO 的管控。从架构上来讲，MSO 是整个 ONAP 的核心。

各控制器（SDN-C、APP-C、VF-C）都是基于 OpenDaylight 架构的、针对单一资源的状态管理组件。这些控制器是管理能力的基础，实现控制环路、迁移、扩容等功能。同时，这些控制器都有比 MSO 更低的编排能力，用于分担 MSO 的编排压力。

ONAP 以云和网络虚拟化技术为基础提供服务，可实现更高的开发效率和更加自动化的运营，提高了服务提供商的新业务的部署速度，并降低其运营成本，从而使服务提供商拥有自己的云环境，进一步提高对网络服务的控制能力，最终实现网络更好的适应性、扩展性和可预测性，并在此基础上提高服务质量。

5.3.5 OSM

开源 MANO（OpenSource MANO，OSM）是 ETSI 领导下的由运营商驱动的开源 MANO 社区项目，旨在共同创新、创建并提供与 ETSI NFV 密切配合的 MANO 堆栈。OSM 的愿景是提供满足商业 NFV 网络需求的生产环境的开源 MANO 堆栈。OSM 在项目中集成了 OpenMANO、RIFT.ware、OpenStack、Ubuntu JuJu 等一系列优秀的开源项目。

OpenMANO 是 Telefonica 推出的开源项目，提供了在 ETSI NFV ISG 标准下的编排与管理（NFV MANO）参考架构。该项目可以轻松地创建和部署复杂的网络场景。OpenMANO 是 NFVO 的一种实现。它通过 API 与 OpenVIM 项目通信并管理硬件和虚拟化资源，同时开放北向 REST API 及 GUI 供业务和用户使用。OpenMANO 不适合商业部署。RIFT.io 的 RIFT.ware 是一个开源的超大型 NFV 平台，能够简化虚拟网络服务、应用和功能的开发、部署及管理流程。凭借 RIFT.ware，用户可对任何应用进行大规模的虚拟化、测试和部署，并能在任何位置对云端进行高效监控。RIFT 也是 OSM 项目的创始成员之一，该公司贡献了很多重要的代码，包括网络业务编排、用户图形界面和自动化工具等，并且基于 OSM 发布了商用 MANO 软件。Canonical 的 Ubuntu JuJu 是开源的、通用的 VNF 管理器，更关注于服务建模，例如针对服务本身及其相互关系和规模建模。这种目标使 Ubuntu JuJu 特别适合作为 VNFM 中的一个模块。使用 Ubuntu JuJu 提供的模型，更高级别的编排器可以作出必要的业务决策。Ubuntu JuJu 模型服务由一组单元组成，这种模式具有良好的可扩展性，若增加单元的数量可以提高服务的可用性。

OSM 的架构如图 5-21 所示，可以分为用户接口、业务编排、资源编排、N2VC、VNF 配置及抽象、监测、DevOps 七大模块。DevOps 模块在设计时，负责持续集成（CI）和持续开发（CD）工作流程的设计。

用户接口模块同时运行在设计时和运行时，其中设计时部分主要负责 VNF 软件包生成以及 VNF 和 NS 的目录编辑。VNF 软件包生成功能可帮助 VNF 提供商创建适合环境的软件包，简化其在 OSM 中的适配。VNF 和 NS 的目录编辑功能提供一个模型驱动的图形化用户界面，并开放给 VNF 提供商和运营商的网络服务设计人员。这个功能可以实现描述文件的快速开发，用于准确表示将要部署的实体。运行时部分提供运行系统中的交互式 GUI，可以用于管理 VNF 和网络服务的生命周期。其中的 LaunchPad 还提供 VNF 的实时统计数据、网络拓扑等信息的可视化显示，同时它还支撑远程交互，可简化运维。

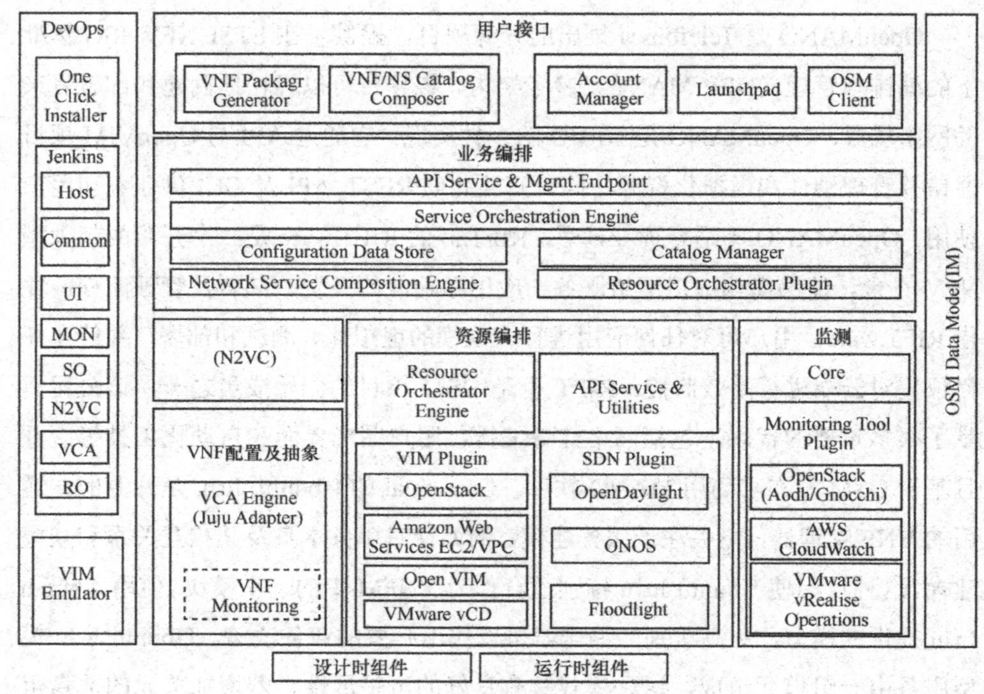

图 5-21　OSM 的架构

业务编排模块包括很多组件。其中，服务协调引擎负责服务生命周期管理、服务执行等，是管理整个 OSM 工作流程的主协调组件。服务协调引擎还负责支持多租户以及实施基于角色的访问控制等。网络服务组合引擎支持网络服务和 VNF 描述文件的组合，会验证网络服务和虚拟网络功能描述文件的组合是否符合上层定义的 YANG 模型。业务编排模块还通过 API 组件提供北向管理接口，同时它还具有状态和模板信息储存、目录管理、业务、资源编排器插件等。

网络服务与 VNF 通信（N2VC）模块负责业务编排模块与 VNF 配置及抽象（VCA）层之间的通信，实现两模块间交互的统一化。

VNF 配置及抽象（VCA）层负责将 VNF 和元素管理器的配置、操作、通知实施到具体的 VNF 上。在 Ubuntu JuJu 的支持下，它可以创建一个通用的 VNFM，使得上层无须关心底层的实现。

资源编排模块由北向 API 组件、资源编排引擎、VIM 和 SDN 插件等组件构成。其中北向 API 组件负责业务编排模块和资源编排模块之间的通信，还提供资源编排模块内部使用的应用程序。资源编排引擎负责协调和管理跨地理位置的 VIM 和 SDN 控制器的资源分配。VIM 和 SDN 插件负责将资源编排引擎连接到由 VIM 和 SDN 控制器提供的特定接口上。

监测模块是一个用于将监测配置发布到外部监测工具，并将外部监测工具收集的信息及时间推送到 Service Orchestrator 的管道模块。OSM 监测模块最重要的原则之一就是需要同时支持现有的监测系统接口以及新的监测系统接口，并可以在 OSM 中使用。OSM 监测模块是对各种监测系统的整合以及抽象，而不是与这些监测系统同等级。OSM 中监测模块提供最强大的功能之一就是将与 VM 和 VNF 相关的遥测数据和网络服务相关联。这种自动关联将为 OSM 的自动化运维提供极大的便利，非常有助于提升用户体验以及提高运营效率。

OSM 重用了大量的优秀开源项目，因此 OSM 具有高稳定性，得到了很多电信公司的支持，包括 Telefonica、英国电信、奥地利电信、韩国电信和 Telenor 等。同时英特尔、Mirantis、RIFT.io、博科、戴尔、Radware 等公司也非常热衷于 OSM。目前 OSM 已经发布了 3 个版本，稳定性非常优秀。

5.3.6 其他开源编排器

1. OpenStack Tacker

Tacker 是 OpenStack 项目中的一个子项目，其目标是构建一个通用的 VNFM 和一个 NFVO，以在 NFV 平台上部署和运行 VNF。该项目基于 ETSI MANO 架构，并使用 VNF 向端到端的编排网络服务提供全面的功能堆栈。该项目始于 Neutron 项目，在 NFVO 方面，该项目的目标为：一是使用分解的 VNF 进行模块化的端到端的服务部署；二是确保 VNF 的有效设置并运行；三是使用 SFC 连接 VNF；四是实现 VIM 资源检测和资源分配；五是跨多个 VIM 和接入点编排 VNF。

2. Open Baton

Open Baton 是一个开源平台，主要专注于 MANO 代码的开发。

Open Baton 在 MANOMEF 上研究的时间比其他开源 MANO 组织出现的时间都要早，且不同于其他开源项目，Open Baton 不是由运营商和厂商参与和主导的，而是由两个来自德国的研究机构：Fraunhofer Fokus 研究所和柏林技术大学主导的。Open Baton 的 MANO 架构围绕着消息队列，提供了自由编排器逻辑和其他组件解耦。

Open Baton 在欧洲的几个项目中得到了广泛的应用，其中一个是 SoftFire，该项目使用 NFV 和 SDN 创建可编程的基础架构，第三方可以用它开发新的服务和应用程序。此外，Open Baton 是 5G Berlin 计划的主要组成部分之一。

3. OpenLSO

OpenLSO 是城域以太网论坛（Metro Ethernet Forum，MEF）在持续推动的业务编排生态项目。MEF 希望在此项目中验证符合 MEF 规范的开源解决方案和接口能顺利地被整合。OpenLSO 主要针对那些希望采用 MEF 规范来加速实现其端到端业务编排的网络服务提供商，OpenLSO 能为其提供包含了生命周期服务编排（Lifecycle Service Orchestration，LSO）功能代码的开源项目以及如何使用这些开源项目的教程。OpenLSO 由 MEF 成员以及 ON.Lab、Open-O 等开源项目领导者共同合作运营。

5.4 网络编排器的趋势和面临的挑战

随着 NFV/SDN 的发展，网络环境越来越复杂，业务应用场景也逐步从提供传统的固定网络业务变为灵活的多样性业务。这些变化均给网络和业务管理带来了挑战。未来的网络和业务发展有网络趋于复杂化、业务应用多样化和部署灵活化三大趋势。

1. 网络趋于复杂化

传统网络的流量路径固定于物理连接，即网络流量会流经一个网元之后再流至下一个网元，网元之间的固定物理链路使网络流量的路径很固定，但是在

NFV中，同一个资源池中的网元种类有很多，而且流量路径可以按需部署，因此在实际的NFV中，不同网元之间的连接方式不同，流量路径需要按需部署，网络趋于复杂化。

2. 业务应用多样化

网络功能虚拟化之后，软硬件实现了解耦，网络业务实现了软件化，摆脱了传统设备的硬件束缚，奠定了业务类别的多样化基础。但是多样的业务应用类型有不同的业务处理需求，业务策略差异大，增加了业务部署的难度。

3. 部署灵活化

在传统组网中，设备如果采用串联方式组网，则短板效应和过路流量明显（即不需要做业务处理的流量也需要经过业务提供的设备），无关流量占用了设备处理能力和转发资源；设备如果采用旁挂方式，则需要更多的链路资源和更复杂的分流策略（一般使用策略路由进行分流）。采用SDN/NFV后，部署可以按需引导不同流量进行不同的业务处理，在部署上更加灵活和便捷。

如果说SDN技术使得网络层及其以下变得灵活可控，那么NFV技术的出现使得网络层以上也变得灵活，拓展性增强，由此带来的各种网络业务更加敏捷，易于管理，大大降低了运营商的CAPEX和OPEX。业务编排器作为网络自动化编排与管理的核心，在未来的网络架构中扮演着极其重要的角色，但将业务编排器变成实际，使其能在产业中发挥功能，还有几个挑战需要我们去面对，包括编排器中的标准和开源的关系、虚拟网络功能的设计与开发、业务的智能化设计、资源的自动化管理、编排器与OSS的关系、编排器与SDN控制器的关系等。

（1）编排器中的标准和开源的关系

尽管ETSI作为传统的标准组织采用了标准制定中常用的分阶段方式，为业界描述了清晰的系统架构和明确的功能需求，引领了NFV其他相关组织的工作，但是由于业界在编排器方面已有成熟的产品和开源项目，因此编排器的标准和开源都面临着一些挑战。

由于与运营商实际的运维管理需求密切相关，因此标准无法满足众多运营商的各异需求；同时，编排器作为运营商自身网络的管理系统，不存在跨运营商互联互通的需求，因此开源项目在这个领域大放异彩，以 IT 的工作方式对标准工作和运营需求进行快速实现和验证。在实践的过程中，开源社区还将挖掘新需求和标准修改建议反馈到标准组织中，对标准进行补充和优化。

开源社区具有强者越强的特点，吸纳最广泛的参与者和最优秀的开发人员，保持社区活跃度和影响力是开源社区成功的关键。从这方面来讲，ONAP 集合了 OPEN-O 与 ECOMP 两个旗帜项目的优势资源，未来必将在开源编排器领域发挥重要的作用和影响力。NFV 涉及领域众多，标准和开源将以合作互补的关系共同发展。带有 CT 烙印的标准化将继续在整体逻辑架构和功能需求方面引导开源社区和供应商；而具备 IT 基因的开源项目则可针对需求被逐点击破，快速实现，尤其在运营商具有个性化程度高的编排器领域明显优势，同时其实践成果也对标准进行了有效的反馈和补充。标准和开源将在 NFV 领域相互协作，共同推动产业的发展与成熟。

（2）虚拟网络功能的设计与开发

在传统的网络场景中，某个网络功能由专用的物理设备来完成，而在 NFV 场景中，这些专门的物理设备被软件化的虚拟网络功能取而代之，所有的网络功能迁移到了标准的 X86 服务器上完成。业务编排器支持各类网络业务的用户个性化定制，对完成业务功能的虚拟功能网元也提出了更高的需求，虚拟网络功能需要丰富种类，以应对各种场景，又需要可编程，来满足用户的定制化需求。虚拟网络功能在实现上，也有不同的实现架构，如图 5-22 所示，虚拟机的第一种部署方式是在物理服务器上部署一层虚拟化子层，为虚拟机提供虚拟化的支持和同一服务器上虚拟机之间的网络连通性。第二种部署方式是将虚拟网络功能部署在裸机服务器上，所有的虚拟网络功能直接共享物理服务器的计算资源、内存资源和储存资源。第三种部署方式基于最近兴起的容器技术，所有的虚拟网络功能运行在服务器上的不同容器中，达到资源隔离的作用，容器部署是一种类似于虚拟机部署的方式，但是比虚拟机更轻量级，更加灵活，在新建、终止、迁移虚拟网络功能时有诸多的便利。目前，容器技术还未成熟，但容器技术是被业界普遍看好的一种技术。网络功能未来大部分都将软件化，虚拟网络功能软件开发在未来也变得越发重要。在 NFV 的架构成熟后，虚拟网络功能的软件开发将占据一大部分的市场，连 AT&T 也正在向着一家软件公司发展，2020 年，其网络中的 70%的功能被实现软件化。由于软件化的功能与物理设备实现的功能在性能上一定会存在着一定的差距，因此，如何设计虚拟网络功能的架构以及软件如何设计开发也会是业务编排领域重要的组成部分。

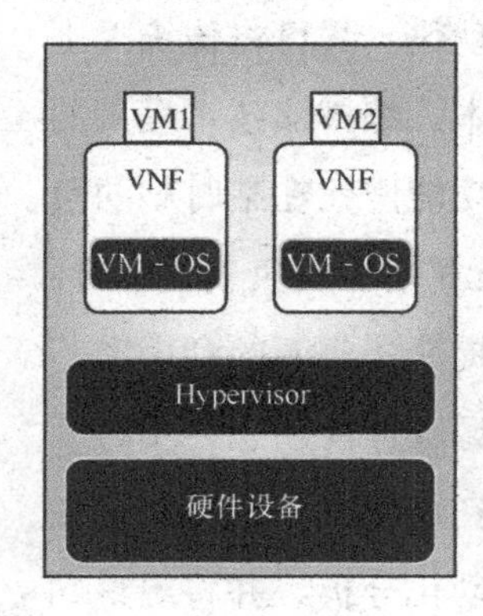

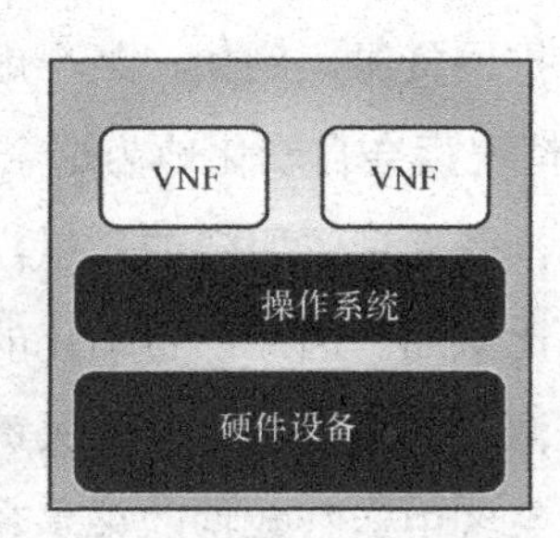

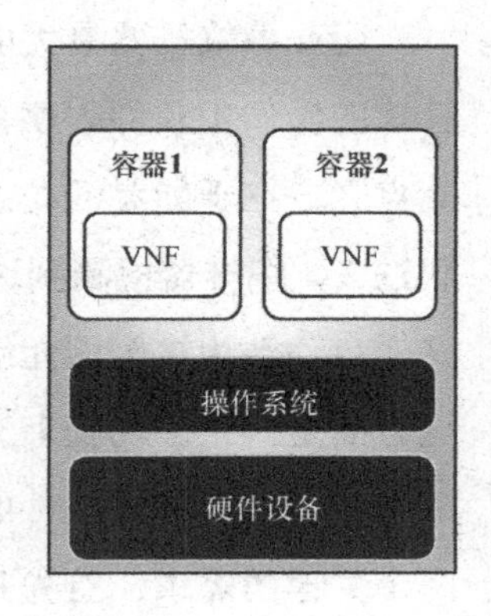

图 5-22　虚拟网络功能的部署方式

（3）业务的智能化设计

传统的业务上线需要人工的设计，然后小范围地验证服务的可行性和稳定性，最终购买专用的设备去搭建，整个流程至少需要几个月的时间，业务的上线周期长、成本高等问题越来越突出。这个问题的关键在于各项业务依赖于专用的物理设备，搭建系统费时费力，而且业务之间差异较大，没有统一的设计模式或设计模板。SDN/NFV 技术给网络提供了更加灵活、开放和可编程的能力，各项业务不依赖专用的设备就能运行在通用的物理服务器上，并向用户开放操作管理的程序接口，用户能根据业务编排器预置的模板对业务进行个性化的定制，编排器根据用户的业务模板信息帮助用户智能地设计业务，并在验证后，将用户的新业务上线。这样基于模板的方式能极大地减少新产品、新业务上线的时间，将以往几个月的部署时间缩短到几天甚至几小时。目前，业务模板的输入有 YANG、Heat、YAML 等多种方式，在对业务进行修改时，也只需要修改模板，核心的代码不用改动，使得编排器更加的灵活高效。根据模板如何智能地设计业务的算法以避免业务之间的冲突、业务如何验证等都是业务编排器在业务设计方面实现的重点和难点。

（4）资源的自动化管理

随着电信网络的发展，运营商面对的是一个越来越复杂的网络，由于运维效率低下和为保障电信业务的可靠性而带来的巨大运维开支，以专用电信设备为管理对象的“基于突发的故障”和“主观经验”的运维模式已逐渐走向末路。

而业务编排器最大的优势在于灵活、智能、高度自动化，其可将传统人工管理的操作由软件程序自动化完成，大大降低了人力成本。编排器技术最大的亮点之一在于能灵活动态地扩展资源，例如，某个虚拟功能网元在某时刻的负载过大，编排器检测到这个情况后会自动化地为这个网元扩容，当负载变小时，又会自动地为这个网元缩容，既保证了服务的质量，又提高了资源的利用率，这方面是人工手动管理无法比拟的。因此，自动化的资源管理能动态、实时、高效地管理物理和软件的资源，是编排器开发的关键。在这个方面，目前存在两个关键的需求：首先是对系统中运行数据的采集和自动化分析，并将观察到的异常和重大事件上报；其次是系统根据上报的事件，做出响应的决策动作。NFV/SDN 的数据种类非常多，事件的类型也会更加的丰富，数据的采集和分析、自动化决策响应都将是业务编排器的研究重点和实现的难点。

（5）编排器与 OSS 的关系

标准定义的编排器关注生命周期管理和资源调度，与 VNF 应用层管理无关。但在运营商的实际运维中，网络的变化和资源的调整需求往往源于业务层面，同时业务的控制和分析也离不开对资源层面的了解，两者有着复杂的联系，往往难以通过一个互通接口完成系统整合。这就需要编排器与 OSS / EMS 进行深度的融合，形成统一的未来网络管理系统。ECOMP 在设计之初就已将 EMS 功能纳入其中，体现了其业务与资源统筹管理的思路。

此外，编排器所提供的能力对于传统的 OSS 来说是全新的，通过原有 OSS 升级以支持传统网络和 NFV 网络的统一管理，实质上更像是将传统 OSS 和编排器生硬地堆积在一起。同时，NFV 网络中编排器与资源层的分层管理对运营商的运维人员来说也需要具备全新的能力。

（6）编排器与 SDN 控制器的关系

随着新技术的引入，电信网络将变为由新型数据中心的节点和高速网络连接的连线组成的“星盘格”，其中数据中心将承载电信网络的功能，以NFV技术为核心，实现网络功能的快速部署和灵活组成；高速网络连接将提供节点间的数据交换，以SDN技术为核心，自动化地匹配业务调整所带来的链路调整的需求。单独的NFV编排和SDN编排都无法实现运营商最终业务的快速上线和调整。

随着电信业务的发展和5G相关需求的提出，电信网络将面临更多的业务场景和网络切片，其中任何一点都需要NFV和SDN协同实现。因此，编排器的定位应在NFV管理编排和SDN控制器之上，NFV管理编排实现了网络功能和网络服务的部署和生命周期控制，而SDN控制器则实现了上述对象对外暴露的端点之间的连接，并对数据的流量流向进行控制。编排器在SDN/NFV之上对端到端的业务场景负责，并将其拆解为NFV和SDN所理解的管理对象，控制两者协同完成端到端业务的部署和控制。在SDN/NFV协同方面，OPEN-O提出的GSO高层设计架构试图给出答案，值得业界关注和借鉴。

未来网络自动化、智能化的运营将以网络设计态和闭环控制为核心。网络设计态的重点是将现在运营商的业务技术方案和网络建设方案连同其运维的方法用标准的形式化语言将其描述为模板和策略，编排器基于这些模板和策略，实现技术方案和建设方案，大大提高了部署和调整的效率，并且具备“可复制”的属性，彻底满足运营商现有的建设和运营流程，最终带来运营商能力的全面提升的需求。其中，模板和策略的定义和不断优化将会是一个持续的过程。

以大数据分析和机器学习为核心的自动调整和优化过程在互联网领域的实践已从量变发展到质变，深刻影响了现代人的生活，颠覆了很多原有的“常识性”认知，运营商也试图将其应用于网络运营领域。在NFV方面，编排器将获得虚拟功能所对应的物理资源、虚拟资源、业务应用层全量的统计数据；在SDN方面，作为流控制的核心，编排器将获得关于网络连接和流量的全部数据，如果能将这些数据加以统一分析，闭环反馈至网络设计态系统，指导和不断优化当前模板和策略，将从排除主观经验的科学角度逐步最优化网络设计和运营。

业务编排器提出的要解决新型网络SDN/NFV化后出现的问题，在业务模式和新业务创新的驱动下，面对的问题也会越来越多，需要不断的演进和发展，方能为网络、运营商、终端用户提供更加优质高效的业务部署和用户体验。

参 考 文 献

[1] 张铁卿. SDN/NFV 关键技术的分析和实现: MICT-OSTM[J]. 中兴通讯技术, 2016, 06: 26-30.

[2] ETSI N. GS NFV-MAN 001 V1. 1.1. Network Function Virtualisation (NFV); Management and Orchestration[J]. 2014.

[3] TOSCA O. TOSCA Simple Profile for Network Functions Virtualization （NFV） Version 1.0[J]. 2015.

[4] 邹盼霞, 郝若梦, 胡兵. OpenStack 如何来实现和支持编排[EB/OL].

[5] 张迎. 基于 TOSCA 规范的云编排框架与算法研究[D]. 成都: 电子科技大学, 2016.

[6] BJORKLUND M. YANG-A data modeling language for the Network Configuration Protocol[J]. RFC6020[Z]. IETF, 2010.

[7] BECK M T, BOTERO J F. Coordinated allocation of service function chains[C]. Global Communications Conference （GLOBECOM）, 2015 IEEE. IEEE, 2015: 1-6.

[8] Mehraghdam S, Keller M, Karl H. Specifying and placing chains of virtual network functions[C]. Cloud Networking （CloudNet）, 2014 IEEE 3rd International Conference on Cloud Networking. IEEE, 2014: 7-13.

[9] BARI F, CHOWDHURY S R, AHMED R, et al. Orchestrating virtualized network functions[J]. IEEE Transactions on Network and Service Management, 2016, 13(4): 725-739.

[10] MECHTRI M, GHRIBI C, ZEGHLACHE D. A scalable algorithm for the placement of service function chains[J]. IEEE Transactions on Network and Service Management, 2016, 13(3): 533-546.

[11] ZHANG Y, WU W, BANERJEE S, et al. SLA-verifier: Stateful and quantitative verification for service chaining[C]. INFOCOM 2017-IEEE Conference on Computer Communications, IEEE. IEEE, 2017: 1-9.

[12] TSCHAEN B, ZHANG Y, BENSON T, et al. SFC-Checker: Checking the correct forwarding behavior of Service Function chaining[C]. Network Function Virtualization and Software Defined Networks （NFV-SDN）, IEEE Conference on Network Function. IEEE, 2016: 134-140.

[13] KAZEMIAN P, VARGHESE G, McKeown N. Header space analysis: Static checkingfor networks[C]. NSDI,2012.

[14] AL-SHAER E, AL-HAJ S. FlowChecker:Configuration analysis and verification of federated OpenFlow infrastructures[C].SafeConfig,2010.

[15] AL-SHAER E, MARRERO W, EL-ATAWY A, ELBADAWI K. Network configuration in a

box: Towards end-to-end verification of network reachability and security[C]. ICNP,2009.

[16] MAI H, KHURSHID A, AGARWAL R, CAESAR M, GODFREY P B, KING S T. Debugging the data plane with Anteater[C]. SIGCOMM,2011.

[17] XIE G, ZHAN J, MALTZ, D., ZHANG, H.,GREENBERG, A., HJALMTYSSON, G., AND REXFORD,J. On static reachability analysis of IP networks[C].INFOCOM,2005.

[18] FEAMSTER, N., AND BALAKRISHNAN, H. Detecting BGP configuration faults with static analysis[C].NSDI, 2005.

[19] YUAN, L., MAI, J., SU, Z., CHEN, H., CHUAH, C.-N., AND MOHAPATRA, P. FIREMAN: A toolkit for firewall modeling and analysis[C]. SnP,2006.

[20] CANINI, M., VENZANO, D., PERESINI, P., KOSTIC,D., AND REXFORD, J. A NICE way to test OpenFlow applications[C]. NSDI,2012.

[21] Durante L, Seno L, Valenza F, et al. A model for the analysis of security policies in service function chains[C]. Network Softwarization（NetSoft）, 2017 IEEE Conference on Network Softwarization. IEEE, 2017: 1-6.

[22] Shin M K, Choi Y, Kwak H H, et al. Verification for NFV-enabled network services[C]. Information and Communication Technology Convergence（ICTC）, 2015 International Conference on Information and Communication Technology. IEEE, 2015: 810-815.

[23] Khurshid A, Zhou W, Caesar M, et al. Veriflow: Verifying network-wide invariants in real time[C]. Proceedings of the first workshop on Hot topics in software defined networks. ACM, 2012: 49-54.

[24] D. A. Joseph, A. Tavakoli, and I. Stoica.A Policy-Aware Switching Layer for Data Centers[C]. ACM SIGCOMM Computer Communication Review, vol. 38, no. 4, 2008: 51–62.

[25] 毛斌宏，阳志明. NFV 故障关联及故障自愈方案研究[J]. 电信科学, 2017, 33(11):186-194.

[26] 中国电信.中小企业随选网络白皮书[EB/OL]. (2017).

[27] 赵鹏，段晓东. SDN/NFV 发展中的关键：编排器的发展与挑战[J]. 电信科学, 2017, 33(4): 18-25.

第 6 章

SDN/NFV大展身手

SDN 和 NFV 技术在各自使用时，已经展现了它们各自的重要作用，当它们合并到一起应用时，又能碰撞出什么样的火花呢？本章以 5G 网络、企业网业务和云数据中心为例，介绍了 SDN/NFV 的应用场景，其中，SDN/NFV 在企业网和云数据中心已有实际落地的应用。

6.1 SDN/NFV 是迈向 5G 的重要技术

移动通信网络经过近 40 年的爆发式增长，已成为连接人类社会的基础信息网络。移动通信技术的发展不仅深刻地改变了人们的生活方式，而且已成为推动国民经济发展、提升社会信息化水平的重要引擎。目前，5G 进入商用阶段，将满足人们在居住、工作、休闲和交通等区域的多样化的业务需求，即便在密集住宅区、办公室、体育场、地铁、快速路、高铁和广域覆盖等具有超高流量密度、超高连接数密度、超高移动性特征的场景，也可以为用户提供超高清视频、虚拟现实、增强现实、云桌面、在线游戏等极致的业务体验。与此同时，5G 还将渗透物联网及各种行业领域，与工业设施、医疗仪器、交通工具等深度融合，有效地满足工业、医疗、交通等垂直行业的多样化的业务需求，实现真正的"万物互联"。

目前，产业界和学术界已将网络的研发重点向第五代移动通信系统转移，目标在 2020—2025 年实现 5G 系统的商用化。面对全新的移动通信技术带来的挑战，世界主流的标准化组织如 ITU-T、3GPP、IMT-2020 等，以及各大运营商如 AT&T、中国移动，还有主流设备厂商如华为、思科、中兴等都在积极开展 5G 方面的研究，加速推动 5G 技术的落地。2013 年，欧盟拨款 5000 万欧元，加速对 5G 关键技术的研究，2020 年实现 5G 原型系统的落地。同年，韩国三星电子有限公司宣布，已成功开发第五代移动通信技术的核心技术，该技术能在 28GHz 频段实现 1Gbit/s 以上的数据传送，这意味着下载一部高清电影只需要 10s 的时间。在我国，早在 2009 年，华为已经就 5G 中的关键技术展开了研究，并在 2013 年宣布将投资 6 亿美元用于对 5G 技术的研发与创新，2020 年用户将体验到高速的 5G 移动网络。

5G 技术涉及的领域非常广泛，包括 SDN、NFV、云计算、边缘计算、网络切片、大数据和机器学习七大核心领域。其中，SDN 和 NFV 作为两大基础技术领域，是 5G 网络创新的关键，更是全局性、颠覆性的网络变革，是未来电信网络实施网络变革的主线。这两大技术的应用标志着网络从此走向软件化、IT 化和云化的新阶段。本章首先介绍新型的 5G 网络架构；然后详细介绍如何基于 NFV 和 SDN 技术搭建 5G 网络，其中包括无线接入网的云化和核心网的云化两部分；最后介绍 5G 网络中关键创新性技术，即网络切片技术，这项技术同样依赖于 SDN 和 NFV，由此可见 SDN 和 NFV 在 5G 领域举足轻重，接下来让我们正式开始 5G 之旅。

6.1.1 5G 网络架构的“三朵云”

我国在 2013 年 2 月组织成立了 IMT-2020（5G）工作组，旨在推动 5G 技术的研究和发展，并与国际接轨加强在 5G 领域的交流。中国电信在工作组中担任了重要的角色，并在推动 5G 技术发展的过程中起到了重要的作用。中国电信在 IMT-2020 工作组中最早提出了“三朵云”的 5G 网络架构，该架构最终发展成为 IMT-2020 后续关键性文件《5G 概念白皮书》和《5G 网络技术架构白皮书》中发布的 5G 网络架构的基础。

图 6-1 为 IMT-2020 推进组在《5G 网络技术架构白皮书》中发表的 5G 网络架构。由图 6-1 可见，5 G 网络由接入平面、转发平面和控制平面 3 个功能平面构成，这 3 个平面分别对应于三朵云，即接入云、转发云和控制云。简单来说，接入云负责用户的接入，例如用户从无线基站、Wi-Fi 接入等；转发云负责用户数据的转发；控制云则负责管理转发云和接入云中的设备。接下来，我们对这“三朵云”展开更详细的介绍。

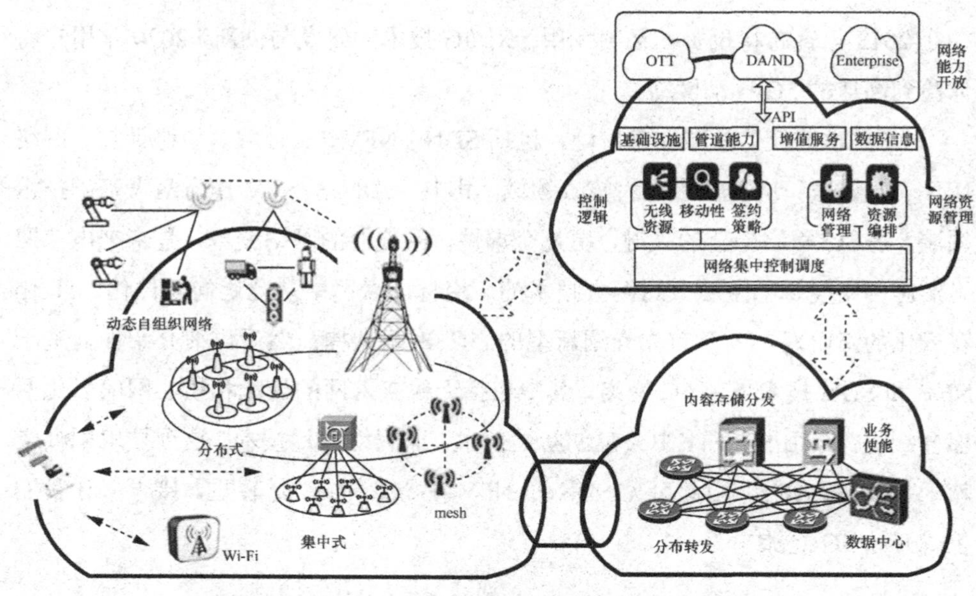

资料来源：IMT-2020（5G）推进组《5G 网络技术架构白皮书》

图 6-1 5G 网络架构示意

（1）接入云

接入云可以支持不同形态的接入方式，并针对不同的业务场景进行灵活的部署，实现高速的接入和无缝的切换，以满足在 5G 新时代下用户全新的体验需求。接入云融合了分布式无线接入网（Distributed Radio Access Network，D-RAN）和 C-RAN 两种无线接入网架构，可以构建更加灵活的接入网拓扑，帮助运营商节省运营成本。此外，接入云还将 BBU 进行了云化。传统的 BBU 都是通过专用的硬件进行部署的，在每一个蜂窝基站中都需要部署一个 BBU 硬件；借助 NFV 技术，BBU 的功能可通过软件实现，并运行在通用的服务器上，BBU 将这些服务器统一集中管理，从而大幅度地降低运营商的 CAPEX 和 OPEX。同时，为了降低业务的时延，接入云依托边缘计算（Mobile Edge Computing，MEC）技术，在离移动用户最近的无线接入网中部署对应的应用，将应用的内容拉到网络的边缘，为移动用户提供更加快速的服务，满足 5G 网络中 1ms 时延的需求。

（2）转发云

5G 网络的转发云彻底分离了控制平面和数据平面。数据平面即为转发云，而控制平面转移到了控制云中实现。数据平面更加专注于数据流的高速转发和处理，控制平面更加专注于灵活地优化控制底层硬件设备和数据流。转发云中主要包含两类设备：一类是单纯的高速转发单元，例如交换机和路由器；另一类是各种网络功能单元，例如防火墙、深度包检测等。在传统网络中，网络功能单元都是由专用的硬件实现的，这些硬件呈链状部署，流量通过静态流表进行引导，如果需要修改网络中的业务，例如需要增加一个计费控制单元，则该链中需要增加相应的硬件设备，并修改静态流表以实现流量的正确引导。当面对成千上万的新业务上线或旧业务更新时，这一过程是非常费时费力的。5G网络的转发云中使用了NFV技术和SDN技术，单纯的高速转发单元被替换成了SDN交换机，通过控制云中的SDN控制器进行集中控制。而各种网络功能被通用的服务器所替换，通过使用NFV技术，各种网络功能变成了运行在虚拟机或者容器中的软件，并通过控制云中的NFV控制器进行集中控制。在使用了NFV技术和SDN技术后，转发云中的大部分设备在控制云的网络控制和资源调度下，实现了海量数据的低时延、高可靠的处理和转发。此外，我们在转发云中还可以部署一定数量的缓存设备，这些缓存设备根据控制云下发的缓存策略，实现热点内容的缓存，从而减少业务的时延，降低出口流量，改善用户体验。

（3）控制云

5G网络的设计借鉴了SDN的设计理念，包括解耦控制平面和数据转发平面，其中，转发平面变成了高效的转发云，而控制平面变成了控制云。控制云在逻辑上作为5G网络的控制核心，由多个虚拟化网络控制功能模块组成。控制云中的模块包括接入网控制模块、移动性管理模块、策略管理模块、信息管理模块、路径管理模块、SDN控制器模块、传统网元适配模块、能力开放模块和网络资源编排模块等。这些不同的模块可以根据不同的业务场景进行裁剪和组合，实现了网络的差异化定制。集中控制的方式可以在控制云中编排网络中的设备，实现端到端的优化部署。同时，控制云可以通过不同的网络测量技术，监测转发云中设备的运行情况，并收集监测的数据，使用大数据分析的方法对其进行分析，挖掘数据中的潜在价值。监测的数据可以帮助运营商更好地运营网络，例如设备的自动化扩容、设备的自动化迁移等。控制云集中控制的方式进一步降低了运维的难度，在未来将有望实现自动化运营，通过封装好的高层 API，运维人员只需要在控制云中输入运维策略即可，剩下的运维工作将全部交由控制云来处理，只需要少量的人力便可以实现全网的日常运营，从而大幅度降低运营商的运营成本和压力。未来的运维工作将是“闭环自动化的”的工作。

6.1.2 SDN/NFV 描绘“三朵云”

移动通信系统从 2G、3G、4G 时代逐步发展到当前的 5G 时代，用户数量呈现爆炸式的增长，频谱资源紧缺，数据的传输速率需求呈现几何式增长，其中能源的巨大消耗以及网络的优化等都是需要在 5G 网络中亟待解决的问题。在移动通信网发展的过程中，相对于接入网技术的不断改革，核心网的网络架构并没有发生根本性的变化，陈旧的核心网架构将不能满足 5G 网络的新需求。因此，5G 网络中，无论是接入网，还是核心网，还是运营管理的方式，都将对网络的设计提出新的挑战。我国的 IMT-2020（5G）推进组在《5G 愿景与需求》中对 5G 网络的关键能力提出了几个方面的指标，5G 将具备比 4G 更高的性能，包括支持 0.1~1Gbit/s 的用户体验速率、每平方千米一百万的连接数密度、毫秒级的端到端时延、500km/h 以上的移动性和数十 Gbit/s 的峰值速率。总体来说，这几个方面主要是围绕用户的体验速率、连接数密度和时延展开的。除此之外，5G 网络还需要大幅度提高网络的部署和运营效率。

现有的网络性能虽然从 3G、4G 到 5G 的逐渐发展中性能已经有了极大的提升，但随着流量的进一步激增，现有的网络架构已不能适应现在的发展，一些缺点逐渐暴露。首先，对于 5G 网络超高的速率和时延要求，目前的网络架构很难满足其需求，因为现有的移动网络的体系结构变得越来越复杂，设备臃肿，性能提升困难，而且随着业务的不断增加，网络设备的种类变得异常繁多，导致升级换代十分困难，设备的可扩展性非常差。其次，5G 网络对于网络部署的效率和运营效率的要求越来越高，现有的网络架构是完全无法满足的。现有的网络架构中控制平面和转发平面紧耦合，在对设备进行配置和管理的过程中，通常需要运维人员对设备逐台进行配置，效率极其低下。当面对数以百万计的业务和数以万计的设备时，每一次业务的调整对运维人员都将是很大的挑战，这种局面导致网络的部署和运营效率十分低下，同时也阻碍网络的发展。

5G 网络在设计上势必需要解决上述的问题，在提升网络性能的同时，变革体系结构，要求网络功能实现灵活高效的部署，能够快速升级且易于扩展等。针对这些需要，业界出现了两种派别：一种是保守派，保守派希望基于现有的网络架构进行改进，在保持网络基本架构不变的前提下，通过协议更新和网元改造等来适应 5G 网络的需求；另一种是革命派，他们想要摒弃现有的网络架构，设计一种全新的网络架构。革命派有两个核心思想：第一个核心思想是数据平面和控制平面分离，代表性的技术是 SDN，革命派认为数据平面应该是简单的、“傻瓜”式的，只需要负责高速的转发即可，而控制平面是整个网络的大脑，指挥着数据平面的工作；第二个核心思想是设备硬件的通用性，这是从计算机领域的成功中汲取的经验，计算机领域经历了蓬勃高速的发展，计算机的性能不断提高，各种操作系统和软件也是层出不穷，而反观计算机网络领域，其发展是明显落后于计算机领域的。革命派认为造成这种现象的原因是计算机网络领域的封闭性，网络中设备的硬件和软件强耦合且封闭，大厂商垄断导致创新发展能力减弱。为了打破这种局面，NFV 技术和白盒技术出现了，它们的思路都是类似的，即采用通用化的硬件，且硬件实现的功能并不是固定的，而是可编程的。在这种设计思路下，更多的组织和个人可以加入网络设备的开发中，基于通用化的硬件开发自己所需的功能。

目前，革命派的思路得到了业界广泛的认可，加上 IT 领域不断发展的虚拟化和云计算技术，正不断地支持着革命派继续前进。事实上，革命派的路线中还存在着许多的技术难题，但是现有的、已经明确的 5G 方案都是沿着革命派的路线在前进，SDN 和 NFV 的呼声也是越来越高，例如，SDN 在广域网中的成功使用（SD-WAN）、NFV 在无线接入网中的应用（C-RAN）、NFV 在 EPC 中的应用（vEPC）等。可以预见，SDN 和 NFV 将成为支持 5G 网络创新的基础使能技术。

1. NFV 和 SDN 扮演的角色

SDN 技术为 5G 网络带来了集中管控的特性，使得网络更加灵活、智能。

SDN 技术实现了控制层面和数据层面的解耦，使网络的数据平面更加开放，可以灵活支撑上层的业务。5G 网络不仅需要更低的时延、更高的带宽，还需要灵活、敏捷、易管理的特性，以便为运营商打造更多的创新服务，更好地应对 OTT 流量。目前，5G 网络的建设越来越多地开始基于 SDN 的理念，特别是随着人工智能、自动驾驶、大数据等新型业务的发展，5G 网络架构向着分布式、智能化等方向演进。SDN 数控分离的设计，可以更加动态地构建网络，同时在数据平面构建网络时，可以专注于数据平面的设计，为不同的应用提供不同的需求，让每一个应用得到所需要的带宽和时延。在控制平面，由于 SDN 集中控制的特性，控制平面对底层设备的完全掌控可以带来更多的创新，在网络的管控中加入智能元素将变得极为便利。而在以前的分布式网络中，网络中加入智能元素需要设计复杂的分布式协议来实现，这是十分困难的。

NFV 技术降低了 5G 网络的建设和运营成本。NFV 技术的关键是通过虚拟化技术在通用服务器上以软件的形式运行各类网络功能，例如防火墙、负载均衡器、网关等。这样做的好处主要有两点：一是帮助运营商降低了设备的支出成本，运营商不再依赖昂贵的专用物理设备，只需要购买通用的高性能服务器即可，虽然说运营商还需要向第三方购买软件形式的 VNF，但是从长远的角度考虑，运营商打破了设备厂商的封锁，在未来可以开发自己的 VNF，毕竟开发软件形式的 VNF 相对于制造硬件形式的网络设备来说，门槛较低；二是 NFV 帮助运营商加速业务的上线速度，减轻部署和运维网络业务的负担，在网络功能都基于虚拟化技术运行在通用服务器上后，任意的通用服务器都可以运行任意一种软件形式的 VNF，网络功能的部署变得非常灵活，只需要在网络内部署通用的服务器，这些服务器上通过远程集中式控制的方式部署各类不同的 VNF，配合 SDN 技术，使得不同业务的流量按需求经过不同的 VNF，实现业务所需的功能。专用硬件设备的时代当需要上线一个新业务时，首先需要部署对应的硬件设备，然后对每个硬件设备进行配置和测试，耗费诸多人力、物力之后，业务才能最终上线，这个过程少则几周，多则几个月。而现在，网络功能设备变成了运行在通用服务器上的软件之后，业务上线的一切过程也都可以自动化来完成，借助云计算中成熟的技术，业务的部署和测试过程也都可以通过自动化的方式来完成，免去了技术人员很多的手动操作。未来运维人员的工作可能会类似于现在云计算公司的运维人员，主要通过编写自动化脚本来完成网络的运维，虽然所需要的人力减少了，但是运维的门槛却提高了。

综上，通过 SDN 和 NFV 技术搭建未来的 5G 网络，可以有效地降低运营商的 CAPEX 和 OPEX，这也是运营商大力推广 SDN 技术和 NFV 技术的原因。

2. 5G 核心网的 SDN/NFV 化

CT 领域受到 IT 领域技术的深入影响，在 4G 网络时代，核心网已经开始使用基于 IP 的分组交换技术，将计算机网络中的技术应用到了电信网络中。4G 的核心网 EPC 网络如图 6-2 所示，图中将 MME 抽象成独立的网元，使得 EPC 网络的控制和转发分离，从而 MME 得到了更好的可扩展性。但是 EPC 网络还是针对单一服务所设计的集中式架构，所以仍然存在一定的缺陷。EPC 的缺陷用一个词来说就是“耦合”，主要表现为两点，一是 SGW 和 PGW 的控制平面和用户平面耦合，二是硬件和软件耦合。这两点紧耦合带来了诸多的限制，随着终端和业务类型的不断增多，SGW 和 PGW 的耦合使得网络和扩展性变得很差，硬件和软件的耦合使得新业务的部署和管理变得非常复杂。随着业务需求的不断增长，网络的运维管理变得日益复杂，同时网络性能在下降。

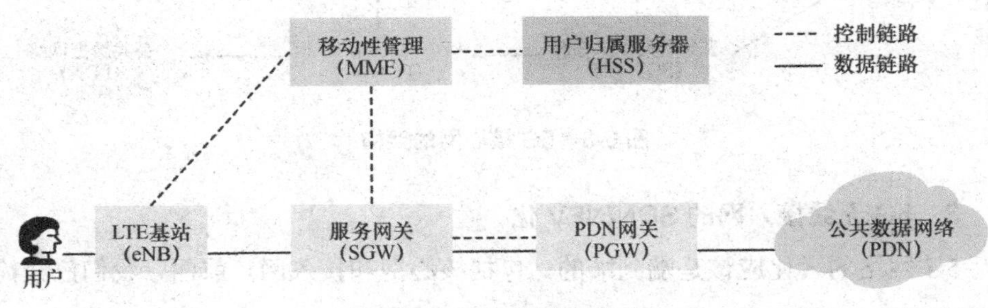

图 6-2 EPC 网络的架构

SDN 技术和 NFV 技术正好能够完美地解决“耦合”所带来的这两点缺陷。SDN 技术的思想是将网络设备的控制平面和转发平面分离，以此解决 SGW 和 PGW 控制平面和用户平面耦合的问题。NFV 技术的思想是将设备的软件和硬件分离，使得不同的网络功能可以运行在通用的硬件上，这又恰好对应 EPC 网络中硬件耦合和软件耦合的问题。综上，SDN 和 NFV 能解决当前 EPC 网络的痛点，因此在 5G 网络的设计中，SDN 和 NFV 成了重点技术。

SDN 技术和 NFV 技术催生了 5G 的核心架构，如图 6-3 所示，5G 网络和 EPC 网络最明显的区别就是 SGW 和 PGW 的控制平面和用户平面，分成了 SGW-C、SGW-U 和 PGW-C、PGW-U。控制平面和用户平面分离后可以使得用户平面的功能变得更加灵活，例如，5G 的核心网中可以将 SGW 的用户平面，即 SGW-U 部署在离用户无线接入网更近的地方，从而提高服务用户的质量，降低用户业务的时延。5G 核心网的架构设计还有一点改进可能是图 6-3 所不能表现的，即 5G 核心网中的大部分网络功能设备，例如 SGW-U、PGW-U 等都将基于 NFV 技术来实现，NFV 技术所带来的网络功能软件化和管理智能化将极大地提升核心网部署的灵活性。在虚拟化的环境中，网络功能变成了软件，可以在通用服务器形成的资源池中直接加载、缩扩容和灵活调度，从而使得核心网中业务的上线和更新的时间大幅度缩短。

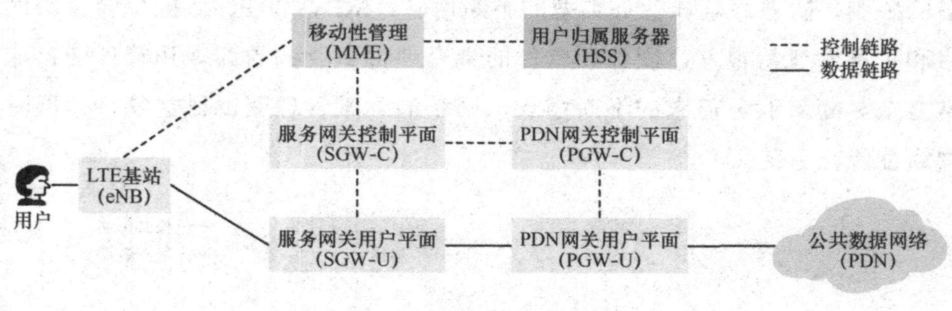

图 6-3　5G 核心网的架构

3．5G 无线接入网的 SDN/NFV 化

5G 网络的云化应该是端到端的，包括核心网和接入网。前面，我们已经简单介绍了如何利用 SDN 技术和 NFV 技术云化核心网，我们同样可以利用 SDN 技术和 NFV 技术改造接入网。接入网云化也是 NFV ISG 的重点应用案例之一，目前已经出现了以 C-RAN 技术为代表的接入网云化技术。C-RAN 中的 RAN 是“无线接入网（RadioAccessNetwork）”的缩写，而 C-RAN 中的 C 一共代表了 4 个词，分别是集中化、协作式、云计算和绿色，其本质是通过减少基站机房数

量，来减少能耗，协作化技术和虚拟化技术实现了资源共享和动态调度，提高了频谱效率，可以达到低成本、高带宽和灵活运营的目的。

在LTE网络以及更早之前的2G和3G网络中，无线接入网在建设过程中面临着很多的问题和挑战。首先，之前的网络架构在设计上对于每一座基站（Base Station，BS）都分配一个单独的房间以安置BBU硬件设备和配套设备，还需要给该房间配置电力设备和冷却设备，这部分的开销随着基站数量的增加而线性增加，对运营商来说，支出成本是巨大的。而且，随着网络在设计上逐渐分层，蜂窝数量变得更加密集，覆盖范围变得更小，每一个蜂窝像之前一样配置一个BS，再配置BBU和电力冷却设备，显然是不现实的。其次，LTE网络中为了增加信道容量所带来的信道干扰问题比2G和3G网络都更加严重，虽然一些协作无线通信技术，例如，协作多点通信（Coordinated Multi-Point，CoMP）可以减少信道干扰，但是CoMP与LTE架构不匹配，其切换算法会带来性能上的损失。最后，能源的消耗也是LTE网络面临的问题，在LTE网络中，其中很大比例的能源消耗来源于无线接入网部分，因此，如何减少无线接入网能源的消耗也是5G网络设计中需要考虑的问题。

C-RAN技术是上述问题的“救星”。C-RAN最早是由中国移动通信研究院提出的一种新型无线接入网架构。C-RAN将每个蜂窝中的BBU集中到一起并放在了同一个地方，这个地方被称为中央局（Central Office，CO）。在CO中，基于NFV技术实现软件形式的BBU单元运行在一个由通用服务器组成的资源池中，并根据需求动态地分配资源。C-RAN技术与传统的分布式基站方案相比，主要有以下几个优点。

①C-RAN技术提高了资源利用率。在传统的分布式基站方案中，BBU都是基于硬件实现的，硬件的性能容量是固定的，不能实现动态的缩扩容，所以在部署时需要按照最大的容量需求进行部署，所部署的硬件只能在流量的峰值处达到较高的利用率，而在流量的低谷利用率是很低的。C-RAN将所有的BBU都集中在了CO中，并且使用了NFV技术在通用服务器上部署BBU，NFV可动态缩扩容的特性使得BBU运行的数量可以根据流量的大小进行动态的调整，以此提高资源的利用率。

②C-RAN 技术能节能。节能主要是通过两方面实现的，由于 C-RAN 提高了资源的利用率，因此，能源的消耗也会随之降低。另外，集中的 BBU，只需要在 CO 中部署一套冷却设备即可，这样做也可以节省能源的消耗。

③C-RAN 技术与 CoMP 技术相比，可以减少信道的干扰。

C-RAN 架构最早在 2009 年被提出，各大运营商都开始积极拥抱 C-RAN 技术。韩国最大的两家电信公司——SKT 和 KT，已经采用了 C-RAN 集中式的思路来部署 LTE 网络。同时，许多组织开始了关于 C-RAN 的研究，例如，由中国移动主导的下一代移动通信网（Next Generation Mobile Network，NGMN）和欧盟的 EU FPT 项目组织。C-RAN 是当前无线接入网络的重要技术，在 5G 的无线接入网中，也将扮演重要的角色。

2016 年 11 月 18 日，中国移动联合各个公司发布了《迈向 5G C-RAN：需求、架构与挑战》白皮书，白皮书对 5G 中 C-RAN 的建设主要提出了以下两点：将 BBU 功能进一步切分为集中式设备单元（Central Unit，CU）和分布式设备单元（Distributed Unit，DU）；在无线接入网中引入 SDN 技术和 NFV 技术。

5G 的 BBU 将被重构为 CU 和 DU 两个功能实体，CU 与 DU 的功能划分是以处理内容的实时性来区分的。参考图 6-4 中 5G C-RAN 的网络架构我们可以看到，用户从远端无线基站（Radio Remote Unit，RRU）接入后，DU 设备部署位置比 CU 更加接近 RRU。因此，DU 设备主要处理对实时性要求高的内容，即主要处理物理层的内容，而且为了节省 RRU 与 DU 之间的链路资源，部分物理层的功能也可以上移至 RRU 中来实现。CU 设备主要处理对实时性要求不高的内容，CU 设备也支持部分核心网的功能下沉和边缘应用的部署。在设备上，CU 设备主要采用通用平台来实现，这样 CU 中不仅可以支持无线接入网中的网络功能，也具备了支持核心网和其他边缘应用的能力。而 DU 设备采用专用设备和通用设备混合的部署方案，专用设备支持高密度的数学运算，通用设备支持灵活的功能部署。由于 CU 和 DU 中都部署了通用的设备，在引入 NFV 框架后，我们可以将 CU 和 DU 中的通用设备纳入统一的编排与管理框架下，实现包括 CU 和 DU 在内的端到端的业务编排和部署。

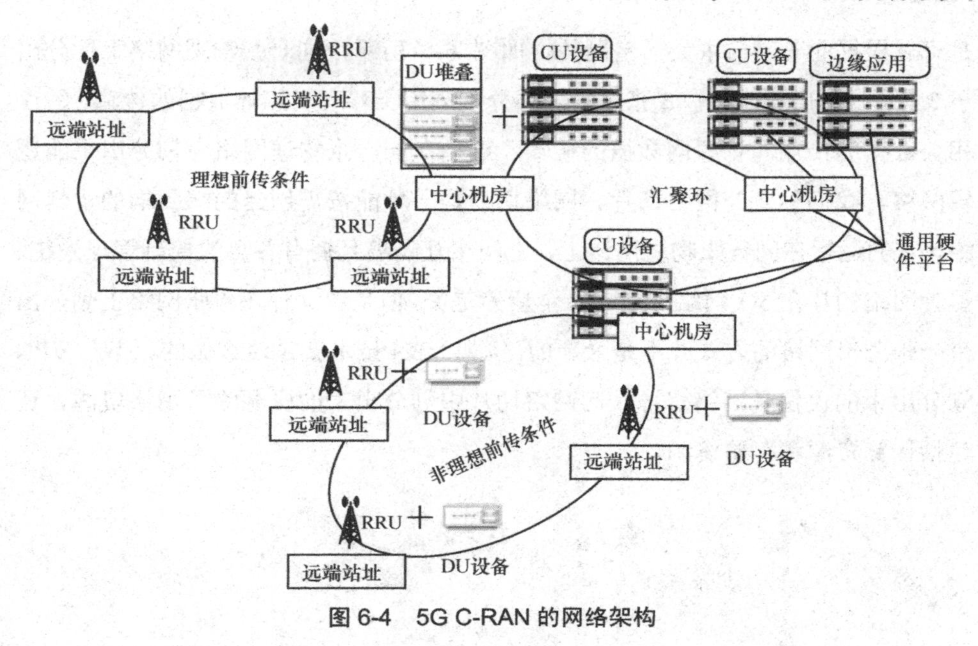

图 6-4　5G C-RAN 的网络架构

6.1.3　切分 5G 网络大蛋糕

1．网络切片的定义和分类

5G 网络的关键特性之一就是能支持不同的垂直产业，例如工业制造、自动驾驶、远程医疗、能源网络、多媒体业务等。这些不同产业对于网络的要求都是不同的，这些需求包括网络的带宽、时延、可靠性等。例如，自动驾驶需要低时延、高可靠的网络，而工业制造产业对于网络的时延和可靠性要求不高，却对网络的带宽需求较大。在今天的互联网下，“以一概全”的设计，即全部的业务都在同一张网络下传输，显然不能满足不同业务对网络的需求。因此，我们在 5G 网络的建设过程中需要改革现有的网络架构，使其能有效地支持不同业务的需求。

5G 网络的软件化和云化在当前已经成为一种趋势，基于 SDN 技术和 NFV 技术为 5G 网络提供所需的可编程性、灵活性和模块性，这些特性使得在一张物理网络上创建多张虚拟网络变得非常轻松，而且每张虚拟网络都是可编程的，是可以根据业务的需求灵活定制的。如图 6-5 所示，同一张物理网络上拆分出了 3 张不同的逻辑网络，3 张逻辑网络分别应用于移动多媒体数据的传输、医疗相关数据的传输和物联网数据的传输。这种在同一张物理网络中划分出来的逻辑网络，我们称之为网络切片。网络切片是一种能按需创建的端到端的逻辑网络，它们运行在同一张物理网络上，之间相互隔离且拥有各自的控制管理系统。尽管网络切片在 5G 网络中是一个全新的定义，但是像这种在单张网络上划分出来一张逻辑网络的方式并不是最新的，例如 VPN 技术就是这么做的。但是，VPN 划分出来的仅仅是网络资源，而网络切片中划分出来的资源除了网络资源，还包括计算资源和存储资源。

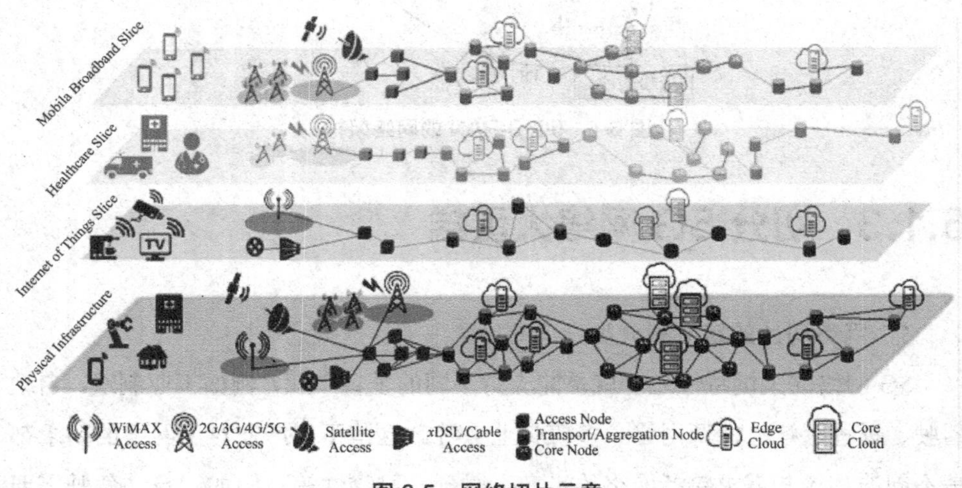

图 6-5　网络切片示意

网络切片在种类上有以下两种。

①独立切片：拥有独立的控制平面和数据平面，为特定的业务提供端到端的专网服务，拥有良好的隔离性。

②共享切片：为多个业务或者用户所共用的一种切片，提供的功能可以是端到端的，也可以提供一个业务中部分的网络功能。

网络切片有以下 3 种部署形式。

①完全独立部署。控制平面和数据平面都是独立切片，为不同的用户群提供专用的虚拟网络。

②控制平面是共享切片，数据平面是独立切片。共享的控制平面为各个独立的用户平面提供统一的管理功能，包括移动性管理、鉴权等。

③控制平面是共享切片，数据平面是共享切片和独立切片联合部署，共享切片实现部分非端到端的功能，在共享切片后面跟着各种不同功能的独立切片，两者联合起来形成端到端的切片。

2. 网络切片中的关键概念

深入地理解网络切片和其中的关键技术，我们需要从4个方面来详细阐释：资源、虚拟化、端到端编排和隔离。

（1）资源

从一般意义上来讲，网络中的资源是一种可管理的单位，由网络设备的一组属性或能力来定义。例如，一台通用服务器包括计算、内存、存储、网络等多方面属性，我们可以将这些属性抽象成为资源单位，以计算属性为例，服务器的计算属性主要由CPU决定，抽象成为计算资源可以通过CPU每秒执行的指令数量来定义。网络切片也是由一系列的资源组合而成，这些资源组合在一起来支持业务所需。在网络切片中，我们主要考虑网络功能和网络基础设施两种类型的资源。网络功能资源是指网络功能本身，它为网络切片提供特定的网络功能。网络功能的种类非常多，如防火墙、深度包检测、CDN缓存功能等。在网络切片中，如果完全基于NFV框架实现网络功能，则网络功能就是一个个的软件，软件由厂商提供或者运营商自己开发，并运行在通用的服务器上。不同的网络功能对于资源的要求也不尽相同，例如深度包检测功能对计算资源需求多，而CDN缓存功能对于存储资源需求较大。网络基础设施资源是指网络中不同类型的硬件资源和软件资源，用于承载和连接网络功能。连接网络功能主要依靠交换机、路由器和网络链路。承载网络功能的资源包括计算资源、存储资源、网络资源等，这些资源会通过虚拟化技术进行抽象和分离，然后用来承载不同的网络功能。

（2）虚拟化

虚拟化是网络切片的关键技术，用来实现网络基础设施资源在网络切片之间的共享。虚拟化技术可以在总的资源中根据需要选择性地使用其中的一部分资源，被选择的这部分资源与其他资源之间是隔离的。使用者不需要知道这部分资源是如何被切分出来的，只需要指定所需的各类资源的总量，剩下的由虚拟化技术来完成即可。例如，一台服务器拥有总量为 10 个单位的资源，利用虚拟化技术将这些资源均分给 10 个人来使用，这 10 个人在使用过程中只知道自己正在使用一个单位的资源，而对于与其他人正在共享一台服务器是感觉不到的。

虚拟化技术并不是一项新的技术，常见的虚拟机就是一种对于服务器的虚拟化技术。除了对服务器虚拟化，对于网络来说同样也可以使用虚拟化技术，例如通过 VLAN 技术划分虚拟网络，不同虚拟网络中的用户相互隔离，使用底层网络中的部分链路和端口资源。

网络中的资源可以按需进行划分，而不再作为一个整体，这种方式在网络运营中也产生了不同的商业角色，分别是基础设备提供商（Infrastructure Provider，InP）、租户和终端用户，他们之间的关系如图 6-6 所示。InP 拥有和运营一个独立的物理网络，物理网络的形式由多个数据中心和数据中心之间的广域网络组成，其通过虚拟化技术，将物理网络进行切片，租给不同的一级租户。一级租户可以向一个或多个 InP 同时租用网络切片。一级租户从 InP 租到的资源主要是基础的网络资源和简单的网络功能。一级租户进一步地定制化租得的网络切片，然后既可以向终端用户直接提供网络服务，也可以再对其进行切片，租给二级租户。二级租户从一级租户处租得网络切片后，同样进一步地定制化切片，然后向终端用户提供业务。

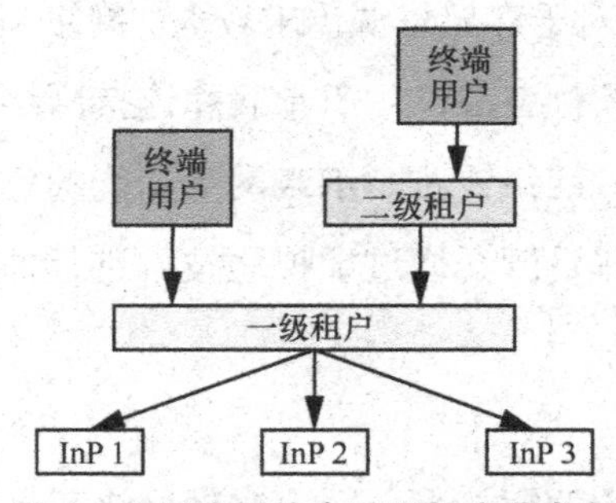

图 6-6　网络切片中不同的商业角色

（3）端到端编排的概念

端到端编排是网络切片中的重要概念，同时也是一项关键的技术。要理解“端到端编排”一词，首先从“编排”一词来理解。“编排”从字面上理解是将一个整体进行合理的分配和管理，形成多个有序的个体。对于网络切片的编排，我们理解为对不同的用户和业务所占用的网络资源进行合理的分配和管理，使得所分配的网络资源能满足用户所需。以图 6-6 中的关系为例，一级租户需要将网络中的资源进行合理的分配，一部分分给终端用户，一部分分给二级租户。那么，如何才能按需完成合理的分配呢？这就是编排需要做的事情。

解释了“编排”的概念，我们再来解释“端到端”。在一张网络切片中，用户接入的点通常是比较分散的。例如，A 公司在北京和上海两地有分公司，B 公司在北京和广州两地有分公司，A 和 B 公司都需要租用一张切片网络来搭建企业网，因此，需要两张网络切片，分别来实现北京和上海、北京和广州之间的连接，关键是网络切片不仅仅包含核心网的切片，还包含接入网的切片，因此“端到端”可以理解为从一个终端用户到另一个终端用户。

目前，“编排”还没有达成最权威准确的定义，不同的组织都有各自的定义，但是都大同小异。ONF 将“编排”定义为“The continuing process of selectingresources to fulfill client service demands in an optimal manner”，翻译成中文是“持续地以最优的方式选择网络中的资源来满足用户的业务需求”。其中“持续地”一词表达的含义是，由于用户的需求和网络的环境可能是动态变化的，因此需要根据这些变化实时地调整。“最优的方式”是指编排的结果能满足用户的全部需求，且能满足编排的策略，编排的策略由运营商制定，例如，策略中可以规定编排的目标是达到最高的资源利用率。

（4）隔离

网络切片虽然共享同一张物理网络，但是网络切片之前是完全隔离的，这也是网络切片的基本要求之一。不同的网络切片需要从以下几个方面做到隔离。

①性能隔离。保证网络切片的性能得到保障，不受其他网络切片的影响，例如，两个切片共享同一条物理链路，其中一个切片由于流量过大导致该链路上的拥塞，但是所发生的拥塞不能影响另一个切片。

② 安全和隐私隔离。安全隔离是指不同的网络切片拥有独立的网络安全系统，一旦其中一个网络切片受到攻击发生故障，不会影响剩余的网络切片的正常工作。隐私隔离主要是指未得到网络切片授权的用户流量不能访问该网络切片中的内容。

③ 管理隔离。不同的网络切片拥有独立的管理系统。

为了实现上述的隔离，我们需要在每一个层面设计合适的策略和机制来保证该层面上的隔离性。网络切片的管理运维人员只需要定义隔离的策略即可，而不需要考虑隔离具体是如何实现的。隔离的机制目前正在研究和发展之中，但是主要依靠的还是虚拟化和编排技术。

3．网络切片架构

本节将介绍一种网络切片的架构，该架构来自 IETF 的一份 Draft 文件，该文件由中国移动和华为公司主导，并在 2017 年 7 月 3 日提交了第一版本，目前正在不断改进中。网络切片的架构如图 6-7 所示。

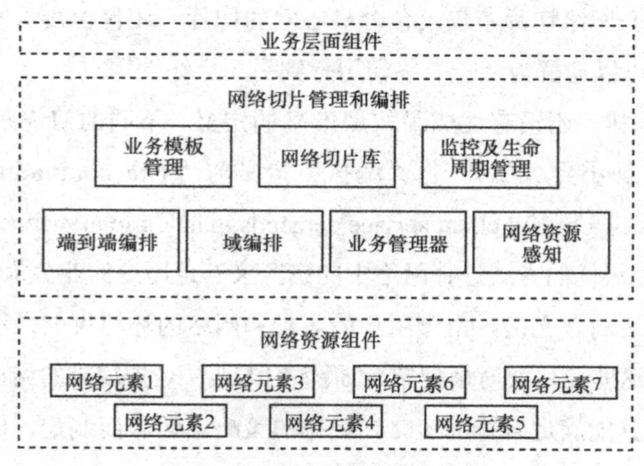

图 6-7　网络切片的架构

（1）业务层面组件

业务层面是开放给用户进行操作使用的，一个业务组件代表了一个业务的逻辑，一个业务可以通过一个网络切片来实现，也可以包含于一个网络切片中。

（2）业务模板管理

业务模板包含了对业务的详细描述信息，其中包括业务的网络拓扑、配置、工作流程、SLA 需求等，系统根据业务模板运营业务。

（3）网络切片库

业务库中存储的是当前网络中已经建立的网络切片，网络管理人员或者用户可以通过开放接口在业务层面查看已有的网络切片的信息，然后选择其中的一个网络切片进行操作。当然，网络切片库中存储的网络切片有不同的访问权限，用户只能访问和操作属于自己的网络切片。

（4）监控及生命周期管理

网络切片生命周期管理操作包括创建、更新和删除。网络切片被创建后，在运行过程中是动态的，会根据切片中流量的信息和网络拓扑实时地调整。因此，网络切片编排与管理层面存在一个对网络切片运行情况的监控模块，该模块实时监控网络切片的运行状态，包括节点的负载和各条链路上的流量大小等信息，然后根据所获取的信息及网络切片的管理策略对其进行动态的调整。该模块动态调整的内容包括网络切片的拓扑、各个节点和链路所需的资源等。当其决定了网络切片具体需要调整的内容后，接下去还需要进行编排，才最终会去下发和执行指令。

（5）端到端编排的架构

端到端的编排对于网络切片而言是非常重要的技术，因此在该架构中专门划分了一个模块来完成此项工作。在架构中，该模块只负责单个域内网络切片的编排，以协调网络切片之间的部署，网络切片跨域之间的编排，则交由域编排模块来完成。实际上，网络切片的一次动态调整是一次“闭环自动化”的过程，还需要监控及生命周期管理模块的配合。例如，监控模块发现网络切片中的一个节点负载超过门限值，则需要对该节点进行扩容，生命周期管理模块会决定扩容节点的数量，而端到端编排模块会决定扩容节点的部署位置，然后下发和执行指令。

（6）域编排

当网络中存在多个域时，则网络切片的编排有两种方案：第一种方案是使用全局式的编排器，所有域中的网络切片都由一个编排器进行编排，这样做的好处是当网络切片出现跨域的情况时，编排器仍然拥有全局的视图，能在全局的范围内进行端到端的优化，但是全局式的编排面临可扩展性的问题；第二种方案是使用层级式的编排器，一般分为两级，每个域内拥有各自的编排器，负责网络切片在该域内的编排，同时还存在一个域编排器，负责网络切片在域之间的编排。

当网络规模很大时，使用全局式的编排器将带来多方面的问题，全局式编排器的性能将面临挑战，优化编排算法在大规模网络拓扑下的计算速度也会成倍提高。因此，在大规模的现网部署中，我们通常采用层级式的编排器，将端到端编排分为域内编排和域间编排。

（7）业务管理器

编排器根据业务模板完成对业务的编排之后，会将编排的结果交给业务管理器，业务管理器负责在对应的网络资源上建立网络切片实例。此外，业务管理器还负责管理网络切片的权限和访问属性，其中包括外部的访问权限和切片之间的访问权限。

（8）网络资源感知

当网络中添加了新的硬件设备，则会向该模块进行注册，然后对网络的拓扑和资源情况进行更新。该模块的其他功能目前正在讨论之中，尚未明确。

4．网络切片的生命周期管理

一个网络切片的生命周期包括 4 个阶段，分别是设计、建立、运营和下线。接下来，我们分别对这 4 个阶段进行介绍。

（1）设计

设计阶段主要是设计网络切片的业务模板，该模板描述了一个网络切片的全部信息，其中包括网络切片的拓扑、每个节点的类型和所需的资源、每条链路的带宽、网络切片的可靠性需求、安全性需求、运维管理策略等。

（2）建立

建立阶段是完成网络切片从模板到实例化的过程，该过程是完全自动化完成的，只需要将网络切片的业务模板下发给系统，系统会读取网络切片的需求，分配合适的网络资源建立该网络切片，完成切片中实例的部署，在部署完成后，还能自动化地完成对网络切片的测试。

（3）运营

运营阶段是指网络切片正式上线，开始提供业务。此时，切片的管理者定制化网络切片，可以实现自己所需的网络业务，或将一部分资源继续切片并出租。在运维管理过程中，一切都是通过远程控制的方式来进行的，切片管理者对切片进行实时的监控，包括切片中的网络资源和业务状态，并可根据监控的结果，手动对切片进行管理，也可以下发管理的策略，将切片的管理托管给系统自动完成。

（4）下线

当一个网络切片已经完成了它的使命时，切片将被下线，释放出占用的资源，以作他用。

5. 逐步实现网络切片

网络切片已被业界认为是 5G 网络演进的必经之路。虽然 5G 网络切片目前还处在提议阶段，但是 3GPP 的技术报告中，已经将网络切片放在了 5G 的技术规范中。由此可以看出，未来运营商将对无线接入网和核心网进行切片，提供端到端的差异化服务已是大势所趋。

运营商可以采取激进的演进路线，即等待相关的技术成熟后，铺设一张与现网平行的纯 SDN/NFV 网络，在该网络中实现网络切片，并将原有网络上的业务一次性地进行迁移，这种方法比较省事，但是将带来高昂的网络建设成本，而且我们国家的电信产业是在 20 世纪 90 年代开始发展起来的，网络中的许多设备都比较新，弃用现网中的设备无疑是巨大的浪费。因此，运营商需要在现网的基础上进行平滑演进，华为针对运营商面临的窘境，提出了一种帮助运营商实现转型的策略，该策略分为 4 个阶段：虚拟化和云化、业务迁移、端到端编排、网络切片。

在第 1 阶段，运营商应该对网络进行云化的改造，将 SDN 技术和 NFV 技术逐渐引入现网中，其中包括替换网络中的交换设备，使其能够支持 SDN，替换网络中的网元设备，抛弃传统的硬件，将网络功能设备用通用的服务器来代替。注意，在这个阶段，并没有全局集中式的编排器出现，SDN 和 NFV 控制器是分布式的，在小范围的单个域内发挥作用。业务的上线运营过程也不是纯自动化的过程，需要运维人员的参与，运维人员面对的对象发生了变化，设备的形式也发生了变化。

在第 2 阶段，运营商在网络云化改造过程中或者结束后，将部分业务如 IMS 业务和 VoLTE 业务进行迁移，尝试在 SDN 和 NFV 平台上部署这些业务；同时在该阶段，开始建设部署中央的 SDN 和 NFV 控制器，对业务的信息进行采集，利用大数据分析技术发挥网络中数据的价值，为用户提供新的集成业务。

在第 3 阶段，当 SDN 和 NFV 网络中的中央控制器已经能够发挥集中式控制的能力，同时又拥有了对底部网络状态数据采集的能力时，运营商可以大力发展集中式的编排器，通过编排器来加强自己的敏捷能力。编排器还能助力运营商更好地分配和管理网络中的资源。未来，运营商还可以利用人工智能技术，对网络进行智能化的管理，提高网络资源的利用率。

在第 4 阶段，运营商正式开始对网络进行切片化管理，在前 3 个阶段中，还是一张网络运行所有的业务，虽然核心网中目前可以实现对业务进行优先级划分，但是这些协议不能支持端到端的划分。在第 4 阶段，网络切片技术将涵盖接入网和核心网，实现端到端的网络切片，每个网络切片为专门的业务类型进行优化。

相信在不久的将来，运营商能够享受 SDN 技术和 NFV 技术给他们的网络带来的敏捷特性，而广大网络用户也能享受到真正的端到端的网络切片技术所带来的网络性能的提升。

6.2 SDN/NFV 助力企业网

在信息化时代，拥有一张完善的企业网对于一个企业来说至关重要，因为这能有效地方便企业的管理，方便企业的服务，对提高企业整体竞争力具有十分重要的战略意义。目前的企业网连接的节点主要是企业的总部和企业在各个城市的分支。随着云计算技术的不断发展和成熟，越来越多的企业开始拥抱云计算技术，将企业的内部应用部署在云中，或者将企业的数据存储在云中。因此，企业在网络的连接节点中，还加入了私有云节点和公有云节点。图 6-8 展示了一张企业网业务的应用场景，企业需要打通各个节点之间的连接，使得企业的总部和分支之间能够相互通信，同时，总部和分支的人员还需要访问在私有云和公有云上的业务和数据。因此，各个公司节点和云节点之间的连接显得至关重要，在连接方式上，企业可以选择通过公共互联网相连，也可以开通专线业务进行连接。由于公共互联网无法保障带宽和时延，并且最关键的是公共互联网无法保障数据传输的安全性，因此，大中型企业都会向运营商申请开通企业的专网，在企业的各个节点之间搭建高速安全的数据通道。

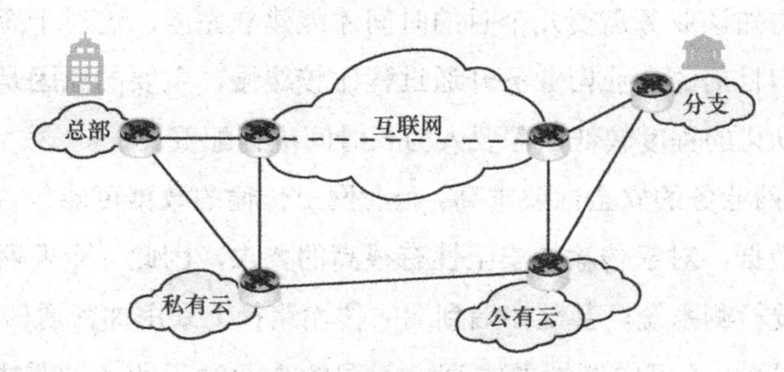

图 6-8 企业网业务的应用场景

随着 SDN/NFV 技术在电信网络应用中的逐步发展，企业网业务也逐渐开始引入 SDN/NFV 技术，基于 SDN/NFV 搭建的企业网业务，目前正在落地的过程中，例如，中国电信为中小型企业发布的随选网络业务就是一个典型的企业网业务的示例。在本节中，我们将介绍 SDN/NFV 在企业网中的应用，首先阐述 SDN/NFV 改造企业网业务的驱动力，然后介绍 SDN/NFV 在企业网中的应用，最后以电信的随选网络为例，介绍基于 SDN/NFV 打造的企业网落地的案例。

6.2.1 企业网业务需要变革

企业网业务作为电信运营商业务营收中的重要占比，发展一直备受运营商的重视。现有的企业网技术主要依赖多点之间的隧道技术，在网络上实现可靠安全的传输。但是受限于传统的网络技术，企业网业务也面临灵活性差、业务上线周期长、可扩展性差的问题。SDN/NFV 技术的出现，在改造电信网的同时，也使运营商有机会改革企业网业务。企业网业务具有以下特点。

① 企业网的扩张和移动性。企业在不断的发展中，规模在不断的扩大，在新的城市建立了新的分支，从而需要将该分支纳入现有的企业网中；或者是一个分支从一个城市搬到了另一个城市，这都将改变企业网的逻辑连接关系。因此，企业网的拓扑有动态变化的需求，这种变化发生的频率不会很高，但是在变化时，企业总是希望运营商能在第一时间帮助他们更新企业网的业务。

② 企业网业务部署过程缓慢。当一个企业向电信运营商请求建立企业网业务后，如果得知该业务需要几个月的时间才能建立完成，这对于企业来说是难以接受的。但目前的企业网业务开通过程比较缓慢，主要的原因是在业务的开通过程中自动化的程度较低，需要人力长时间进行配置。

③ 企业网业务的安全性要求高。企业网上传输的数据可能包含企业的关键数据和保密数据，对于传输的安全性有很高的要求，因此，企业网一般会部署防火墙和入侵检测系统，甚至在端到端的传输路径上采用加密通信。

④ 企业网业务可定制性要求高。不同的企业对于业务的需求是不同的，最好的方式是企业可以根据自身的需求，灵活地配置业务，灵活的程度越高越好，其中灵活选择的内容包括网络的拓扑、链路的带宽、可靠性参数和安全性参数等。

6.2.2 一键开通企业网

图 6-8 展示了企业网业务的应用场景，图 6-9 是在图 6-8 的基础上进行了修改，添加了 SDN/NFV 在企业网中应用的元素，我们将基于图 6-9 来介绍在企业网业务中如何引入 SDN/NFV 技术。

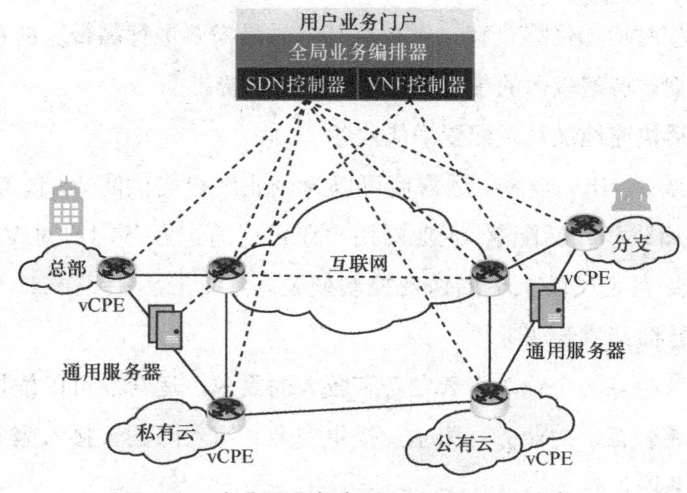

图 6-9 企业网业务中引入 SDN/NFV 技术

用户可以在业务门户中申请企业网用户，并根据自身的需求灵活地定制。用户的请求经过处理被下发至业务全局编排器，经过编排之后被下发至 SDN 控制器和 VNF 控制器，然后 SDN 控制器配置网络，VNF 控制器对网络中的虚拟网元进行配置。这一过程在前面的内容中已经多次提到，的确，在整体的流程上，企业网业务作为一种电信业务，没有什么大的不同，但是引入 SDN/NFV 技术的企业网还是具有以下特点的。

（1）用户自助服务，实现业务的快速开通

用户根据企业的多个点之间互联的需求或者关于云业务的需求，通过业务门户选择节点数量和位置，并选择所需求的网络功能，确定后，运营商将终端设备寄送给用户，由用户自助安装，用户通过简单的配置，配合集中式控制器实现企业网业务的快速开通。寄送给用户的终端设备只实现连接的功能，其他的功能，例如数据加密、隧道连接等将被转移到 vCPE 上实现。

（2）SD-WAN 建立端到端的网络路径

应用了 SDN 技术之后，数据在广域网上的传输将借助 SD-WAN 技术来实现，包括实现流量的优化调度，从而保证业务的传输质量。

（3）灵活配置，按需调整拓扑和带宽

SDN 灵活配置的特性使得企业网的扩张和移动性问题得到了解决，同时，当企业需要临时增加网络带宽，例如在某一时段需要进行高带宽的视频会议业务时，可以临时调整接入的带宽，按小时进行计费。

（4）灵活快速地加载及配置增值业务

由于集成了 NFV 技术，运营商可以为企业用户提供防火墙、DPI 等增值业务的快速加载和灵活配置。企业网用户还可以通过业务门户对 VNF 进行自定义设置，如自定义防火墙的访问控制列表。

（5）运营商提供云业务

面对越来越多的企业对于云业务有较大的需求，运营商可以依托网络的优势，自己开通公有云的业务，为企业提供安全、有保障的云接入服务，以此来寻求新的业务增长点。

6.2.3 让企业用户自行选择网络

中国电信针对中小型企业资费敏感、网络敏捷开通、云网协同等需要，向中小型企业发布了“随选网络”的业务。中小型企业借助软件定义的方式快速地建立企业各个分支之间端到端的路径。随选网络能支持企业和云数据中心之间端到端的业务开通，助力企业实现云网融合。图 6-10 为随选网络的应用场景和网络示意，整体看来，与图 6-9 类似。中国电信具有 163 公共互联网和 CN2 精品网络，因此，随选网络的业务可以承载在不同的网络上。CN2 精品网络的网络负载比较轻，因此性能上更好。另外，中国电信的随选网络方案目前只引入了 SDN 技术，而未引入 NFV 技术，相信在不久的将来，NFV 技术也将被引入随选网络业务中，为企业客户提供更加丰富的业务选择。

中国电信随选网络的系统架构如图 6-11 所示，由用户自助服务门户、协同编排器、SDN 控制器和 SDN 设备组成。

用户自助服务门户作为用户的入口，供用户、客户经理和网络运维人员使用。用户通过门户订购、查询、更改、删除业务，激活随选网络设备；客户经理通过门户查看相关客户的业务订单状态；网络运维人员通过门户查看随选网络和用户业务的状态、性能和告警情况。

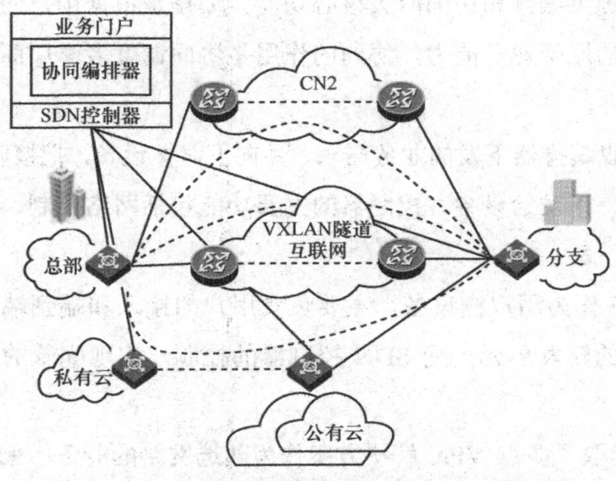

图 6-10　中国电信随选网络的应用场景和网络示意

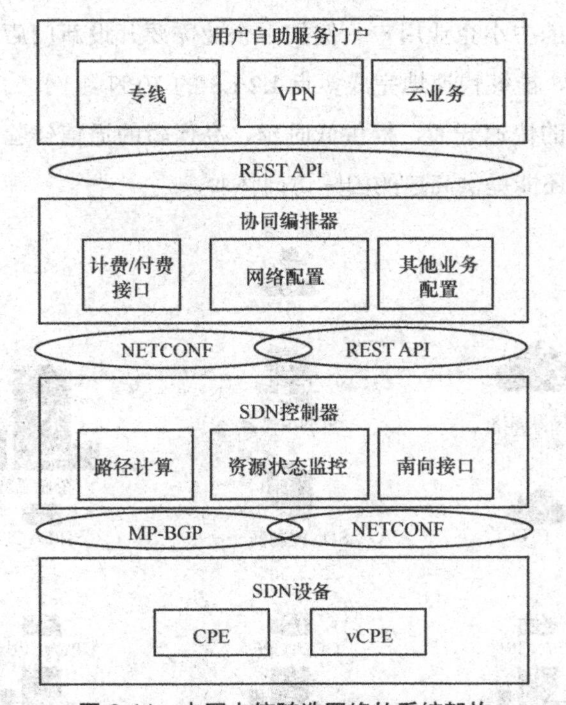

图 6-11　中国电信随选网络的系统架构

协同编排器向上对接门户系统，接收来自门户系统下发的业务请求，向下对接控制器，把接收的业务请求转化为具体的指令，并将其下发给控制器。协同控制器主要提供编排和协同两大核心功能。编排是根据用户的需求，智能编排控制器上报的原子业务能力，协同的作用是协同调度多家厂商的控制器，并生成复杂的业务。

控制器接收编排器下发的业务需求，并向下对接设备，把接收的业务需求，通过相关协议，下发给设备。控制器的主要功能包括网络控制、路径计算、智能调度等。

CPE/vCPE 作为用户侧设备，主要负责用户的接入和端到端的连通，同时作为随选网络的转发单元，受 SDN 控制器的控制，实现配置的执行和流量的转发。

图 6-12 选取了多点 VPN 解决方案作为随选网络的业务示例。随选网络的多点 VPN 解决方案利用 SDN 技术实现多点 VPN 按需控制和灵活配置，服务具有多个分支机构的中小企业用户。例如，企业需要开设新门店、新站点或者有紧急通信场景时，能够快速地完成多点 L2/L3 的 VPN 组网，并利用 CN2 精品网实现重点业务的快速开通，提供低时延、高保障的通信体验，对于有国际通信需求的企业，还能提供高速的国际访问体验。

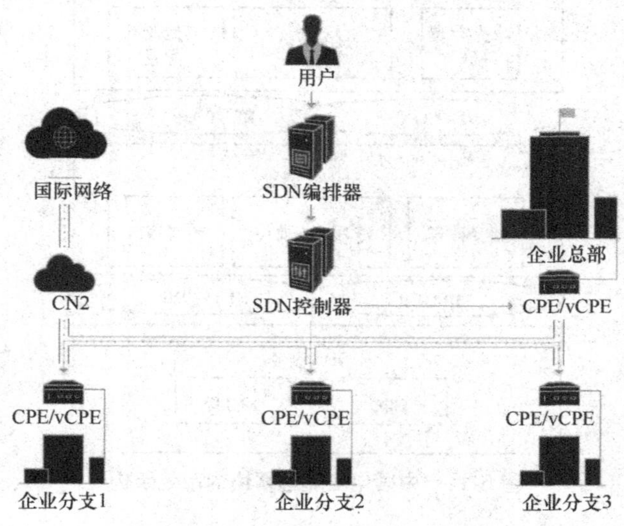

图 6-12 随选网络多点 VPN 解决方案

6.3 SDN/NFV 在云数据中心大放异彩

随着云计算技术的不断发展和应用，云数据中心的业务种类逐渐增多，流量也在不断的激增中，在复杂的网络环境下，传统的网络技术正在束缚着云计算的发展。SDN 作为一种灵活的网络解决方案，成为云数据中心网络改革的首选。SDN 技术能满足云数据中心的虚拟化和多租户灵活组网的需求，提升网络性能和灵活性。同时借助云数据中心平台，SDN 技术也在不断地发展成熟。NFV 技术在云数据中心中同样有应用的价值，云数据中心常用的网络功能包括路由器、防火墙、负载均衡器等，这些功能都可以基于 NFV 技术实现，而不必依赖于硬件设备。在本节中，我们将介绍 SDN/NFV 在云数据中心中的应用，首先介绍当前云数据中心面临的问题，以及如何借助 SDN/NFV 解决这些问题；其次介绍 SDN/NFV 在云数据中心中的应用场景。

6.3.1 云数据中心也“头疼”

云数据中心的计算、存储和网络虚拟化技术经过长时间的发展，已经基本能满足用户的需求。但是随着云数据中心的规模越来越大，业务种类越来越多，流量越来越大，网络成为制约云计算发展的最大瓶颈，传统的网络架构已经不能满足新的需求，具体表现在以下几个方面。

① 虚拟化环境下网络复杂度高。云数据中心的物理网络设备数量十分庞大，对网络进行虚拟化后，再加上虚拟化的网络设备，数量更是翻了几倍，而且虚拟化使得网络更加复杂，网络配置的复杂度大大提高，传统的点到点的手工配置已经不适用这种网络场景。对此，我们可以基于 SDN 集中式控制的配置方法，通过对网络高度抽象，利用 YANG 等高级语言模型降低网络配置的复杂性，从而提高网络的自动化能力。

② 网络拓扑难以清晰呈现，导致运维困难。对于数据中心中的 Underlay 网络而言，设备之间的连接关系都是固定的，网络拓扑很容易呈现，但是假如网络虚拟化后，Overlay 网络的拓扑具有动态性，传统的网管系统难以便捷地呈现实时网络拓扑。如果连网络的拓扑都不清楚，运维工作将难以入手。SDN 配合 LLDP 等实时呈现网络拓扑的能力，能帮助运维人员很好地解决这个问题。

③ 租户业务之间的隔离无法很好的实现。在云数据中心中，不同租户除了共用网络的交换设备外，还会共用网络中的网络功能设备，例如路由器、防火墙、负载均衡器。目前，传统的网络解决方案很难有效地隔离网络和网络功能在内的业务。基于 VXLAN 的网络隔离方案可以被划分出大量的虚拟网络域，使它们彼此之间以及与底层网络完全隔离。而基于 NFV 的解决方案可以为每个租户创建独立的网络功能，而不必共享物理的网络功能设备，这增强了租户之间的隔离性。

④ 难以实现对网络资源的优化动态调整。传统的网络解决方案难以动态优化调整网络资源，而 SDN 技术能做到这一点，在前文的 SDN 技术价值中我们已经阐述了这一点，在 6.3.2 节中我们将以一个基于 SDN 实现数据中心之间流量调优的例子说明这一点。

6.3.2 基于 SDN/NFV 构建灵活安全的云数据中心

1. 基于 SDN+VXLAN 构建 vDC

vDC 是将云计算技术应用到数据中心的一种新型的数据中心形态。如图 6-13 所示，vDC 之间的组网是基于 VXLAN 的大二层技术来实现多个机房之间的互联的，它将机房中零散的资源利用虚拟化技术进行整合，并配合 SDN 技术，构建可灵活伸缩的基础架构，面向用户提供灵活、安全的云服务。

VXLAN 技术是一种隧道技术，作用主要是为了搭建大二层网络，提供不同机房之间的二层互通能力，如图 6-14 所示。VXLAN 隧道终端（VXLAN Tunnel EndPoint，VTEP）的功能是完成 VXLAN 报文的封装和解封装。VTEP 的功能可以由 TOR 交换机来实现，在小规模的机房中，VTEP 的功能也能由核心交换机来实现。VTEP 相当于在不同的机房之间建立了隧道，实现不同机房之间东西流量的互通。VXLAN 网关（VXLAN GateWay，VXLAN GW）作为 VXLAN 的防火墙，实现机房与外部网络之间的互通，VXLAN GW 的功能一般由核心层交换机来实现。SDN 在其中扮演的角色是控制和配置所有的 VTEP 和 VXLAN GW。

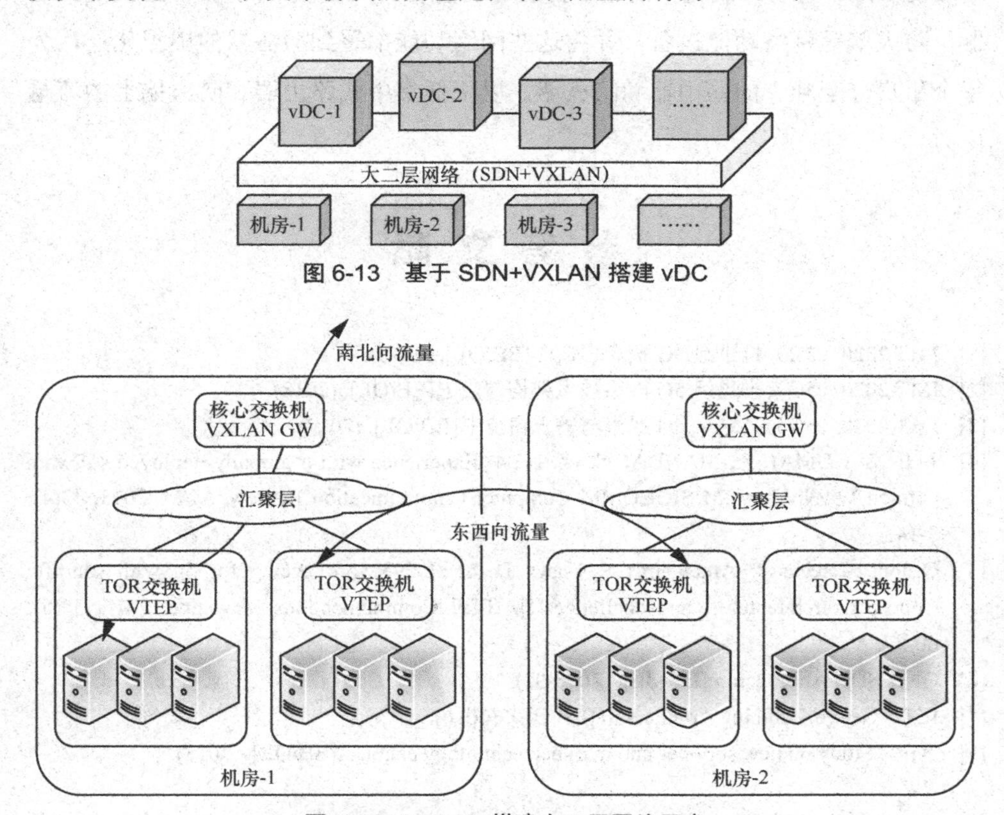

图 6-13　基于 SDN+VXLAN 搭建 vDC

图 6-14　VXLAN 搭建大二层网络示意

2．基于 SDN 实现数据中心之间流量的调优

针对多个数据中心间的链路利用率低的问题，我们可利用 SDN 实现对数据中心间流量的动态调度。该方法目前在业界已经有了实践，最著名的是谷歌的 B4 网络方案。谷歌的数据中心间的网络以 SDN 和 OpenFlow 为基础架构，该架构提升数据中心广域网中的流量调度，将链路的利用率从原来的 30%提高到 95%左右。国内，腾讯是较早的 SDN 实践者。腾讯也是在数据中心

间的网络上利用了 SDN 来进行集中的路径计算，并使用 MPLS 实现路径的控制。

3．基于 NFV 实现路由及网络的防护

数据中心总流量规模越来越大，给集中式的路由器、防火墙等设备带来了严峻的挑战。为了解决这个问题，我们可以借助 NFV 技术开发软件形式的路由器、防火墙等网络功能设备，并将这些网络功能部署到服务器的虚拟化层，为每个租户分配独立的路由器和防火墙，以降低集中式路由器和防火墙上的流量压力。

参 考 文 献

[1] IMT-2020（5G）推进组.5G 概念白皮书[EB/OL]. (2015).

[2] IMT-2020（5G）推进组.5G 网络技术架构白皮书[EB/OL]. (2018).

[3] IMT-2020（5G）推进组.5G 愿景与需求白皮书[EB/OL]. (2017)

[4] JAIN S, KUMAR A, MANDAL S, et al. B4: Experience with a globally-deployed software defined WAN[C]. ACM SIGCOMM Computer Communication Review. ACM, 2013, 43(4): 3-14.

[5] Ordonez-Lucena J, Ameigeiras P, Lopez D, et al. Network slicing for 5g with sdn/nfv: Concepts, architectures, and challenges[J]. IEEE Communications Magazine, 2017, 55(5): 80-87.

[6] ONF. SDN Architecture[EB/OL]. (2016-02).

[7] IETF. Network Slicing Architecture[EB/OL]. (2016).

[8] 3GPP. Study on new services and markets technology enablers[EB/OL]. (2018).